超简单

用 Python

让 Excel

飞起来

李杰臣◎编著

实战 150 例

机械工业出版社

CHINA MACHINE PRESS

图书在版编目（CIP）数据

超简单：用 Python 让 Excel 飞起来：实战 150 例 / 李杰臣编著 . — 北京：机械工业出版社，2021.7
（2023.4 重印）
ISBN 978-7-111-68546-3

Ⅰ．①超…　Ⅱ．①李…　Ⅲ．①软件工具 - 程序设计②表处理软件　Ⅳ．① TP311.561② TP319.13

中国版本图书馆 CIP 数据核字（2021）第 126880 号

　　本书是一本讲解如何用 Python 和 Excel "强强联手" 打造办公利器的案例型教程。

　　全书共 8 章。第 1 章主要讲解 Python 编程环境的搭建、模块的安装与导入、Python 语法基础知识、初学者常见问题等内容，为后面的案例应用打下坚实的基础。第 2～8 章通过大量典型案例讲解如何用 Python 编程操控 Excel，自动化和批量化地完成工作簿操作、工作表操作、行 / 列操作、单元格操作、数据处理与分析操作、图表操作、打印操作等。

　　本书理论知识精练，案例典型实用，学习资源齐备，不仅适合有一定 Excel 基础又想进一步提高工作效率的办公人员系统地学习 Python 办公自动化知识与技能，而且适合作为方便速查速用的实用手册，对于 Python 编程爱好者来说也是不错的参考资料。

超简单：用 Python 让 Excel 飞起来（实战 150 例）

出版发行：机械工业出版社（北京市西城区百万庄大街 22 号　邮政编码：100037）
责任编辑：刘立卿　　　　　　　　　　　　　责任校对：庄　瑜
印　　刷：河北宝昌佳彩印刷有限公司　　　版　　次：2023 年 4 月第 1 版第 5 次印刷
开　　本：190mm×210mm　1/24　　　　　　印　　张：13.5
书　　号：ISBN 978-7-111-68546-3　　　　　定　　价：79.80 元

客服电话：（010）88361066　68326294

前言
Preface

近年来，Python 凭借其强大的扩展性和丰富的第三方模块，不仅受到程序员和编程爱好者的青睐，而且在办公自动化领域大显身手，许多白领纷纷加入学习 Python 的行列。为满足广大职场人士用 Python 实现 Excel 办公自动化的需要，我们于 2020 年 8 月编写出版了《超简单：用 Python 让 Excel 飞起来》，该书面市后受到众多读者的欢迎。

为了更好地满足读者的学习需求，我们再接再厉，在《超简单：用 Python 让 Excel 飞起来》的基础上根据读者的反馈进行改进，采用新的编写思路和内容架构，编写了这本《超简单：用 Python 让 Excel 飞起来（实战 150 例）》。

本书淡化理论，突出实操，主体内容按照 Excel 操作划分章节，每一章的内容又分为一个个小专题，力求每个专题解决一个问题。全书共 8 章。第 1 章主要讲解 Python 编程环境的搭建、模块的安装与导入、Python 语法基础知识、初学者常见问题等内容，为后面的案例应用打下坚实的基础。第 2～8 章通过大量典型案例讲解如何用 Python 编程操控 Excel，自动化和批量化地完成工作簿操作、工作表操作、行 / 列操作、单元格操作、数据处理与分析操作、图表操作、打印操作等。这些案例从工作中的应用场景入手，用 Python 编程解决相应的问题。代码后附有详细、易懂的注解，能有效帮助读者快速理解代码的适用范围及编写思路。此外还对代码涉及的重点语法和函数等知识进行延伸讲解，引导读者拓展思路，从机械地套用代码进阶到随机应变地修改代码，独立解决更多实际问题。

　　本书理论知识精练，案例典型实用，学习资源齐备，不仅适合有一定 Excel 基础又想进一步提高工作效率的办公人员系统地学习 Python 办公自动化知识与技能，而且适合作为方便速查速用的实用手册，对于 Python 编程爱好者来说也是不错的参考资料。

　　由于编著者水平有限，本书难免有不足之处，恳请广大读者批评指正。读者可扫描封面前勒口上的二维码关注微信公众号获取资讯，也可加入 QQ 群 705154007 进行交流。

编著者

2021 年 5 月

如何获取学习资源

 扫码关注微信公众号

在手机微信的"发现"页面中点击"扫一扫"功能，进入"二维码/条码"界面，将手机摄像头对准封面前勒口上的二维码，扫描识别后进入"详细资料"页面，点击"关注公众号"按钮，关注我们的微信公众号。

 获取学习资源下载地址和提取码

点击公众号主页面左下角的小键盘图标，进入输入状态，在输入框中输入关键词"超简单150 例"（中间无空格），点击"发送"按钮，即可获取本书学习资源的下载地址和提取码，如右图所示。

 打开学习资源下载页面

在计算机的网页浏览器地址栏中输入前面获取的下载地址（输入时注意区分大小写），如右图所示，按【Enter】键即可打开学习资源下载页面。

 输入提取码并下载文件

在学习资源下载页面的"请输入提取码"文本框中输入前面获取的提取码（输入时注意区分大小写），再单击"提取文件"按钮。在新页面中单击打开资源文件夹，在要下载的文件名后单击"下载"按钮，即可将其下载到计算机中。如果页面中提示需要登录百度账号或安装百度网盘客户端，则按提示操作（百度网盘注册为免费用户即可）。下载的文件如果为压缩包，可使用 7-Zip、WinRAR 等软件解压。

> **提示：**读者在下载和使用学习资源的过程中如果遇到自己解决不了的问题，请加入 QQ 群 705154007，下载群文件中的详细说明，或向群管理员寻求帮助。

目 录
Contents

第2章 工作簿操作

第3章 工作表操作

第4章 行 / 列操作

第5章 单元格操作

第6章 数据处理与分析操作

第7章　图表操作

第8章 ▶ 打印操作

第 **1** 章

Python 快速上手

近年来，Python 在办公自动化领域大显身手，许多办公人员纷纷加入学习 Python 的行列，这是因为 Python 在数据的批量读取和处理方面有着独特的优势，能够帮助职场人士从容应对重复性和机械化的工作任务。本章将详细讲解 Python 编程环境的搭建、Python 模块的安装与导入、Python 语法基础知识及 Python 编程常见问题的解决方法，带领初学者迈入 Python 编程的大门。

001 安装 Anaconda

本书推荐搭配使用 Anaconda 和 PyCharm 来进行 Python 的编程。Anaconda 是 Python 的一个发行版本，安装好了 Anaconda 就相当于安装好了 Python，并且它里面还集成了很多大数据分析与科学计算的第三方模块，如 NumPy、pandas 等，免去了手动安装的麻烦。

步骤01 Anaconda 支持的操作系统有 Windows、macOS 和 Linux，其安装包根据适配的操作系统类型分为不同的版本，因此，在下载安装包之前必须进行的一个重要步骤就是查看自己计算机的操作系统类型。以 Windows 操作系统为例，打开控制面板，❶进入"系统和安全→系统"界面，❷可看到当前计算机的操作系统类型，如这里为 64 位的 Windows，如下图所示。

在部分版本较新的 Windows 10 中，可能不太容易找到控制面板，这里提供另一种查看系统类型的方法：按快捷键【■■+Pause】（【Pause】键位于键盘右上角），在弹出的"关于"界面中即可看到当前操作系统的类型，如右图所示。

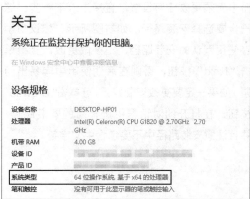

步骤02 ❶打开浏览器，在地址栏中输入网址"https://www.anaconda.com/products/individual"，按【Enter】键，进入 Anaconda 的下载页面，向下滚动页面，找到"Anaconda Installers"栏目，根据上一步获得的操作系统类型选择合适的安装包，❷这里单击"Windows"下方的"64-Bit Graphical Installer"链接，如下图所示，即可开始下载 Anaconda 安装包。

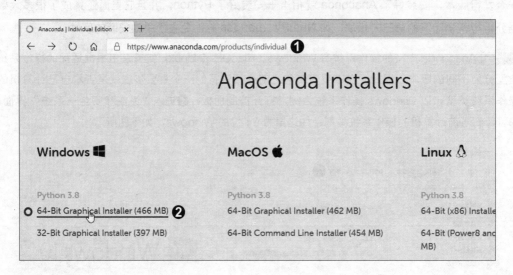

如果读者的计算机操作系统为 32 位的 Windows，那么选择 32 位的版本下载。同理，如果操作系统是 macOS 或 Linux，选择相应的版本下载即可。如果官网下载速度较慢，可以到清华大学开源软件镜像站下载安装包，网址为"https://mirrors.tuna.tsinghua.edu.cn/anaconda/archive/"。

步骤03 双击下载好的安装包，在打开的安装界面中无须更改任何设置，直接进入下一步。这一步要选择安装路径，如右图所示。建议初学者使用默认的安装路径，不要做更改，直接单击"Next"按钮，否则在后期使用中容易出问题。如果一定要更改安装路径，可单击"Browse"按钮，在打开的对话框中选择新的安装路径，并且注意安装路径中不要包含中文字符。

步骤 04 这一步要设置安装选项。❶一定要勾选"Advanced Options"选项组下的第一个复选框，其作用相当于自动配置好环境变量，❷单击"Install"按钮，如右图所示。

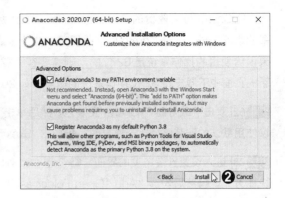

步骤 05 等待一段时间，如果安装界面中出现"Installation Complete"的提示文字，说明 Anaconda 安装成功，之后一直单击"Next"按钮，最后单击"Finish"按钮即可。

002　安装与配置 PyCharm

　　安装好 Anaconda 后，还需要安装一款 Python 代码编辑器。Anaconda 自带两款代码编辑器——Spyder 和 Jupyter Notebook，但是本书建议搭配使用 PyCharm。PyCharm 界面美观，功能强大，能够帮助我们方便地编写、调试和运行 Python 代码。

步骤 01 ❶在浏览器中打开 PyCharm 官网下载页面的网址"https://www.jetbrains.com/pycharm/download/"，❷PyCharm 支持的操作系统有 Windows、macOS 和 Linux，这里选择 Windows，❸然后单击免费的 Community 版（社区版）下的"Download"按钮，如下图所示。

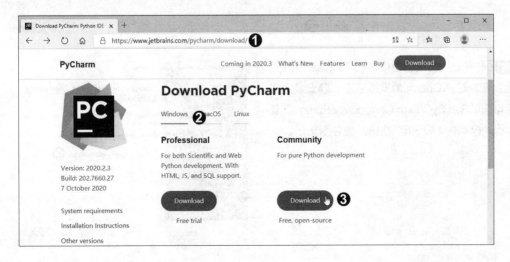

　　PyCharm 分为收费的 Professional 版（专业版）和免费的 Community 版（社区版）。对于本书的学习来说，下载 Community 版即可。此外，最新版的 PyCharm 不再支持 32 位操作系统，如果读者使用的操作系统是 32 位的，则需要在下载页面左侧单击"Other versions"链接，然后在新的页面中下载支持 32 位操作系统的版本（如 2018.3 版）。

步骤02 双击下载好的 PyCharm 安装包，然后单击"Next"按钮，进入选择安装路径的界面。❶建议使用默认的安装路径，不做更改，❷单击"Next"按钮，如下左图所示。

步骤03 进入设置安装选项的界面。❶勾选"64-bit launcher"复选框，用于创建 64 位程序的桌面快捷方式。❷然后勾选"Add 'Open Folder as Project'"复选框，用于在文件资源管理器的右键快捷菜单中添加将文件夹作为 PyCharm 项目打开的命令。❸接着勾选".py"复选框，用于关联扩展名为".py"的 Python 文件。❹最后单击"Next"按钮，如下右图所示。

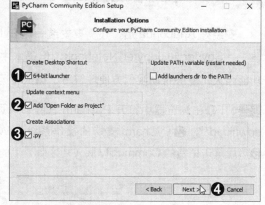

步骤04 在新的安装界面中单击"Install"按钮，随后可看到 PyCharm 的安装进度。❶安装完成后勾选"Run PyCharm Community Edition"复选框，❷单击"Finish"按钮，如右图所示。

步骤05 弹出"Import PyCharm Settings"对话框，❶单击"Do not import settings"单选按钮，❷单击"OK"按钮，如右图所示。

步骤06 这一步需要选择 PyCharm 的界面风格，可以根据自己的喜好选择暗色风格"Darcula"或亮色风格"Light"。❶这里选择亮色风格"Light"，❷然后单击"Next: Featured plugins"按钮，如下图所示。

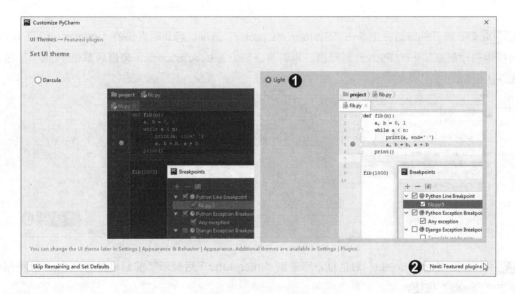

步骤07 在新的界面中直接单击"Start using PyCharm"按钮，进入 PyCharm 的欢迎界面，在界面中单击"New Project"按钮来新建项目，如右图所示。

步骤 08 随后会弹出 "New Project" 对话框，❶在 "Location" 后设置项目文件夹的位置和名称，如 "F:\python"，随后配置运行环境，❷单击 "Existing interpreter" 单选按钮，此时下方的 "Interpreter" 显示为 "<No interpreter>"，表示 PyCharm 没有关联 Python 解释器，❸所以需要单击 "Interpreter" 右侧的按钮，如右图所示。这个步骤特别重要，读者一定要按照讲解仔细设置。

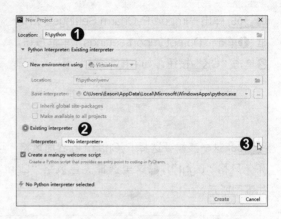

步骤 09 ❶在打开的对话框中单击 "System Interpreter" 选项，❷此时右侧的 "Interpreter" 下拉列表框中自动配置了一个 Python 解释器，也就是之前安装的 Anaconda，❸最后单击 "OK" 按钮，如下图所示。

步骤 10 返回 "New Project" 对话框，可看到 "Interpreter" 后显示了前面设置的 Python 解释器，单击 "Create" 按钮。

步骤 11 随后等待界面跳转，在出现提示信息后，直接单击 "Close" 按钮，等待窗口底部的 Index 缓冲完毕，这个缓冲过程其实是在配置 Python 的运行环境，如下图所示。一定要等待缓冲完毕，才能开始编程。

Scanning files to index... Show all (2) 1:1 CRLF UTF-8 4 spaces Python 3.8

步骤 12 完成配置后就可以开始编程了。❶右击步骤 08 中创建的项目文件夹"python"，❷在弹出的快捷菜单中执行"New → Python File"命令，如下图所示。

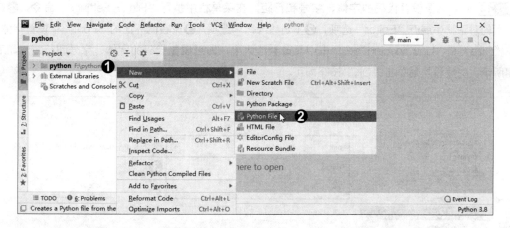

在弹出的"New Python file"对话框中输入要新建的 Python 文件的名称，如"hello python"，选择文件类型为"Python file"，按【Enter】键，即可新建名为"hello python"的 Python 文件。

步骤 13 文件创建成功后，进入如下图所示的界面，就可以编写代码了。将输入法切换到英文模式，❶在代码编辑区中输入代码 print('hello python')，❷然后右击代码编辑区的空白区域或右击 Python 文件"hello python"的标题栏，❸在弹出的快捷菜单中单击"Run 'hello python'"命令。

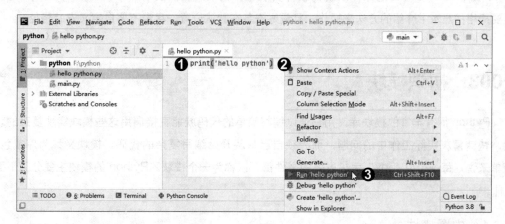

如果右击后在弹出的快捷菜单中没有看到"Run 'hello python'"命令，则说明步骤 11 中的 Python 运行环境配置还没有完成，需等待 Index 缓冲完毕后再右击。

成功运行代码后，在界面下方可看到程序的运行结果"hello python"。

步骤14 如果想要设置代码的字体、字号和行距，在菜单栏中执行"File → Settings"命令。❶在弹出的对话框中展开"Editor"选项，❷单击"Font"选项，❸在右侧界面的"Font"中设置字体，在"Size"和"Line spacing"文本框中更改数值大小，即可调整代码的字体、字号和行距，如下图所示。完成设置后单击"OK"按钮即可。

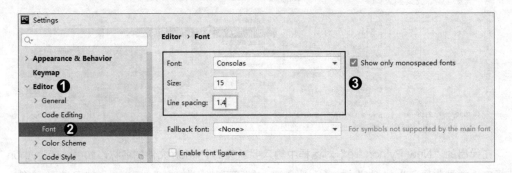

对于初学者来说，安装与配置 Python 编程环境时要重点注意两个方面：首先，下载软件安装包之前一定要先知道自己计算机的操作系统类型。例如，如果读者的计算机上安装的操作系统是 64 位的 Windows，那么必须下载适用于 64 位 Windows 的软件安装包，而不能下载适用于 32 位 Windows 或其他操作系统的软件安装包。其次，在安装 Anaconda 和 PyCharm 时一定要严格按照本书介绍的方法来操作，且最好安装在默认位置，尽量不要自定义安装路径。

003　初识模块

Python 拥有丰富的模块库，用户通过编写简单的代码就能直接调用这些模块实现复杂的功能，快速解决实际工作中的问题，而无须自己从头开始编写复杂的代码。模块又称为库或包，简单来说，每一个以".py"为扩展名的文件都可以称为一个模块。Python 的模块主要分为下面3 种。

1. 内置模块

内置模块是指 Python 自带的模块，不需要安装就能直接使用，如 time、math、pathlib 等。

2. 第三方开源模块

通常所说的模块就是指第三方开源模块。这类模块是由一些程序员或企业开发并免费分享给大家使用的，通常能实现某一个大类的功能。例如，本书后面会讲到的 xlwings 模块就是专门用于控制 Excel 的模块。

Python 之所以能风靡全球，一个很重要的原因就是它拥有数量众多的第三方开源模块，当我们要实现某种功能时无须绞尽脑汁地编写基础代码，而是可以直接调用这些开源模块。下表列出了几个常用的模块。

模块名	模块功能
pandas	pandas 模块主要用于完成数据清洗和准备、数据分析等工作
NumPy	NumPy 模块是一个运行速度非常快的数学模块，主要用于完成数组计算
xlwings	xlwings 模块主要用于操控 Excel
openpyxl	openpyxl 模块主要用于读写 ".xlsx" 和 ".xlsm" 格式的 Excel 工作簿
Matplotlib	Matplotlib 模块主要用于制作图表

有些第三方开源模块会在安装 Anaconda 时自动安装好，而有些第三方开源模块需要用户自行安装。模块的安装方法将在案例 006 和案例 007 中详细介绍。

3. 自定义模块

Python 用户可以将自己编写的代码或函数封装成模块，以方便在编写其他程序时调用，这样的模块就是自定义模块。需要注意的是，自定义模块不能和内置模块重名，否则将不能再导入内置模块。

004　在命令行窗口中查看已安装的模块

为了避免模块的重复安装，在安装模块之前，可以在命令行窗口中查看计算机中已安装的模块。

按快捷键【██+R】打开"运行"对话框，❶在对话框中输入"cmd"，❷单击"确定"按钮，如下左图所示。此时会打开一个命令行窗口，❸输入命令"pip list"，如下右图所示。

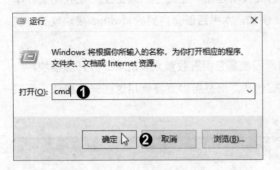
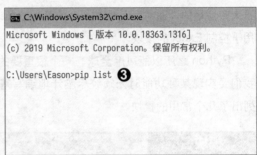

按【Enter】键，等待一段时间，即可看到计算机中已安装模块的列表，如右图所示。如果该列表中已经有了要使用的模块，就不需要安装了。

如果通过 pip 命令（详见案例 006）重复安装已有的模块，会显示"Requirement already satisfied"（要求已满足）的提示信息，如下图所示。

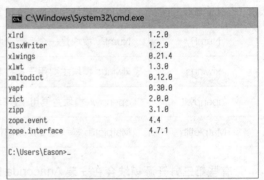

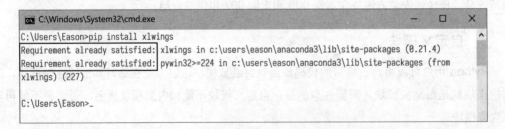

005　在 PyCharm 中查看已安装的模块

除了在命令行窗口中查看已安装的模块，还可以在 PyCharm 中查看已安装的模块。

启动 PyCharm，❶单击菜单栏中的"File"，❷在展开的菜单中单击"Settings"命令，

如下左图所示。❸在打开的"Settings"对话框中展开"Project"选项，❹再单击"Python
Interpreter"选项，❺在右侧的界面中可看到 PyCharm 配置 Python 运行环境时自动检测到的
Anaconda 中的模块，如下右图所示。如果要使用的模块已经存在于该列表中，就不需要安装了。

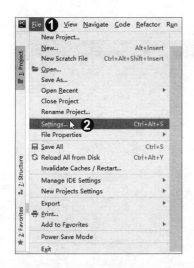
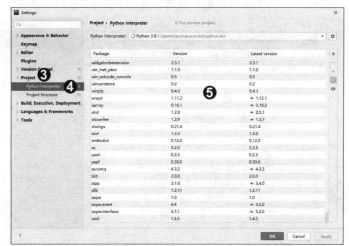

006　使用 pip 命令安装模块

　　案例 003 中讲到，内置模块无须安装就可以直接在代码文件中导入和使用，而有些第三方
开源模块会在安装 Anaconda 时自动安装好，但是如果 Anaconda 不包含要使用的第三方开源
模块，就需要用户自行安装。

　　pip 是 Python 提供的一个命令，主要功能就是安装和卸载第三方开源模块。用 pip 命令安
装模块的方法最简单也最常用，这种方法默
认将模块安装在 Python 安装目录中的文件夹
"site-packages"下。下面以 xlwings 模块为例，
介绍使用 pip 命令安装第三方开源模块的方法。

　　按快捷键【■+R】打开"运行"对话框，
❶在对话框中输入"cmd"，❷单击"确定"按钮，
如右图所示。

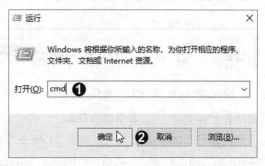

在打开的命令行窗口中输入命令"pip install xlwings"，如下图所示。命令中的"xlwings"是要安装的模块的名称，如果需要安装其他模块，将"xlwings"改为相应的模块名称即可。按【Enter】键，等待一段时间，如果出现"Successfully installed"的提示文字，说明模块安装成功。之后在编写 Python 代码时，就可以使用 xlwings 模块的功能了。

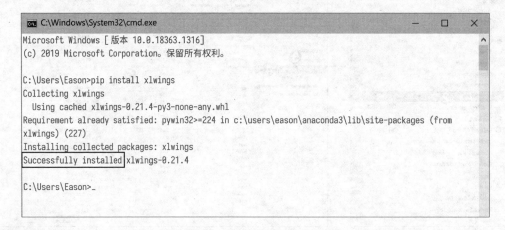

提　示

pip 命令默认从设在国外的服务器上下载模块，由于网速不稳定、数据传输受阻等原因，安装可能会失败。一个解决办法是通过国内的企业、院校、科研机构设立的镜像服务器来安装模块。例如，从清华大学的镜像服务器安装 xlwings 模块的命令为"pip install xlwings -i https://pypi.tuna.tsinghua.edu.cn/simple"。命令中的"-i"是一个参数，用于指定 pip 命令下载模块的服务器地址；"https://pypi.tuna.tsinghua.edu.cn/simple"则是由清华大学设立的镜像服务器的地址。更多镜像服务器的地址读者可以自行搜索。

007　在 PyCharm 中安装模块

除了使用 pip 命令安装模块，还可以在 PyCharm 中安装模块。下面还是以 xlwings 模块为例，介绍在 PyCharm 中安装模块的方法。

启动 PyCharm，执行菜单命令"File → Settings"，❶在打开的"Settings"对话框中展开"Project: python"选项，❷单击"Python Interpreter"选项，❸在右侧的界面中可看到 PyCharm

配置 Python 运行环境时自动检测到的 Anaconda 中的模块，如果还要安装其他模块，❹单击右侧的 ⊞ 按钮，如下图所示。

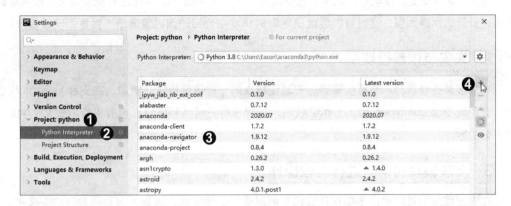

❶在打开的"Available Packages"对话框中输入模块名，如"xlwings"，按【Enter】键，❷在搜索结果中选择要安装的模块，❸单击"Install Package"按钮，如下图所示。等待一段时间，安装完毕后即可关闭对话框。

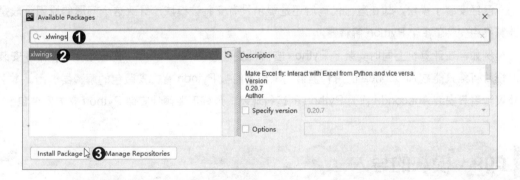

008　模块安装失败的常见原因

在命令行窗口中使用 pip 命令安装模块有时会失败，具体原因有很多，这里介绍 4 种常见的原因。

1. 计算机网速慢

使用 pip 命令安装模块时，如果总是安装到一半就中断或者出现红色的提示信息，最可能的原因是计算机网速太慢。这时可以尝试使用案例 006 中介绍的国内镜像服务器重新安装模块。

2. 未安装依赖模块

在安装某些模块时，有可能需要先安装该模块的一些依赖模块。例如，在安装 xlwings 模块时，会同时安装 comtypes 和 pywin32 模块，如果没有安装依赖模块，也有可能导致 xlwings 模块安装失败。

3. 安装模块的同时进行其他操作

在安装模块的过程中，不要在计算机上同时进行其他操作，否则也容易导致模块安装失败。最好等待模块安装完毕再进行其他操作。

4. 安装多个 Python 解释器导致模块不能调用

已经安装了模块，却在运行代码后还是提示没有安装该模块，导致这个问题的原因一般是计算机中安装了多个 Python 解释器。

例如，在计算机上同时安装了 Python 官方的安装包和 Anaconda，那么使用 pip 命令安装的模块可能只能被 Anaconda 的解释器调用，而不能被 Python 官方安装包的解释器调用。本书建议读者只安装 Anaconda 作为 Python 的运行环境，最好不要额外安装 Python 官方安装包。

009　模块的导入

要在代码中使用模块的功能，除了需要安装模块，还需要在代码文件中导入模块。模块的常用导入方法有两种：一种是用 import 语句导入；另一种是用 from 语句导入。下面分别讲解这两种方法。

1. import 语句导入法

import 语句会导入指定模块中的所有函数，适用于需要使用指定模块中的大量函数的情况。

import 语句导入模块的基本语法格式如下：

```
import 模块名
```

演示代码如下：

```
1    import xlwings  # 导入xlwings模块
2    import time  # 导入time模块
```

用 import 语句导入模块后，在后续编程中如果要调用模块中的函数，则要在函数名前面加上模块名作为前缀。演示代码如下：

```
1    import time
2    date = time.strftime('%Y-%m-%d')
3    print(date)
```

第 1 行代码导入 time 模块。该模块是 Python 的内置模块，虽然不需要安装，但在使用前仍然需要导入。

第 2 行代码使用 time 模块中的 strftime() 函数获取系统当前时间，括号里设置了时间的显示格式，随后将获取的时间赋给变量 date（变量的赋值详见案例 010）。

第 3 行代码使用 print() 函数输出获取的时间。案例 011 将详细介绍 print() 函数的用法。

代码运行结果如下：

```
1    2020-11-05
```

2. from 语句导入法

有些模块中的函数特别多，用 import 语句导入整个模块后会导致程序运行速度缓慢。如果只需要使用模块中的少数几个函数，可以用 from 语句在导入模块时指定要导入的函数。

from 语句的基本语法格式如下：

```
from 模块名 import 函数名
```

演示代码如下：

```
1    from time import strftime   # 导入time模块中的单个函数
2    from time import strftime, localtime, time   # 导入time模块中的多个
     函数
```

使用该方法的最大优点就是在调用函数时可以直接写出函数名，无须添加模块名作为前缀。演示代码如下：

```
1    from time import strftime
2    date = strftime('%Y-%m-%d')
3    print(date)
```

因为第 1 行代码已经写明了要导入 time 模块中的 strftime() 函数，所以第 2 行代码可以直接用函数名调用函数，无须添加模块名 time 作为前缀。

代码运行结果如下：

```
1    2020-11-05
```

如果模块名或函数名很长，可以在导入模块时使用 as 关键字对它们进行简化，以方便后续代码的编写。通常用模块名或函数名中的某几个字母来代替模块名或函数名。演示代码如下：

```
1    import xlwings as xw   # 导入xlwings模块，并将其简写为xw
2    from time import strftime as st   # 导入time模块中的strftime()函数，
     并将其简写为st
```

010 变量的命名与赋值

变量是程序代码中不可缺少的要素。简单来说，Python 中的变量是一个代号，用于代表一个数据。要在程序中定义一个变量，首先需要为变量起一个名字，即变量的命名；然后要为变量

指定其所代表的数据，即变量的赋值。变量的命名不能随意而为，而是需要遵循如下规则：

- 变量名可以由任意数量的字母、数字、下划线组合而成，但是必须以字母或下划线开头，不能以数字开头。本书建议用英文字母开头，如 a、b、c、a_1、b_1 等。
- 不要用 Python 的保留字或内置函数来命名变量。例如，不要用 import 或 print 来命名变量，因为前者是 Python 的保留字，后者是 Python 的内置函数，它们都有特殊的含义。
- 变量名对英文字母区分大小写。例如，E 和 e 是两个不同的变量。
- 变量名最好有一定的意义，能够直观地描述变量所代表的数据内容或类型。例如，变量 name 可以用于代表内容是姓名的数据，变量 list1 可以用于代表类型为列表的数据。

变量的赋值用等号"="来完成，"="的左边是一个变量，右边是该变量所代表的数据。Python 有多种数据类型（将在案例 012 和案例 013 详细介绍），但在定义变量时并不需要指明变量的数据类型，在变量赋值的过程中，Python 会自动根据所赋的值来确定变量的数据类型。

定义变量的演示代码如下：

```
1  a = 25
2  b = 15
3  c = a * b
4  print(a)
5  print(b)
6  print(c)
```

上述代码中的 a、b、c 就是变量。第 1 行代码表示定义一个名为 a 的变量，并赋值为 25。第 2 行代码表示定义一个名为 b 的变量，并赋值为 15。第 3 行代码表示定义一个名为 c 的变量，并将变量 a 的值与变量 b 的值相乘后的结果赋给变量 c。第 4～6 行代码分别表示输出变量 a、b、c 的值。

代码运行结果如下：

```
1  25
2  15
3  375
```

　　在 Python 中，除了可以为变量赋数字类型的值，还可以赋其他数据类型的值，如字符串、列表等。演示代码如下：

```
1    name1 = '张三'
2    name2 = '李四'
3    list1 = [1, 2, 3, 4, 5, 6, 7, 8, 9]
4    list2 = ['电脑', '手机', '电视机', '洗衣机', '冰箱']
5    print(name1)
6    print(name2)
7    print(list1)
8    print(list2)
```

　　上述代码中的 name1、name2、list1、list2 也是变量。第 1 行代码表示定义一个名为 name1 的变量，并赋值为字符串 ' 张三 '。第 2 行代码表示定义一个名为 name2 的变量，并赋值为字符串 ' 李四 '。第 3 行代码表示定义一个名为 list1 的变量，并赋值为一个包含多个数字的列表。第 4 行代码表示定义一个名为 list2 的变量，并赋值为一个包含多个字符串的列表。第 5 ～ 8 行代码分别表示输出变量 name1、name2、list1、list2 的值。

　　代码运行结果如下：

```
1    张三
2    李四
3    [1, 2, 3, 4, 5, 6, 7, 8, 9]
4    ['电脑', '手机', '电视机', '洗衣机', '冰箱']
```

011　print() 函数

　　print() 是 Python 的内置函数，用于输出信息，常用于输出程序的运行结果。演示代码如下：

```
1    print('张三')
```

```
2    print(98, '分')
```

第 1 行代码用 print() 函数输出字符串 ' 张三 '。第 2 行代码用 print() 函数输出数字 98 和字符串 ' 分 '，可以看到，print() 函数的括号中有多个内容时，需在内容之间用逗号分隔。

代码运行结果如下：

```
1    张三
2    98 分
```

从运行结果可以看出，print() 函数直接输出了括号中的内容。如果括号中有多个内容，则输出时在内容之间用空格分隔。

print() 函数还可以输出变量或表达式的值。演示代码如下：

```
1    name = '张三'
2    score = 98
3    print(name)
4    print(score + 1, '分')
```

第 1 行代码定义了一个变量 name，并赋值为字符串 ' 张三 '。第 2 行代码定义了一个变量 score，并赋值为数字 98。第 3 行代码用 print() 函数输出变量 name 的值。第 4 行代码用 print() 函数输出变量 score 和数字 1 相加的结果以及字符串 ' 分 '。

代码运行结果如下：

```
1    张三
2    99 分
```

012　Python 的基本数据类型——数字与字符串

Python 中的数据类型有很多，最基本也是最常用的数据类型有 6 种：数字、字符串、列表、字典、元组和集合。这里先简单介绍数字和字符串这两种数据类型。

下面的代码定义了不同数据类型的变量：

```
1    a = 50
2    b = 3.1415926
3    c = '20'
4    d = '你好'
5    print(type(a))
6    print(type(b))
7    print(type(c))
8    print(type(d))
```

Python 中的数字又分为整型和浮点型两种。整型数字与数学中的整数一样，都是指不带小数点的数字，包括正整数、负整数和 0。第 1 行代码定义的变量 a 的数据类型就是整型。整型的英文为 integer，简写为 int。浮点型数字是指带有小数点的数字。第 2 行代码定义的变量 b 的数据类型就是浮点型。浮点型的英文为 float。

字符串就是由一个个字符连接起来的组合，组成字符串的字符可以是数字、字母、符号、汉字等，字符串的内容需置于一对英文引号内。第 3 行和第 4 行代码定义的变量 c 和变量 d 的数据类型都是字符串。字符串的英文为 string，简写为 str。

第 5～8 行代码用 Python 内置的 type() 函数查询上述变量的数据类型。

代码运行结果如下：

```
1    <class 'int'>
2    <class 'float'>
3    <class 'str'>
4    <class 'str'>
```

从运行结果可以看出，变量 a 的数据类型是整型（int），变量 b 的数据类型是浮点型（float），变量 c 和变量 d 的数据类型都是字符串（str），和前面所述一致。

013　Python 的基本数据类型——列表、字典、元组与集合

列表、字典、元组和集合都可以视为能存储多个数据的容器。下面简单介绍它们的区别。

下面的代码定义了不同数据类型的变量：

```python
1   list1 = ['Tom', 'John', 'Jane', 'Shirley', 'David', 'Jack']
2   list2 = [20, 25, 30, 51, 28, 45]
3   dict1 = {'Tom':20, 'John':25, 'Jane':30, 'Shirley':51, 'David':28,
    'Jack':45}
4   tup = ('Tom', 'John', 'Jane', 'Shirley', 'David', 'Jack')
5   set1 = {'Tom', 'John', 'Jane', 'Shirley', 'David', 'Jack'}
6   print(type(list1))
7   print(type(list2))
8   print(type(dict1))
9   print(type(tup))
10  print(type(set1))
```

第 1 行和第 2 行代码定义了两个列表（list）并分别赋给变量 list1 和变量 list2。列表可以将多个数据有序地组织在一起，并方便地调用。列表的元素可以是字符串，也可以是数字，甚至可以是另一个列表。例如，变量 list1 是一个包含 6 个字符串的列表，变量 list2 是一个包含 6 个数字的列表。

第 3 行代码定义了一个字典（dictionary，简写为 dict）并赋给变量 dict1。字典的每个元素都由两部分组成（而列表的每个元素只有一部分），前一部分称为键（key），后一部分称为值（value），中间用冒号分隔。

第 4 行代码定义了一个元组（tuple）并赋给变量 tup。元组的定义和使用方法与列表类似，区别在于定义列表的符号是"[]"，而定义元组的符号是"()"，并且元组中的元素不可修改。

第 5 行代码定义了一个集合（set）并赋给变量 set1。集合是一个无序的不重复序列。

第 6 ～ 10 行代码用 Python 内置的 type() 函数查询上述变量的数据类型。

代码运行结果如下：

```
1  <class 'list'>
2  <class 'list'>
3  <class 'dict'>
4  <class 'tuple'>
5  <class 'set'>
```

从运行结果可以看出，变量 list1 和 list2 的数据类型都是列表（list），变量 dict1 的数据类型是字典（dict），变量 tup 的数据类型是元组（tuple），变量 set1 的数据类型是集合（set），和前面所述一致。

014 Python 的控制语句——if 语句

Python 的控制语句分为条件语句和循环语句。条件语句是指 if 语句，循环语句是指 for 语句和 while 语句。这里先简单介绍一下 if 语句。

if 语句主要用于根据条件是否成立执行不同的操作，其基本语法格式如下：

```
1  if 条件：  # 注意不要遗漏冒号（以"#"号开头的内容是注释，详见案例020）
2      代码1   # 注意代码前要有缩进（缩进的知识详见案例019）
3  else：  # 注意不要遗漏冒号
4      代码2   # 注意代码前要有缩进
```

在代码运行过程中，if 语句会判断其后的条件是否成立：如果成立，则执行代码 1；如果不成立，则执行代码 2。如果不需要在条件不成立时执行指定操作，可省略 else 以及其后的代码。

if 语句的演示代码如下：

```
1  score = 90
2  if score >= 80:
3      print('优秀')
```

```
4    else:
5        print('加油')
```

因为变量 score 的值 90 满足"大于等于 80"的条件，所以代码运行结果如下：

```
1    优秀
```

如果有多个判断条件，可以使用 elif（elseif 的缩写）语句来处理。这个语句用得相对较少，这里只做简单演示，代码如下：

```
1    score = 40
2    if score >= 80:
3        print('优秀')
4    elif (score >= 60) and (score < 80):
5        print('及格')
6    else:
7        print('不及格')
```

因为变量 score 的值 40 既不满足"大于等于 80"的条件，也不满足"大于等于 60 且小于 80"的条件，所以代码运行结果如下：

```
1    不及格
```

015　Python 的控制语句——for 语句

for 语句常用于完成指定次数的重复操作，其基本语法格式如下：

```
1    for i in 序列:   # 注意不要遗漏冒号
2        要重复执行的代码   # 注意代码前要有缩进
```

演示代码如下：

```
1    a = ['李白', '王维', '孟浩然']
2    for i in a:
3        print(i)
```

在上述代码的执行过程中，for 语句会让 i 依次从列表 a 的元素里取值，每取一个元素就执行一次第 3 行代码，直到取完所有元素为止。因为列表 a 有 3 个元素，所以第 3 行代码会被重复执行 3 次。代码运行结果如下：

```
1    李白
2    王维
3    孟浩然
```

这里的 i 只是一个代号，可以换成其他变量。例如，将第 2 行代码中的 i 改为 j，则第 3 行代码就要相应改为 print(j)，得到的运行结果是一样的。

上述代码用列表作为控制循环次数的序列，还可以用字符串、字典等作为序列。如果序列是一个字符串，则 i 代表字符串中的字符；如果序列是一个字典，则 i 代表字典的键。

此外，Python 编程中还常用 range() 函数创建一个整数序列用于控制循环次数，演示代码如下：

```
1    for i in range(3):
2        print('第', i + 1, '次')
```

range() 函数创建的序列默认从 0 开始，并且该函数具有"左闭右开"的特性：起始值可取到，而终止值取不到。因此，第 1 行代码中的 range(3) 表示创建一个整数序列——0、1、2。

代码运行结果如下：

```
1    第 1 次
2    第 2 次
3    第 3 次
```

016　Python 的控制语句——while 语句

while 语句用于在指定条件成立时重复执行操作，其基本语法格式如下：

```
1    while 条件：  # 注意不要遗漏冒号
2        要重复执行的代码  # 注意代码前要有缩进
```

演示代码如下：

```
1    a = 1
2    while a < 3:
3        print(a)
4        a = a + 1  # 也可以写成 a += 1
```

第 1 行代码令变量 a 的初始值为 1；第 2 行代码的 while 语句会判断 a 的值是否满足"小于 3"的条件，判断结果是满足，因此执行第 3 行和第 4 行代码，先输出 a 的值 1，再将 a 的值增加 1 变成 2；随后返回第 2 行代码进行判断，此时 a 的值仍然满足"小于 3"的条件，所以会再次执行第 3 行和第 4 行代码，先输出 a 的值 2，再将 a 的值增加 1 变成 3；随后返回第 2 行代码进行判断，此时 a 的值已经不满足"小于 3"的条件，循环便终止了，不再执行第 3 行和第 4 行代码。代码运行结果如下：

```
1    1
2    2
```

如果将 while 语句后的条件设置为 True，则可创建永久循环，演示代码如下：

```
1    while True:
2        print('加油')
```

请读者自行在 PyCharm 中输入上述代码并运行，体验永久循环的效果。如果要强制停止永久循环，可以按快捷键【Ctrl+F2】。

017　Python 控制语句的嵌套

　　Python 控制语句的嵌套是指在一个控制语句中包含一个或多个相同或不同的控制语句。可以按照想要实现的功能采用不同的嵌套方式，如 if 语句中嵌套 if 语句，while 语句中嵌套 while 语句，if 语句中嵌套 for 语句，for 语句中嵌套 if 语句，等等。

　　先举一个在 if 语句中嵌套 if 语句的例子，演示代码如下：

```
1    a = 95
2    b = 80
3    if a >= 90:
4        if b >= 90:
5            print('优秀')
6        else:
7            print('加油')
8    else:
9        print('加油')
```

　　第 3～9 行代码为一个 if 语句，第 4～7 行代码也为一个 if 语句，后者嵌套在前者之中。这个嵌套结构的含义是：如果变量 a 的值大于等于 90，且变量 b 的值也大于等于 90，则输出"优秀"；如果变量 a 的值大于等于 90，且变量 b 的值小于 90，则输出"加油"；如果变量 a 的值小于 90，则无论变量 b 的值为多少，都输出"加油"。因此，代码运行结果如下：

```
1    加油
```

　　下面再来看一个在 for 语句中嵌套 if 语句的例子，演示代码如下：

```
1    for i in range(5):
2        if i == 1:
3            print('加油')
4        else:
```

```
5        print('安静')
```

第 1～5 行代码为一个 for 语句，第 2～5 行代码为一个 if 语句，后者嵌套在前者之中。第 1 行代码中 for 语句和 range() 函数的结合使用让 i 可以依次取值 0、1、2、3、4，然后进入 if 语句，当 i 的值等于 1 时输出"加油"，否则输出"安静"。因此，代码运行结果如下：

```
1    安静
2    加油
3    安静
4    安静
5    安静
```

018　Python 的自定义函数

函数就是把具有独立功能的代码段组织成一个小模块，在需要时直接调用。函数又分为内置函数和自定义函数。内置函数是 Python 的开发者已经编写好的函数，用户可以直接调用，如案例 011 介绍的 print() 函数。除了 print() 函数，Python 内置函数还有 input()、len()、float() 等，在后续章节会结合具体案例进行介绍。内置函数的数量毕竟有限，只靠内置函数不可能实现所有功能，因此，编程中常常需要将频繁使用的代码编写为自定义函数。

1. 函数的定义与调用

在 Python 中使用 def 语句来定义一个函数，其基本语法格式如下：

```
1    def 函数名(参数):  # 注意不要遗漏冒号
2        实现函数功能的代码  # 注意代码前要有缩进
```

演示代码如下：

```
1    def y(x):
```

```
2       print(x + 1)
3   y(1)
```

第 1 行和第 2 行代码定义了一个函数 y()，该函数有一个参数 x，函数的功能是输出 x 的值与 1 相加的运算结果。第 3 行代码调用 y() 函数，并用 1 作为函数的参数。代码运行结果如下：

```
1   2
```

从上述代码可以看出，函数的调用很简单，只要输入函数名和括号，如 y()。如果函数含有参数，如 y(x) 中的 x，那么在函数名后的括号中输入参数的值即可。如果将上述第 3 行代码修改为 y(2)，那么运行结果就是 3。

定义函数时的参数称为形式参数，它只是一个代号，可以换成其他内容。例如，可以把上述代码中的 x 换成 z，代码如下：

```
1   def y(z):
2       print(z + 1)
3   y(1)
```

定义函数时也可以传入多个参数，以定义含有两个参数的函数为例，演示代码如下：

```
1   def y(x, z):
2       print(x + z + 1)
3   y(1, 2)
```

因为第 1 行代码在定义函数时指定了两个参数 x 和 z，所以第 3 行代码在调用函数时就需要在括号中输入两个参数。代码运行结果如下：

```
1   4
```

定义函数时也可以不要参数，演示代码如下：

```
1   def y():
```

```
2        x = 1
3        print(x + 1)
4    y()
```

第 1～3 行代码定义了一个函数 y()，在定义时没有指定参数，所以第 4 行代码直接输入 y()
就可以调用函数。代码运行结果如下：

```
1    2
```

2. 定义有返回值的函数

在前面的例子中，定义函数时仅将函数的执行结果用 print() 函数输出，之后就无法使用这
个结果了。如果之后还需要使用函数的执行结果，则在定义函数时需要使用 return 语句来定义
函数的返回值。演示代码如下：

```
1    def y(x):
2        return x + 1
3    a = y(1)
4    print(a)
```

第 1 行和第 2 行代码定义了一个函数 y()，函数的功能不是直接输出运算结果，而是将运算
结果作为函数的返回值返回给调用函数的代码；第 3 行代码在执行时会先调用 y() 函数，并以 1
作为函数的参数，y() 函数内部使用参数 1 计算出 1+1 的结果为 2，再将 2 返回给第 3 行代码，
赋给变量 a。代码运行结果如下：

```
1    2
```

3. 变量的作用域

简单来说，变量的作用域是指变量起作用的代码范围。具体到函数的定义，函数内使用的
变量与函数外的代码是没有关系的，演示代码如下：

```
1    x = 1
2    def y(x):
3        x = x + 1
4        print(x)
5    y(3)
6    print(x)
```

请读者先在脑海中思考一下：上述代码会输出什么内容呢？下面揭晓运行结果：

```
1    4
2    1
```

第 4 行和第 6 行代码同样是 print(x)，为什么输出的结果不一样呢？这是因为函数 y(x) 里面的 x 和外面的 x 没有关系。之前讲过，可以把 y(x) 换成 y(z)，演示代码如下：

```
1    x = 1
2    def y(z):
3        z = z + 1
4        print(z)
5    y(3)
6    print(x)
```

代码运行结果如下：

```
1    4
2    1
```

可以发现两段代码的运行结果一样。y(z) 中的 z 或者说 y(x) 中的 x 只在函数内部生效，并不会影响外部的变量。正如前面所说，函数的形式参数只是一个代号，属于函数内的局部变量，因此不会影响函数外部的变量。

019　Python 编码基本规范——缩进

为了让 Python 解释器能够准确地理解和执行代码，在编写代码时需要遵守一些基本规范。Python 最重要的代码编写规范之一就是缩进，类似 Word 文档中的首行缩进。在前面讲解 if、for、while 等语句的语法格式时都提到过缩进。如果缩进不规范，代码在运行时就会报错。先来看下面的代码：

```
1   x = 10
2   if x > 0:
3       print('正数')
4   else:
5       print('负数')
```

Python 通过冒号和缩进来区分代码块之间的层级关系，因此，第 3 行和第 5 行代码之前必须有缩进，否则运行时会报错。

Python 对代码缩进的要求非常严格，同一个层级的代码块，其缩进量必须一样，否则运行时会报错。但 Python 并没有硬性规定具体的缩进量，默认以 4 个空格（即按 4 次空格键）作为缩进的基本单位。

在 PyCharm 中，可以用更快捷的方法来输入缩进。按 1 次【Tab】键即可输入 1 个缩进（即 4 个空格）。如果要减小缩进量，可以按快捷键【Shift + Tab】。如果要批量调整多行代码的缩进量，可以选中要调整的多行代码，按【Tab】键统一增加缩进量，按快捷键【Shift + Tab】统一减小缩进量。

需要注意的是，按【Tab】键实际上输入的是制表符，只是 PyCharm 会将其自动转换为 4 个空格。而有些文本编辑器并不会自动转换，就容易出现缩进中混用空格和制表符的情况，从而导致运行错误。这也是本书推荐使用 PyCharm 作为代码编辑器的原因之一，它有许多贴心的功能可以帮助我们避免一些低级错误，从而减少代码调试的工作量。

020　Python 编码基本规范——注释

注释是对代码的解释和说明，Python 代码的注释分为单行注释和多行注释两种。

1. 单行注释

单行注释以"#"号开头。单行注释可以放在被注释代码的后面，也可以作为单独的一行放在被注释代码的上方。放在被注释代码后的单行注释的演示代码如下：

```
1  a = 1
2  b = 2
3  if a == b:  # 注意表达式里是两个等号
4      print('a和b相等')
5  else:
6      print('a和b不相等')
```

代码运行结果如下：

```
1  a和b不相等
```

第 3 行代码中"#"号后的文本就是注释内容，从运行结果可以看出，注释不参与代码的运行。上述代码中的注释可以修改为放在被注释代码的上方，演示代码如下：

```
1  a = 1
2  b = 2
3  # 注意表达式里是两个等号
4  if a == b:
5      print('a和b相等')
6  else:
7      print('a和b不相等')
```

为了增强代码的可读性，本书建议在编写单行注释时遵循以下规范：

- 单行注释放在被注释代码上方时，在"#"号之后先输入一个空格，再输入注释内容。
- 单行注释放在被注释代码后面时，"#"号和代码之间至少要有两个空格，"#"号与注释内容之间也要有一个空格。

2. 多行注释

当注释内容较多，放在一行中不便于阅读时，可以使用多行注释。在 Python 中，使用 3 个单引号或 3 个双引号将多行注释的内容括起来。

用 3 个单引号表示多行注释的演示代码如下：

```
1    '''
2    这是多行注释，用3个单引号
3    这是多行注释，用3个单引号
4    这是多行注释，用3个单引号
5    '''
6    print('Hello, Python!')
```

第 1～5 行代码就是注释，不参与运行，所以运行结果如下：

```
1    Hello, Python!
```

用 3 个双引号表示多行注释的演示代码如下：

```
1    """
2    这是多行注释，用3个双引号
3    这是多行注释，用3个双引号
4    这是多行注释，用3个双引号
5    """
6    print('Hello, Python!')
```

第 1～5 行代码也是注释，不参与运行，所以运行结果相同。

注释还有一个作用：在调试程序时，如果有暂时不需要运行的代码，不必将其删除，可以先将其转换为注释，等调试结束后再取消注释，这样能减少代码输入的工作量。

021　初学者常见问题——变量错误

案例 021～028 将讲解 Python 初学者常见的一些问题并分析原因。先从变量错误开始讲解，演示代码如下：

```
1    a = 100
2    c = a + b
3    print(c)
```

运行以上代码后，会得到如右图所示的报错信息，大意是变量 b 没有被定义。

```
NameError: name 'b' is not defined
```

下面来分析出现这种错误的原因。第 1 行代码定义了变量 a 并赋值 100。第 2 行代码将变量 a 和变量 b 相加，然后将计算结果赋给变量 c，但是变量 b 并没有被定义和赋值，所以无法进行计算。

这时只要在代码中定义好变量 b 并赋值，就可以排除错误。演示代码如下：

```
1    a = 100
2    b = 50
3    c = a + b
4    print(c)
```

代码运行结果如下：

```
1    150
```

022 初学者常见问题——语法错误

在编程时，一定要严格按照正确的语法格式来输入代码。如下所示的代码中，输入 for 语句时没有遵守语法格式，其所在行的末尾遗漏了冒号 ":"。

```
1    for i in range(3)
2        print(i)
```

如下所示的代码中，print() 函数后少了一个括号。

```
1    for i in range(3):
2        print(i
```

运行以上任意一段代码，都会出现如右图所示的报错信息，大意是有无效的语法。

```
SyntaxError: invalid syntax
```

此时只需按语法格式将代码输入正确，即可排除错误，修改结果如下：

```
1    for i in range(3):
2        print(i)
```

代码运行结果如下：

```
1    0
2    1
3    2
```

此外，如果代码中的字符串没有按规范书写，也会出现语法错误。演示代码如下：

```
1    a = 'hello world"
2    print(a)
```

运行以上代码，会出现如右图所示的报错
信息，大意为代码中的字符串书写有问题。

```
SyntaxError: EOL while scanning string literal
```

出错的原因是第 1 行代码中字符串 "hello world"" 左右两侧的引号形式不一致，一边是单
引号，一边是双引号。将引号更改为一致的形式，即可排除错误，修改结果如下：

```
1   a = 'hello world'
2   print(a)
```

代码运行结果如下：

```
1   hello world
```

023   初学者常见问题——模块错误

模块错误是 Python 初学者经常遇到的问题之一。演示代码如下：

```
1   import xlwing
```

运行以上代码，出现如右图所示的报错信
息，大意为没有名为 "xlwing" 的模块。

```
ModuleNotFoundError: No module named 'xlwing'
```

出错的原因是模块名输入错误，正确的模块名应为 "xlwings"，修改后的代码如下：

```
1   import xlwings
```

如果模块名输入正确，却还是出现了上述报错信息，则是因为计算机中没有安装该模块，
或者该模块没有被安装在当前项目的 Python 解释器的路径下。建议先用案例 005 介绍的方法，
在 PyCharm 中查看为当前项目的 Python 解释器安装的模块，如果没看到所需模块，则用案例
007 介绍的方法，在 PyCharm 中为当前项目的 Python 解释器安装模块。

024　初学者常见问题——成员错误

Python 中的成员错误指的是在代码中调用了不属于某个模块的函数或属性。演示代码如下：

```
1    import math
2    a = math.sqr(16)
3    print(a)
```

运行以上代码，会出现如下图所示的报错信息，大意为模块 "math" 中没有属性 "sqr"。

```
AttributeError: module 'math' has no attribute 'sqr'
```

出错的原因是第 2 行代码在输入 math 模块中的 sqrt() 函数时遗漏了字母 t。只需将函数名输入正确，即可排除错误，修改结果如下：

```
1    import math
2    a = math.sqrt(16)
3    print(a)
```

代码运行结果如下：

```
1    4.0
```

025　初学者常见问题——索引错误

Python 中的索引错误指的是要获取的数据超出了序列的范围。演示代码如下：

```
1    a = [1, 2, 3, 4]
2    print(a[4])
```

运行以上代码，会出现如右图所示的报错
信息，大意为索引错误，列表索引超出范围。

```
IndexError: list index out of range
```

第 2 行代码中的 a[4] 表示提取列表 a 中索引为 4 的元素，因为 Python 中序列的索引都是
从 0 开始的，所以 a[4] 表示提取第 5 个元素。然而列表 a 只有 4 个元素，所以运行代码后会提
示列表索引超出范围。

此时需将"[]"中的索引修改为有效值，这里为 0、1、2、3 中的任意一个整数，修改结果如下：

```
1    a = [1, 2, 3, 4]
2    print(a[2])
```

代码运行结果如下：

```
1    3
```

026　初学者常见问题——文件路径错误

在 Python 中要读写文件，就需要给出文件的路径。演示代码如下：

```
1    import xlwings as xw
2    app = xw.App(visible=False, add_book=False)
3    workbook = app.books.open('E:\\表\\销售表.xlsx')
```

第 1 行代码导入 xlwings 模块并简写为 xw；第 2 行代码启动 Excel 程序窗口；第 3 行代码
用 Excel 打开指定文件，其中的 'E:\\ 表 \\ 销售表.xlsx' 就是一个文件路径，它表示文件夹"E:\ 表"
下的文件"销售表.xlsx"。

运行以上代码，出现如右图所示的报错信
息，大意为文件路径指向的文件不存在。

```
FileNotFoundError: No such file: 'E:\表\销售表.xlsx'
```

出错的原因是第 3 行代码中的文件路径书写错误，导致程序找不到对应的文件。此时需要
将文件路径修改正确，或者按照代码中书写的文件路径将要打开的文件以指定的文件名放在指

定的文件夹下，就可以成功运行代码，打开文件。

027　初学者常见问题——文件格式错误

如果用一个模块读写其不支持的文件格式，就会产生文件格式错误。演示代码如下：

```
1  from openpyxl import load_workbook
2  workbook = load_workbook('销售表.xls')
```

第 1 行代码导入 openpyxl 模块的 load_workbook() 函数；第 2 行代码用 load_workbook()
函数打开工作簿 "销售表.xls"。

运行以上代码，出现如下图所示的报错信息，大意是 openpyxl 模块不支持旧的 ".xls" 文
件格式，请使用 xlrd 模块读取此文件，或将 ".xls" 格式的文件转换为 ".xlsx" 格式的文件。

```
openpyxl.utils.exceptions.InvalidFileException: openpyxl does not support the old .xls file format,
please use xlrd to read this file, or convert it to the more recent .xlsx file format.
```

将 "销售表.xls" 转换为 "销售表.xlsx"，然后将第 2 行代码中的 "销售表.xls" 更改为 "销
售表.xlsx"，具体如下：

```
1  from openpyxl import load_workbook
2  workbook = load_workbook('销售表.xlsx')
```

然后再次运行代码，就不会报错了。

028　初学者常见问题——代码多次运行错误

有时重复多次运行同一段代码，也有可能出现运行错误。演示代码如下：

```
1  import xlwings as xw
```

```
2    app = xw.App(visible=False, add_book=False)
3    workbook = app.books.open('表.xlsx')
4    worksheet = workbook.sheets[0]
5    worksheet.range('A1').value = '序号'
6    workbook.save('表1.xlsx')
```

第 1 行代码导入 xlwings 模块；第 2 行代码启动 Excel 程序窗口；第 3 行代码打开工作簿"表.xlsx"；第 4 行代码选中工作簿中的第 1 个工作表；第 5 行代码在第 1 个工作表的单元格 A1 中输入"序号"；第 6 行代码将工作簿另存为"表 1.xlsx"。

运行以上代码后，会在代码文件所在文件夹下生成一个工作簿"表 1.xlsx"。如果再次运行以上代码，则会出现如下图所示的报错信息，大意为不能访问"表 1.xlsx"。

```
pywintypes.com_error: (-2147352567, '发生意外。', (0, 'Microsoft Excel', '不能访问"表1.xlsx"。',
 'xlmain11.chm', 0, -2146827284), None)
```

出现这种错误的原因是第 2 行代码启动的 Excel 程序窗口在后台运行，该窗口不会在代码运行结束时自动关闭，而是需要在代码中用特定的指令来关闭。然而上述代码并没有执行关闭窗口的指令，代码运行完毕时"表 1.xlsx"便处于打开状态，因此，再次运行代码时，就会因文件被占用而产生无法访问的错误。

临时的解决方法为手动关闭在后台运行的 Excel 程序窗口：❶右击任务栏，❷在弹出的快捷菜单中单击"任务管理器"，如下左图所示。❸在打开的"任务管理器"窗口中切换至"进程"选项卡，向下滚动列表，❹在"后台进程"组中找到 Excel 程序窗口后右击，❺在弹出的快捷菜单中单击"结束任务"命令，如下右图所示。这里连续运行了两次代码，所以后台有两个 Excel 程序窗口在运行，这两个窗口都要关闭。如果运行了多次代码，也必须关闭多个 Excel 程序窗口。

根本的解决方法则是养成良好的编程习惯，在代码中完成所需操作后及时关闭工作簿和 Excel 程序窗口。演示代码如下：

```python
import xlwings as xw
app = xw.App(visible=False, add_book=False)
workbook = app.books.open('表.xlsx')
worksheet = workbook.sheets[0]
worksheet.range('A1').value = '序号'
workbook.save('表1.xlsx')
workbook.close()
app.quit()
```

上述代码实际上是在前面代码的基础上添加了第 7 行和第 8 行代码：第 7 行代码用于关闭工作簿；第 8 行代码用于关闭 Excel 程序窗口。这样每次运行代码后，后台就不会驻留 Excel 程序窗口了。

029　如何查看报错信息并调试代码

案例 021～028 分析了初学者容易遇到的多个问题，但是这些问题只是很小的一部分，在实际工作中遇到的问题千变万化，本书不可能穷尽。因此，掌握查看报错信息及调试代码的方法就显得尤为重要。

下面以一个简单的程序为例，讲解如何查看报错信息并调试代码。演示代码如下：

```python
import xlwings as xw
app = xw.App(visible=False, add_book=False)
for i in range(1, 21):
    workbook = app.books.add()
    workbook.save(f'E:\\表\\地区{i}.xlsx')
    workbook.close()
```

```
7    app.quit()
```

这段代码用于在文件夹"E:\ 表"下新建 20 个 Excel 工作簿，工作簿的名称分别为"地区 1""地区 2"……"地区 20"。如果要新建更多工作簿，可以将第 3 行代码中的参数值 21 改为更大的数值。

运行以上代码，出现了如下图所示的报错信息。

报错信息包含有错误代码的行号以及出错的原因。一般红色报错信息的第 2 行会显示第几行代码有错，这里为"line 5"，表示第 5 行代码"workbook.save(f'E:\\ 表 \\ 地区 {i}.xlsx')"有问题。问题的原因在红色报错信息的最后一行中，这里显示的原因是 Excel 不能访问文件夹"E:\ 表"，而不能访问的原因有以下几个：文件名称或路径不存在、文件正被其他程序使用、正要保存的工作簿与当前打开的工作簿同名。

先解决第一个错误：文件名称或路径不存在。进入 E 盘，查看是否存在文件夹"表"，结果发现不存在这个文件夹。因此，在 E 盘中新建一个名为"表"的文件夹。然后再次运行以上代码，可在文件夹"E:\ 表"下看到新建的 20 个 Excel 工作簿，名称分别为"地区 1""地区 2"……"地区 20"，如右图所示，说明错误已经被排除了。

运行代码时如果出现了错误，不必惊慌，可根据报错信息了解出错的代码行号和错误的原因。

如果还是不能理解报错信息，可以尝试将相应信息复制、粘贴到搜索引擎中搜索，也许已经有人遇到了类似问题并在网上分享了解决方法。如果报错信息是英文的，还可以借助在线翻译工具将其翻译为中文来帮助理解。

下面简单介绍一下代码调试的一般步骤。

- 首先，在写好一个程序以后，不要急于运行，而应对程序进行人工检查，尽量排除由于疏忽导致的语法错误，如语句、模块名、函数名输入错误，控制语句中遗漏了冒号，代码缩进不正确，等等。

- 人工检查无误后，再运行程序。如果发生错误，则按照前面的讲解，通过阅读和分析报错信息，找到出错的位置并改正错误。

- 改正错误并成功运行程序，不再出现报错信息，并不意味着就万事大吉了。还应认真分析得到的运行结果，看其是否符合预期的目标。

上面介绍了代码调试的一般步骤，下面介绍代码调试中的一些实用技巧。

在进行人工检查时，可以利用 PyCharm 的语法检查功能来提高效率。PyCharm 会自动用红色波浪线标示出有语法错误的代码，用黄色波浪线标示出书写格式不规范的代码，把鼠标指针放在波浪线上会显示对应的提示信息。对于有语法错误的代码，可以参考提示信息改正错误。对于书写格式不规范的代码，由于其并不会影响运行结果，可以不做处理。也可以通过执行菜单命令 "Code → Reformat File"（有些版本的 PyCharm 中为 "Code → Reformat Code"），让 PyCharm 对代码的书写格式自动进行规范，这样可以提高代码的可读性。

在遇到运行错误需要进行排查时，可以使用以下实用技巧。

- 有时提示出错的行并不是真正出错的位置，如果在提示出错的行找不到错误，可以尝试到上一行或上几行寻找。

- 出错的原因多种多样，并且各种错误往往是相互关联的，所以报错信息给出的出错原因并不一定准确。有时其实只有一两个错误，却引发了一连串的错误，导致报错信息给出的出错原因有很多，令人感到问题严重，不知该从哪里入手解决。实际上改正了源头的错误以后，所有的错误就都消除了。因此，在调试代码时不要拘泥于从字面意义上理解报错信息，而要善于透过现象抓住本质，找出真正的错误。

在分析运行结果时，可以使用以下实用技巧。

- 如果程序的运行结果与预期的目标不符，说明程序的编写思路有问题，程序存在逻辑错误。这类错误有比较高的隐蔽性，往往需要仔细检查和分析才能发现，可以借助流程图等工具来梳理编程思路。

- 逻辑错误还可以采用"分段检查法"来排查。在程序的不同位置用 print() 函数输出相关变量的值，以跟踪程序运行过程中变量值的变化。如果找到某一段代码的输出结果不对，就可以将错误局限在这一段代码中。用这种方法逐渐缩小"包围圈"，最终就能定位错误。在调试完毕后，再将不需要的 print() 函数删除。

- 在案例 020 中讲过，可以利用注释来暂时"屏蔽"部分代码。在 PyCharm 中，按快捷键 【Ctrl＋/】可以快速添加和取消注释。

- 有时输入一组数据得到正确的运行结果，并不意味着程序就没有问题了，因为有可能输入另一组数据得到的运行结果是错误的。例如，在代码中使用 if 语句在条件成立和不成立时分别执行不同的操作，那么有可能在条件成立时结果正确，而在条件不成立时结果错误。因此必须考虑周全，多设计几组测试数据，在不同的条件下进行测试。

  总之，代码调试是一项需要细心和耐心的工作。大家要勤于分析和思考，善于积累和总结，慢慢就能学会自己发现问题和解决问题了。

第**2**章

工作簿操作

Excel 是各行各业都比较常用的办公软件,它在数据编辑、处理和分析方面的表现都很出色,但用 Excel 处理重复性和机械性的工作时仍然要花费大量时间。本章将详细介绍如何通过 Python 编程高效地完成工作簿的相关操作,如批量新建工作簿、拆分和合并工作簿、分类和查找工作簿等。

在开始学习本章之前,建议先执行命令 "pip install -U xlwings",将 xlwings 模块升级到最新版。

030 移动并重命名工作簿

◎ 代码文件：移动并重命名工作簿.py
◎ 数据文件：员工档案.xlsx

◎ 应用场景

移动和重命名文件是文件管理的基本操作。要在 Python 中移动和重命名文件，可以使用 pathlib 模块中的 rename() 函数。本案例将使用该函数把如下图所示的工作簿文件移动到另一个文件夹中，并进行重命名。

◎ 实现代码

```
1   from pathlib import Path  # 导入pathlib模块中的Path类
2   old_file_path = Path('F:\\python\\第2章\\员工档案.xlsx')  # 指定要移
    动并重命名的工作簿的路径
3   new_file_path = Path('F:\\table\\员工信息表.xlsx')  # 指定工作簿移动
    和重命名后的路径
4   old_file_path.rename(new_file_path)  # 执行工作簿的移动和重命名操作
```

◎ 代码解析

第 1 行代码用于导入 pathlib 模块中的 Path 类。pathlib 模块是 Python 的内置模块，无须安装。该模块主要用于完成文件和文件夹路径的相关操作。

第 2 行代码用于指定要移动并重命名的工作簿的文件路径，这里指定的是位于文件夹"F:\

python\ 第 2 章" 中的 "员工档案.xlsx"，读者可根据实际需求修改这个路径。

　　第 3 行代码用于指定工作簿移动和重命名后的路径，这里指定目标文件夹为 "F:\table"，新文件名为 "员工信息表.xlsx"，读者可根据实际需求修改目标文件夹和文件名。需要注意的是，目标文件夹（如这里的 "F:\table"）必须真实存在，且目标文件夹中不能有同名文件（如这里的 "员工信息表.xlsx"），否则运行时会报错。

　　第 4 行代码用于执行工作簿的移动和重命名操作，即将文件夹 "F:\python\ 第 2 章" 下的工作簿 "员工档案.xlsx" 移动到文件夹 "F:\table" 下，并重命名为 "员工信息表.xlsx"。

◎ 知识延伸

　　（1）第 1 行代码中导入的 Path 类代表操作系统中文件夹和文件的路径。要使用 Path 类的功能，需先将其实例化为一个路径对象，第 2 行和第 3 行代码就是在做这件事。类、对象、实例化是面向对象编程中的概念，读者可以不必深究，只需记住代码的书写格式。

　　（2）第 2 行和第 3 行代码用于将路径字符串创建为路径对象。这里要注意路径字符串的书写格式：因为在 Python 中 "\" 有特殊含义，如 "\n" 表示换行，所以通常在路径中使用两个 "\"，以取消单个 "\" 的特殊含义。

　　（3）创建了路径对象后，即可调用路径对象的属性或函数来获取信息或完成操作，基本语法格式为 "对象名.属性" 和 "对象名.函数"。第 4 行代码中调用的 rename() 函数主要用于重命名文件或文件夹，如果源路径和目标路径所在的文件夹不同，还可以达到移动文件或文件夹的效果。但是，rename() 函数只能在同一个磁盘分区中移动文件或文件夹。例如，本案例中的工作簿 "员工档案.xlsx" 只能被移动到 F 盘的文件夹中，不能被移动到 C、D、E 盘的文件夹中。

◎ 运行结果

　　运行本案例的代码，文件夹 "F:\python\ 第 2 章" 中的工作簿 "员工档案.xlsx" 会被移动到文件夹 "F:\table" 中，且文件名变为 "员工信息表.xlsx"，如下图所示。

031　解析工作簿的路径信息

◎ 代码文件：解析工作簿的路径信息.py
◎ 数据文件：出库表.xlsx

◎ 应用场景

　　在工作中处理工作簿时，可能需要从工作簿的文件路径中提取文件夹、文件名、扩展名等信息，使用 pathlib 模块中路径对象的 parent、name、stem、suffix 等属性可以快速达到目的。

◎ 实现代码

```python
1    from pathlib import Path  # 导入pathlib模块中的Path类
2    file_path = Path('F:\\python\\第2章\\出库表.xlsx')  # 指定要操作的工
     作簿的文件路径
3    path = file_path.parent  # 提取工作簿所在文件夹的路径
4    file_name = file_path.name  # 提取工作簿的文件名
5    stem_name = file_path.stem  # 提取工作簿的文件主名
6    suf_name = file_path.suffix  # 提取工作簿的扩展名
7    print(path)  # 输出工作簿所在文件夹的路径
8    print(file_name)  # 输出工作簿的文件名
9    print(stem_name)  # 输出工作簿的文件主名
10   print(suf_name)  # 输出工作簿的扩展名
```

◎ 代码解析

　　第 2 行代码将要操作的工作簿的文件路径字符串创建为路径对象，并赋给变量 file_path。读者可根据实际需求修改文件路径。

　　第 3～6 行代码分别用于从工作簿的文件路径中提取文件夹路径、文件名、文件主名和扩展名。

第 7～10 行代码分别输出提取结果。

◎ 知识延伸

（1）一个路径有绝对路径和相对路径两种表示方式。绝对路径表示从根文件夹开始的完整路径。例如，在 Windows 中以盘符（C:、D: 等）作为根文件夹。第 2 行代码中的 "F:\\python\\ 第 2 章 \\ 出库表.xlsx" 就是一个绝对路径。相对路径表示相对于当前运行的代码文件的路径。例如，如果将第 2 行代码修改为 "file_path = Path('出库表.xlsx')"，那么该路径对象指向的就是代码文件所在文件夹下的工作簿 "出库表.xlsx"。

（2）第 3～6 行代码中的 parent、name、stem、suffix 是 pathlib 模块中路径对象的属性，分别用于返回文件夹路径、文件名、文件主名和扩展名，如下所示。

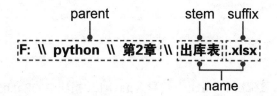

◎ 运行结果

本案例的代码运行结果如下：

```
1    F:\python\第2章
2    出库表.xlsx
3    出库表
4    .xlsx
```

032 提取文件夹内所有工作簿的文件名

◎ 代码文件：提取文件夹内所有工作簿的文件名.py
◎ 数据文件：工作信息表（文件夹）

◎ 应用场景

如下图所示，文件夹"F:\python\ 第 2 章 \ 工作信息表"中存放了多种类型的文件。如果要从中提取特定类型的所有文件的文件名，如提取所有 Excel 工作簿的文件名，可以结合使用路径对象的 glob() 函数和 name 属性快速达到目的。

◎ 实现代码

```
1    from pathlib import Path   # 导入pathlib模块中的Path类
2    folder_path = Path('F:\\python\\第2章\\工作信息表\\')   # 给出要操作
     的文件夹路径
3    file_list = folder_path.glob('*.xls*')   # 获取文件夹下所有工作簿的文
     件路径
4    lists = []   # 创建一个空列表
5    for i in file_list:   # 遍历获取的文件路径
6        file_name = i.name   # 提取工作簿的文件名
7        lists.append(file_name)   # 将提取的文件名添加到列表中
8    print(lists)   # 输出提取结果
```

◎ 代码解析

第 2 行代码将要操作的文件夹路径字符串创建为路径对象，读者可根据实际需求修改这个路径。

第 3 行代码用于在文件夹"F:\python\ 第 2 章 \ 工作信息表"下查找名称符合规则"*.xls*"

的所有文件。"*.xls*"表示文件名含有关键词".xls"，即 Excel 工作簿。如果要查找其他类型的
文件，如 Word 文档，则将括号里的参数修改为"*.doc*"。

第 4 行代码创建了一个空列表，用于存储提取出的工作簿名称。

第 5～7 行代码用 for 语句构造了一个循环，从文件路径中提取文件名并添加到第 4 行代码
创建的列表中。第 6 行代码从文件路径中提取文件名，如果要提取文件主名或扩展名，将代码
修改为"file_name = i.stem"或"file_name = i.suffix"。第 7 行代码在列表中添加提取的文件名。

第 8 行代码输出列表的内容，即提取到的所有文件名。

◎ 知识延伸

（1）第 3 行代码中的 glob() 函数用于查找名称符合指定规则的文件或文件夹并返回它们的
路径。括号里的参数是查找条件，并且可以在条件中使用通配符："*"可以匹配任意数量个（包
括 0 个）字符，"?"可以匹配单个字符，"[]"可以匹配指定范围内的字符。如果不使用通配符，
表示进行精确查找；如果使用通配符，则表示进行模糊查找。

（2）第 7 行代码中的 append() 函数用于在列表的尾部添加元素。需要注意的是，该函数一
次只能添加一个元素。演示代码如下：

```
1    a = [1, 2, 3, 4, 5, 6]
2    a.append(7)
3    print(a)
```

运行结果如下：

```
1    [1, 2, 3, 4, 5, 6, 7]
```

◎ 运行结果

本案例的代码运行结果如下：

```
1    ['供应商信息表.xlsx', '出库表.xlsx', '同比增长情况表.xls', '员工档案
     表.xlsx', '库存表.xlsx']
```

033　新建并保存一个工作簿

 ◎ 代码文件：新建并保存一个工作簿.py

◎ 应用场景

新建工作簿是 Excel 中最基本的操作之一。本案例要使用 Python 中的 xlwings 模块新建一个工作簿并将其保存到指定路径下，为下一个案例学习批量新建工作簿做准备。

◎ 实现代码

```
1    import xlwings as xw  # 导入xlwings模块
2    app = xw.App(visible=False, add_book=False)  # 启动Excel程序
3    workbook = app.books.add()  # 新建工作簿
4    workbook.save('F:\\test\\1月销售表.xlsx')  # 保存新建的工作簿
5    workbook.close()  # 关闭工作簿
6    app.quit()  # 退出Excel程序
```

◎ 代码解析

第 1 行代码用于导入 xlwings 模块并简写为 xw，这行代码是创建工作簿的基础。

第 2 行和第 3 行代码分别用于启动 Excel 程序并新建一个工作簿。

第 4 行代码按照指定的路径保存新建的工作簿。这里使用的是绝对路径，表示将工作簿保存到文件夹 "F:\test"（需提前创建好）中，文件名为 "1月销售表.xlsx"。也可以使用相对路径，如 "workbook.save('1月销售表.xlsx')"，表示在代码文件所在文件夹下保存工作簿 "1月销售表.xlsx"。

第 5 行和第 6 行代码分别用于关闭当前工作簿并退出 Excel 程序。案例 028 中讲过，完成所需操作后及时关闭工作簿并退出 Excel 程序很重要，请读者给予重视。

◎ 知识延伸

（1）第 1 行代码中导入的 xlwings 是一个用于操控 Excel 的 Python 第三方开源模块，需由用户自行安装，具体方法见案例 006 和案例 007。

（2）第 2 行代码中的 App 是 xlwings 模块中的对象，用于启动 Excel 程序。该对象有两个常用初始化参数：参数 visible 用于设置 Excel 程序窗口的可见性，为 True 时表示显示窗口，为 False 时表示隐藏窗口；参数 add_book 用于设置启动 Excel 程序后是否新建工作簿，为 True 时表示新建一个工作簿，为 False 时表示不新建工作簿。

（3）第 3 行代码中的 add() 为 xlwings 模块中 Books 对象的函数，用于新建工作簿，该函数没有参数。

（4）第 4 行代码中的 save() 和第 5 行代码中的 close() 都是 xlwings 模块中 Book 对象的函数，分别用于保存工作簿和关闭工作簿。save() 函数括号里的参数为工作簿的保存路径。如果保存路径指向的工作簿已经存在，save() 函数会直接将其覆盖。close() 函数则没有参数。

（5）第 6 行代码中的 quit() 是 xlwings 模块中 App 对象的函数，用于退出 Excel 程序，该函数没有参数。

◎ 运行结果

运行本案例的代码后，可在文件夹"F:\test"下看到生成了一个工作簿"1 月销售表.xlsx"，如下图所示。

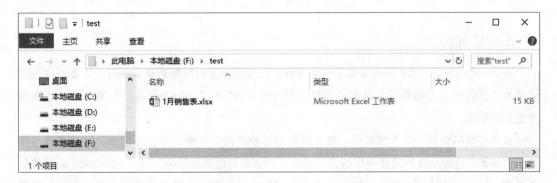

034　批量新建并保存多个工作簿

 ◎ 代码文件：批量新建并保存多个工作簿.py

◎ 应用场景

在上一个案例中学习了如何使用 xlwings 模块新建一个工作簿。在此基础上结合使用 for 语句，就可以快速批量新建多个文件名有规律的工作簿。本案例以批量新建文件名为"销售表×.xlsx"（"×"为整数序列）的工作簿为例进行讲解。

◎ 实现代码

```
1    import xlwings as xw  # 导入xlwings模块
2    app = xw.App(visible=False, add_book=False)  # 启动Excel程序
3    for i in range(1, 6):
4        workbook = app.books.add()  # 新建工作簿
5        workbook.save(f'F:\\test\\销售表{i}.xlsx')  # 保存新建的工作簿
6        workbook.close()  # 关闭工作簿
7    app.quit()  # 退出Excel程序
```

◎ 代码解析

第 3～6 行代码用 for 语句构造了一个循环来完成工作簿的批量新建和保存。本案例将批量新建 5 个工作簿。如果要新建更多工作簿，可将第 3 行代码中 range() 函数的第 2 个参数值改为更大的数值。

第 4 行代码新建一个工作簿后，第 5 行代码接着在指定文件夹下以有规律的文件名保存新建的工作簿。这里的保存路径使用的是绝对路径，如果写成相对路径，如"workbook.save(f'销售表{i}.xlsx')"，则会在代码文件所在的文件夹下保存工作簿。路径中的"销售表{i}.xlsx"指定了工作簿的文件名，可以根据实际需求修改。其中的"销售表"和".xlsx"是文件名中的固定部分，而"{i}"则是可变部分，运行时会被替换为 i 的实际值，即依次变为 1、2、3、4、5。

◎ 知识延伸

（1）第 3 行代码中的 range() 函数在案例 015 中讲解过，当时只设置了 1 个参数，表示明确指定终止值，而起始值则使用默认值 0。这里的 range(1, 6) 则设置了两个参数，表示明确指定起始值和终止值，生成的整数序列为 1、2、3、4、5（注意"左闭右开"的特性）。

（2）第 5 行代码在构造有规律的文件名时使用了 f-string 方法来拼接字符串。该方法以 f 或 F 为修饰符引领字符串，然后在字符串中以"{}"标明要替换为变量值的内容。使用该方法无须事先转换数据类型就能将不同类型的数据拼接成字符串。演示代码如下：

```
1    name = '小王'
2    score = 100
3    a = f'{name}考了{score}分。'
4    print(a)
```

运行结果如下：

```
1    小王考了100分。
```

◎ 运行结果

运行本案例的代码后，在文件夹"F:\test"下可以看到新建的 5 个工作簿，文件名分别为"销售表 1.xlsx""销售表 2.xlsx""销售表 3.xlsx""销售表 4.xlsx""销售表 5.xlsx"，如下图所示。

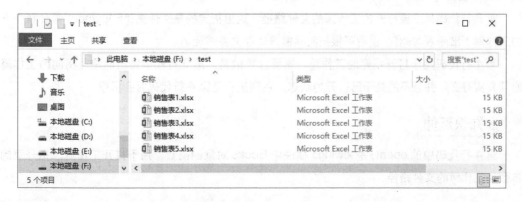

035　打开一个已有的工作簿

◎ 代码文件：打开一个已有的工作簿.py
◎ 数据文件：出库表.xlsx

◎ 应用场景

　　打开已有工作簿也是 Excel 中最基本的操作之一。本案例要使用 xlwings 模块打开一个已有的工作簿，为下一个案例学习批量打开多个工作簿做准备。

◎ 实现代码

```
1    import xlwings as xw  # 导入xlwings模块
2    app = xw.App(visible=True, add_book=False)    # 启动Excel程序
3    file_path = 'F:\\python\\第2章\\出库表.xlsx'  # 指定要打开的工作簿的
     文件路径
4    app.books.open(file_path)  # 打开指定的工作簿
```

◎ 代码解析

　　第 2 行代码用于启动 Excel 程序。这里为了查看代码的运行结果，将 App 对象的初始化参数 visible 设置为 True，表示显示 Excel 程序窗口。

　　第 3 行代码指定要打开的工作簿的文件路径，这里指定的是文件夹 "F:\python\ 第 2 章" 下的工作簿 "出库表.xlsx"。读者可根据实际需求修改文件路径。

　　第 4 行代码用于打开指定的工作簿。需要注意的是，第 3 行代码给出的路径指向的工作簿必须真实存在，并且不能处于已打开的状态，否则运行至第 4 行代码时会报错。

◎ 知识延伸

　　第 4 行代码中的 open() 是 xlwings 模块中 Books 对象的函数，用于打开工作簿，括号里的参数为工作簿的文件路径。

◎ 运行结果

运行本案例的代码，可看到用 Excel 打开了指定工作簿，如下图所示。

036　打开文件夹下的所有工作簿

◎　代码文件：打开文件夹下的所有工作簿.py
◎　数据文件：工作信息表（文件夹）

◎ 应用场景

在实际工作中经常要同时查看多个工作簿，如果逐个打开，需要花上好几分钟。本案例将通过 Python 编程，快速批量打开下图所示的文件夹中的多个工作簿。

◎ 实现代码

```
1    from pathlib import Path    # 导入pathlib模块中的Path类
```

```
2    import xlwings as xw   # 导入xlwings模块
3    app = xw.App(visible=True, add_book=False)  # 启动Excel程序
4    folder_path = Path('F:\\python\\第2章\\工作信息表\\')  # 给出要打开
     的工作簿所在的文件夹路径
5    file_list = folder_path.glob('*.xls*')  # 获取文件夹下所有工作簿的文
     件路径
6    for i in file_list:  # 遍历获取的文件路径
7        app.books.open(i)  # 打开工作簿
```

◎ 代码解析

第 4 行代码用于指定要打开的工作簿所在的文件夹路径，这里指定的是文件夹 "F:\python\第 2 章 \ 工作信息表"。读者可根据实际需求修改这个路径。

第 5 行代码用于获取指定文件夹下所有工作簿的文件路径。

第 6 行和第 7 行代码用 for 语句遍历获取的工作簿文件路径，并依次根据路径打开工作簿。

◎ 知识延伸

第 5 行代码中的 glob() 函数在案例 032 介绍过，第 7 行代码中的 open() 函数在案例 035 介绍过，这里不再赘述。

◎ 运行结果

运行本案例的代码，自动打开指定文件夹中的所有工作簿，如下图所示。

037　批量重命名多个工作簿

◎ 代码文件：批量重命名多个工作簿.py
◎ 数据文件：table（文件夹）

◎ 应用场景

　　使用 Python 批量重命名文件的前提条件是文件名要有一定的规律，如表 1、表 2、表 3 等，或者含有相同的关键词。如下图所示为文件夹 "F:\python\ 第 2 章 \table" 下的文件，现在要将 "1 月.xlsx""2 月.xlsx"……"6 月.xlsx" 这 6 个工作簿文件名中的 "月" 替换为 "月销售表"。

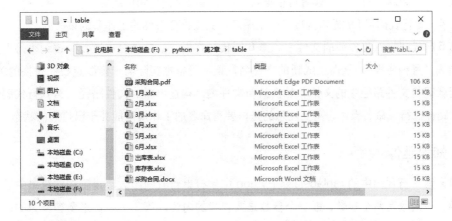

◎ 实现代码

```
1    from pathlib import Path    # 导入pathlib模块中的Path类
2    folder_path = Path('F:\\python\\第2章\\table\\')    # 给出要重命名的工
     作簿所在的文件夹路径
3    file_list = folder_path.glob('*月.xlsx')    # 获取指定文件夹下文件主名
     以 "月" 结尾的所有工作簿的文件路径
4    for i in file_list:    # 遍历获取的文件路径
```

```
5      old_file_name = i.name   # 提取工作簿的文件名
6      new_file_name = old_file_name.replace('月', '月销售表')   # 在文
       件名中进行查找和替换，生成新的文件名
7      new_file_path = i.with_name(new_file_name)   # 用新的文件名构造新
       的文件路径
8      i.rename(new_file_path)   # 执行重命名操作
```

◎ 代码解析

第 2 行和第 3 行代码按照 "应用场景" 中的设定，获取文件夹中文件主名以 "月" 结尾并且扩展名为 ".xlsx" 的文件。读者可根据实际需求修改关键词和扩展名。

第 4～8 行代码用 for 语句构造了一个循环，完成符合条件的工作簿的重命名。

第 5 行代码提取工作簿的文件名。第 6 行代码在提取的文件名中查找关键词 "月" 并替换为关键词 "月销售表"，从而生成新的文件名，读者可根据实际需求修改查找和替换的关键词。第 7 行代码将文件路径中的文件名替换为新文件名，构造出新的文件路径。第 8 行代码使用新的文件路径执行重命名操作。需要注意的是，要重命名的工作簿不能处于已打开的状态。

◎ 知识延伸

（1）第 6 行代码中的 replace() 是 Python 中字符串对象的函数，用于在字符串中进行查找和替换。该函数有两个参数：第 1 个参数是要查找的内容，第 2 个参数是要替换为的内容。演示代码如下：

```
1      a = '小王考了80分。'
2      b = a.replace('80', '100')
3      print(b)
```

代码运行结果如下：

```
1      小王考了100分。
```

　　如果 replace() 函数第 2 个参数的引号中没有任何内容，就会将查找到的内容替换为空白，相当于删除查找到的内容。

　　（2）第 7 行代码中的 with_name() 是 pathlib 模块中路径对象的函数，用于替换原路径中的文件名，从而得到新路径，括号里的参数为新的文件名。

　　（3）第 8 行代码中的 rename() 函数在案例 030 中介绍过，这里不再赘述。

◎ 运行结果

　　运行本案例的代码后，可以在指定文件夹下看到工作簿"1 月.xlsx""2 月.xlsx"……"6 月.xlsx"已被批量重命名为"1 月销售表.xlsx""2 月销售表.xlsx"……"6 月销售表.xlsx"，如下图所示。

038　批量转换工作簿的文件格式

◎　代码文件：批量转换工作簿的文件格式.py
◎　数据文件：工作信息表（文件夹）

◎ 应用场景

　　早期版本的 Excel 只能打开".xls"格式的工作簿。假设计算机 A 和计算机 B 上分别安装有新版本 Excel 和早期版本 Excel，现在要将在计算机 A 上创建的工作簿（".xlsx"格式）在计算机 B 上打开，就需要先将".xlsx"格式的工作簿转换为".xls"

格式。如果只有一个工作簿，用 Excel 打开后另存为 ".xls" 格式即可。但是如果要转换文件格式的工作簿有很多，就得借助 Python 来提高工作效率。

以本案例的文件夹 "工作信息表" 为例，其中有 ".pdf" ".docx" ".xlsx" ".xls" 等多种格式的文件，现在要将 ".xlsx" 格式的工作簿批量转换为 ".xls" 格式的工作簿。

◎ 实现代码

```
1   from pathlib import Path  # 导入pathlib模块中的Path类
2   import xlwings as xw  # 导入xlwings模块
3   app = xw.App(visible=False, add_book=False)  # 启动Excel程序
4   folder_path = Path('F:\\python\\第2章\\工作信息表\\')  # 给出要转换
    文件格式的工作簿所在的文件夹路径
5   file_list = folder_path.glob('*.xlsx')  # 获取文件夹下所有 ".xlsx"
    格式工作簿的文件路径
6   for i in file_list:  # 遍历获取的文件路径
7       new_file_path = str(i.with_suffix('.xls'))  # 构造转换文件格式后
        的完整文件路径
8       workbook = app.books.open(i)  # 打开要转换文件格式的工作簿
9       workbook.api.SaveAs(new_file_path, FileFormat=56)  # 将 ".xlsx"
        格式的工作簿另存为 ".xls" 格式
10      workbook.close()  # 关闭工作簿
11  app.quit()  # 退出Excel程序
```

◎ 代码解析

第 4 行和第 5 行代码用于获取指定文件夹中以 ".xlsx" 为扩展名的文件的路径。

第 6～10 行代码用 for 语句构造了一个循环，用于批量转换文件夹中工作簿的文件格式。其中，第 7 行代码用于将文件路径中的扩展名替换为 ".xls"，第 8 行代码用于打开要转换文件格式的工作簿，第 9 行代码将打开的工作簿另存为 ".xls" 格式。

◎ 知识延伸

（1）第 7 行代码中的 with_suffix() 是 pathlib 模块中路径对象的函数，用于替换原路径中文件的扩展名，从而得到新路径，括号里的参数为新的扩展名。演示代码如下：

```python
1    from pathlib import Path
2    old_path = Path('e:\\table\\test.xlsx')
3    new_path = old_path.with_suffix('.xls')
4    print(new_path)
```

运行结果如下：

```
1    e:\table\test.xls
```

（2）因为第 9 行代码要调用的 SaveAs() 函数不能识别 pathlib 模块创建的路径对象，所以第 7 行代码还用 str() 函数将路径对象转换成字符串。str() 函数的功能是将指定的值转换为字符串，演示代码如下：

```python
1    a = 12
2    b = str(a)
3    print(type(a))
4    print(type(b))
```

演示代码的第 1 行将整型数字 12 赋给变量 a；第 2 行用 str() 函数将变量 a 所代表的数据转换为字符串，并赋给变量 b；第 3 行和第 4 行用 type() 函数查询变量 a 和变量 b 的数据类型。

运行结果如下：

```
1    <class 'int'>
2    <class 'str'>
```

从运行结果可以看出，变量 a 代表整型数字，变量 b 代表字符串。

（3）因为 xlwings 模块没有提供转换工作簿格式的函数，所以第 9 行代码利用 api 属性调用 VBA 中 Workbook 对象的 SaveAs() 函数来另存工作簿，并将函数的参数 FileFormat 设置为 56，表示使用 ".xls" 格式进行另存。如果想要将工作簿由 ".xls" 格式转换为 ".xlsx" 格式，则将参数 FileFormat 设置为 51。

◎ 运行结果

运行本案例的代码，可以看到为文件夹 "F:\python\第 2 章\工作信息表" 中的 ".xlsx" 格式工作簿都生成了对应的 ".xls" 格式工作簿，如下图所示。

039 将一个工作簿拆分为多个工作簿

◎ 代码文件：将一个工作簿拆分为多个工作簿.py
◎ 数据文件：新能源汽车备案信息.xlsx

◎ 应用场景

一个工作簿是由一个或多个工作表组成的。如果要将一个工作簿中的工作表单独提取出来并放在一个新的工作簿中，可以右击工作表标签，然后执行 "移动或复制" 命令，在弹出的 "移动或复制工作表" 对话框中选择将工作表移至新工作簿。如果工作表数量较多，这种方法就比较费时费力。本案例将讲解如何通过编写 Python 代码快速完成拆分工作簿的任务。

如下图所示，工作簿"新能源汽车备案信息.xlsx"中有 7 个工作表，现要将该工作簿按工作表拆分为 7 个工作簿，且各工作簿的文件名分别为各工作表的名称。

◎ 实现代码

```
1   import xlwings as xw   # 导入xlwings模块
2   app = xw.App(visible=False, add_book=False)   # 启动Excel程序
3   file_path = 'F:\\python\\第2章\\新能源汽车备案信息.xlsx'   # 指定要拆
    分的来源工作簿
4   workbook = app.books.open(file_path)   # 打开来源工作簿
5   worksheet = workbook.sheets   # 获取来源工作簿中的所有工作表
6   for i in worksheet:   # 遍历来源工作簿中的所有工作表
7       new_workbook = app.books.add()   # 新建工作簿
8       new_worksheet = new_workbook.sheets[0]   # 选中新建工作簿的第1个
        工作表
9       i.copy(before=new_worksheet)   # 将来源工作簿的当前工作表复制到新
        建工作簿的第1个工作表之前
10      new_workbook.save('F:\\python\\第2章\\汽车备案信息\\{}.xlsx'.
        format(i.name))   # 以当前工作表的名称作为文件名保存新建工作簿
11      new_workbook.close()   # 关闭新建工作簿
12  app.quit()   # 退出Excel程序
```

◎ 代码解析

第 3 行代码指定了要拆分的工作簿的文件路径，这里为文件夹 "F:\python\ 第 2 章" 中的工作簿 "新能源汽车备案信息.xlsx"。读者可根据实际需求修改文件路径。

第 5 行代码用于获取工作簿 "新能源汽车备案信息.xlsx" 中的所有工作表。

第 6～11 行代码使用 for 语句将工作簿 "新能源汽车备案信息.xlsx" 中的多个工作表拆分为多个工作簿。其中，第 7 行和第 8 行代码用于新建工作簿并选中新建工作簿中的第 1 个工作表。第 9 行代码用于将工作簿 "新能源汽车备案信息.xlsx" 中的当前工作表复制到新建工作簿的第 1 个工作表之前。复制完成后，使用第 10 行代码将新建工作簿保存到文件夹 "F:\python\ 第 2 章 \ 汽车备案信息"（需提前创建好）中，文件名为复制的工作表的名称。

◎ 知识延伸

（1）第 5 行代码中的 sheets 是 xlwings 模块中 Book 对象的属性，用于获取工作簿中的所有工作表。第 8 行代码中的 sheets[0] 表示第 1 个工作表，如果为 sheets[1]，则表示第 2 个工作表，依此类推。

（2）第 9 行代码利用 xlwings 模块中 Sheet 对象的 copy() 函数来复制工作表。当 copy() 函数的参数为 before 时，表示在目标工作表之前放置复制的工作表，如果参数为 after，则表示在目标工作表之后放置复制的工作表。

（3）第 10 行代码中的 format() 函数的主要功能与案例 034 介绍的 f-string 方法类似，都是格式化字符串，常用于将不同类型的值拼接成字符串。演示代码如下：

```
1   a = '{}考了{}分。'.format('小王', 100)
2   b = '{1}考了{0}分。'.format(100, '小王')
3   c = '{name}考了{score}分。'.format(name='小王', score=100)
4   print(a)
5   print(b)
6   print(c)
```

演示代码的第 1 行在字符串中用 "{}" 设置了两个填充位置，在 format() 函数的括号中给出了两个值，并用逗号分隔。format() 函数会依次用其括号中的值替换字符串中的 "{}"，得到一个新的字符串。第 2 行在 "{ }" 中使用数字来指定填充 format() 函数括号中的哪个值,第 1 个值的编号为 0,第 2 个值的编号为 1,依此类推。第 3 行使用变量名指定 format() 函数括号中值的填充位置。

运行结果如下:

```
1  小王考了100分。
2  小王考了100分。
3  小王考了100分。
```

◎ 运行结果

运行本案例的代码,在文件夹 "F:\python\ 第 2 章 \ 汽车备案信息" 中可看到拆分出的 7 个工作簿,如下左图所示。打开任意一个工作簿,如 "汽车备案信息.xlsx",可看到来源工作簿中对应的工作表内容,如下右图所示。

	A	B	C	D
1	序号	名称	车型	生产企业
2	1	比亚迪唐	BYD6480STHEV	比亚迪汽车工业有限公司
3	2	比亚迪唐100	BYD6480STHEV3	比亚迪汽车工业有限公司
4	3	比亚迪秦	BYD7150WTHEV3	比亚迪汽车有限公司
5	4	比亚迪秦100	BYD7150WT5HEV5	比亚迪汽车有限公司
6	5	之诺60H	BBA6461AAHEV(ZINORO60)	华晨宝马汽车有限公司
7	6	荣威eRX5	CSA6454NDPHEV1	上海汽车集团股份有限公司

040　将多个工作簿合并为一个工作簿

◎ 代码文件:将多个工作簿合并为一个工作簿.py
◎ 数据文件:上半年销售统计(文件夹)

◎ 应用场景

既然可以将一个工作簿拆分为多个工作簿,那么肯定也可以将多个工作簿合并为一个工作簿。

　　如下左图所示，文件夹"上半年销售统计"中有6个工作簿。打开任意一个工作簿，其工作表"Sheet1"中的数据如下右图所示，其他工作簿的工作表"Sheet1"中也有相同格式的数据。现要将6个工作簿的工作表"Sheet1"合并为一个工作簿的6个工作表，且6个工作表的名称分别为6个工作簿的文件主名。

 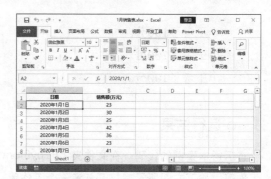

◎ 实现代码

```
1   from pathlib import Path  # 导入pathlib模块中的Path类
2   import pandas as pd  # 导入pandas模块
3   folder_path = Path('F:\\python\\第2章\\上半年销售统计\\')  # 给出待
    合并的工作簿所在的文件夹路径
4   file_list = folder_path.glob('*.xls*')  # 获取文件夹下所有工作簿的文
    件路径
5   with pd.ExcelWriter('F:\\python\\第2章\\总表.xlsx') as workbook:  # 新
    建工作簿
6       for i in file_list:  # 遍历获取的文件路径
7           stem_name = i.stem  # 提取工作簿的文件主名
8           data = pd.read_excel(i, sheet_name=0)  # 读取工作簿中第1个工
            作表的数据
9           data.to_excel(workbook, sheet_name=stem_name, index=False)  # 将
            读取的数据写入新建工作簿的工作表中
```

◎ 代码解析

第 2 行代码导入 pandas 模块并简写为 pd。

第 3 行和第 4 行代码用于列出指定文件夹下所有工作簿的文件路径。

第 5 行代码用于新建一个工作簿，保存在文件夹 "F:\python\ 第 2 章"（需提前创建好）下，文件名为 "总表.xlsx"。读者可根据实际需求修改文件夹路径和文件名，但要注意不能将新工作簿保存在待合并工作簿所在文件夹下。

第 6～9 行代码用于逐个读取文件夹中工作簿的数据，然后将读取的数据写入新建工作簿的工作表中。其中第 7 行代码用于从工作簿的文件路径中提取文件主名；第 8 行代码用于读取工作簿的第 1 个工作表中的数据；第 9 行代码用于将读取的数据写入第 5 行代码新建的工作簿中，以第 7 行代码提取的文件主名作为工作表名。

代码运行结束后，会自动保存并关闭新建工作簿。

◎ 知识延伸

（1）第 2 行代码导入的 pandas 模块是 Python 的第三方开源模块，安装好 Anaconda 就安装好了 pandas 模块，无须手动安装。pandas 模块提供了非常直观的数据结构及强大的数据处理功能，广泛应用于完成数据分析、数据清洗和准备等工作，某种程度上可以把 pandas 模块看成 Python 版的 Excel。

（2）第 5 行代码中的 ExcelWriter() 是 pandas 模块中的函数，用于新建工作簿。将该函数与 Python 中的 with...as... 语句结合使用，可以实现在代码运行结束时自动保存并关闭工作簿。如果代码因发生异常而中断运行，Python 也会自动关闭工作簿。

（3）第 8 行代码中的 read_excel() 是 pandas 模块中的函数，用于从工作簿中读取数据。该函数的第 1 个参数是必需参数，用于指定要读取的工作簿的文件路径；参数 sheet_name 用于指定要读取的工作表，参数值可以是工作表名称，也可以是数字（默认为 0，即第 1 个工作表），如果将参数值设置为 None，则表示读取所有工作表的数据。

（4）第 9 行代码中的 to_excel() 也是 pandas 模块中的函数，用于将数据写入工作簿。该函数的第 1 个参数是必需参数，用于指定要写入数据的工作簿，这里指定为第 5 行代码新建的工作簿；参数 sheet_name 用于指定工作表名称（只能为字符串）；参数 index 用于指定是否写入行索引，默认为 True，即将行索引写入工作表的第 1 列，若设置为 False，则忽略行索引。

◎ 运行结果

运行本案例的代码后，在文件夹"F:\python\ 第 2 章"中会生成一个工作簿"总表.xlsx"。打开该工作簿，可看到 6 个工作表，工作表的名称为原先 6 个工作簿的文件主名，工作表的内容为原先 6 个工作簿中工作表"Sheet1"的内容。但是原先的数据格式会丢失，可手动做适当设置，结果如下图所示。

	A	B	C	D	E
1	**日期**	**销售额(万元)**			
2	2020年1月1日	23			
3	2020年1月2日	30			
4	2020年1月3日	25			
5	2020年1月4日	42			
6	2020年1月5日	36			
7	2020年1月6日	23			
8	2020年1月7日	41			
9	2020年1月8日	52			

| 1月销售表 | 2月销售表 | 3月销售表 | 4月销售表 | 5月销售表 | 6月销售表 |

就绪

041　按照扩展名分类工作簿

- ◎ 代码文件：按照扩展名分类工作簿.py
- ◎ 数据文件：工作文件（文件夹）

◎ 应用场景

当计算机中的文件较多时，可根据工作需求按不同方式对文件进行分类，如按文件名分类、按文件内容分类、按扩展名分类等。本案例主要讲解如何按扩展名对文件进行分类。

如右图所示，文件夹"工作文件"中有 11 个文件，扩展名为".xlsx"".xlsm"".xls"。下面利用 pathlib 模块中的函数分别创建以扩展名命名的文件夹，然后按扩展名将文件移动到对应的文件夹下。

本地磁盘 (F:) > python > 第2章 > 工作文件	
名称	类型
7月乘用车信息.xlsx	Microsoft Excel 工作表
7月商用车信息.xlsx	Microsoft Excel 工作表
8月乘用车信息.xlsx	Microsoft Excel 工作表
8月商用车信息.xlsx	Microsoft Excel 工作表
9月乘用车信息.xlsx	Microsoft Excel 工作表
9月商用车信息.xlsx	Microsoft Excel 工作表
采购表.xlsx	Microsoft Excel 工作表
产品统计表.xlsx	Microsoft Excel 工作表
商品名称及对应货号.xlsm	Microsoft Excel 启用宏的工作表
同比增长情况表.xls	Microsoft Excel 97-2003 工作表
员工档案.xls	Microsoft Excel 97-2003 工作表

◎ 实现代码

```
1   from pathlib import Path  # 导入pathlib模块中的Path类
2   folder_path = Path('F:\\python\\第2章\\工作文件\\')  # 给出要分类的
    工作簿所在的文件夹路径
3   file_list = folder_path.glob('*.xls*')  # 获取文件夹下所有工作簿的文
    件路径
4   for i in file_list:  # 遍历获取的文件路径
5       suf_name = i.suffix  # 提取工作簿的扩展名
6       new_folder_path = folder_path / suf_name  # 构造以扩展名命名的文
        件夹的完整路径
7       if not new_folder_path.exists():  # 如果以扩展名命名的文件夹不存在
8           new_folder_path.mkdir()  # 则新建以扩展名命名的文件夹
9       i.replace(new_folder_path / i.name)  # 将工作簿移动到以扩展名命
        名的文件夹下
```

◎ 代码解析

第 4～9 行代码使用 for 语句构造了一个循环，用于新建以文件扩展名命名的文件夹，然后将对应的文件移动到文件夹中。其中，第 5 行代码用于提取文件夹中工作簿的扩展名。第 6 行代码根据要分类的工作簿所在的文件夹路径和提取的扩展名构造一个新的文件夹路径。第 7 行代码用于判断新路径指向的文件夹是否不存在，如果不存在，则执行第 8 行代码，新建对应的文件夹。第 9 行代码将工作簿移动到与其扩展名对应的文件夹下。

◎ 知识延伸

（1）第 6 行代码中的 "/" 是 pathlib 模块中用于拼接路径的运算符。演示代码如下：

```
1   from pathlib import Path
2   file_parent = Path('F:\\python\\')
```

```
3    file_name = '1月销售表.xlsx'
4    file_path = file_parent / file_name
5    print(file_path)
```

运行结果如下：

```
1    F:\python\1月销售表.xlsx
```

（2）第 7 行代码中的 exists() 是 pathlib 模块中路径对象的函数，用于判断路径指向的文件或文件夹是否存在。演示代码如下：

```
1    from pathlib import Path
2    path1 = Path('F:\\python\\第2章\\工作文件\\')
3    path2 = Path('F:\\python\\第2章\\销售表\\1月销售表.xlsx')
4    print(path1.exists())
5    print(path2.exists())
```

演示代码的第 2 行和第 3 行指定了两个路径。第 4 行和第 5 行用于判断这两个路径指向的文件或文件夹是否存在，如果存在则返回 True，否则返回 False。

运行结果如下：

```
1    True
2    False
```

运行结果说明路径 "F:\\python\\ 第 2 章 \\ 工作文件 \\" 指向的文件夹存在，而路径 "F:\\python\\ 第 2 章 \\ 销售表 \\1 月销售表.xlsx" 指向的文件不存在。

（3）第 8 行代码中的 mkdir() 是 pathlib 模块中路径对象的函数，用于新建文件夹。例如，要在 F 盘的根文件夹下创建一个名为 "table" 的文件夹，可以使用如下代码：

```
1    from pathlib import Path
2    path1 = Path('F:\\table')
```

```
3    path1.mkdir()
```

（4）第 9 行代码中的 replace() 函数用于使用新路径覆盖原路径，括号中的参数为新路径。演示代码如下：

```
1    from pathlib import Path
2    file_path = Path('F:\\table\\销售表.xlsx')
3    file_path.replace('F:\\销售表.xlsx')
```

运行以上演示代码后，文件夹"F:\table"中的工作簿"销售表.xlsx"会被移动到 F 盘的根文件夹下。需要注意的是，replace() 函数无法将文件移动到不同的磁盘分区中，只能在同一个磁盘分区中移动。

此外，本案例中的 replace() 是 pathlib 模块中路径对象的函数，而案例 037 介绍的 replace() 是 Python 的字符串对象的函数，它们的名称相同，但功能和语法格式不同。

◎ 运行结果

运行本案例的代码后，在文件夹"F:\python\ 第 2 章 \ 工作文件"中可以看到新建了 3 个分别以".xls"".xlsm"".xlsx"命名的文件夹，如下左图所示。打开任意一个文件夹，可以看到其中只有扩展名与文件夹名相同的工作簿，如下右图所示。

042 按照日期分类工作簿

◎ 代码文件：按照日期分类工作簿.py
◎ 数据文件：工作文件（文件夹）

◎ 应用场景

按日期分类也是一种常见的文件分类方式。本案例将结合使用 pathlib 模块和 time 模块，对文件夹"工作文件"下的工作簿按照文件最后修改时间的年份和月份进行分类。

◎ 实现代码

```
1   from time import localtime  # 导入time模块中的localtime()函数
2   from pathlib import Path  # 导入pathlib模块中的Path类
3   folder_path = Path('F:\\python\\第2章\\工作文件\\')  # 给出要分类的
    工作簿所在的文件夹路径
4   file_list = folder_path.glob('*.xls*')  # 获取文件夹下所有工作簿的文
    件路径
5   for i in file_list:  # 遍历获取的文件路径
6       lm_time = i.stat().st_mtime  # 获取工作簿的最后修改时间
7       year = localtime(lm_time).tm_year  # 提取最后修改时间的年份
8       month = localtime(lm_time).tm_mon  # 提取最后修改时间的月份
9       new_folder_path = folder_path / str(year) / str(month)  # 构造
        以年份和月份命名的文件夹的完整路径
10      if not new_folder_path.exists():  # 如果构造的路径指向的文件夹不
        存在
11          new_folder_path.mkdir(parents=True)  # 新建文件夹
12      i.replace(new_folder_path / i.name)  # 将工作簿移动到以年份和月
        份命名的文件夹中
```

◎ 代码解析

第 1 行和第 2 行代码从 time 模块和 pathlib 模块中导入需要使用的函数和类。time 模块是 Python 的内置模块，用于处理时间。

第 5～12 行代码根据文件的最后修改时间对指定文件夹中的工作簿进行分类。其中，第 6 行代码用于获取工作簿的最后修改时间。第 7 行和第 8 行代码分别用于从最后修改时间中提取年份和月份。第 9 行代码构造以年份和月份命名的文件夹的路径，用于分类存放工作簿。第 10 行代码用于判断构造的路径指向的文件夹是否存在，如果不存在，则执行第 11 行代码新建相应的文件夹。第 12 行代码将符合条件的工作簿从原路径移动到新路径中。

◎ 知识延伸

（1）第 6 行代码中的 stat() 是 pathlib 模块中路径对象的函数，用于返回路径对象指向的文件或文件夹的信息，如文件的大小、最后访问时间、最后修改时间、创建时间等。演示代码如下：

```
1    from pathlib import Path
2    file_path = Path('F:\\table\\销售表.xlsx')
3    file_info = file_path.stat()
4    print(file_info)
```

运行结果如下：

```
1    os.stat_result(st_mode=33206, st_ino=2814749767106643, st_dev=
     2396348868, st_nlink=1, st_uid=0, st_gid=0, st_size=6610,
     st_atime=1607062829, st_mtime=1607062829, st_ctime=1607062828)
```

从运行结果可以看出，stat() 函数的返回值包含多个属性，其中比较常用的有代表文件大小（单位：字节）的 st_size 属性、代表最后访问时间（单位：秒）的 st_atime 属性、代表最后修改时间（单位：秒）的 st_mtime 属性、代表创建时间（单位：秒）的 st_ctime 属性。第 6 行代码就是通过 st_mtime 属性获取文件的最后修改时间的。

（2）通过 st_atime、st_mtime、st_ctime 属性获取的时间数据是时间戳格式的，即从 1970 年 1 月 1 日 00:00:00 到某个时间所经历的秒数。因此，第 7 行和第 8 行代码使用 time 模块中的 localtime() 函数将时间戳转换为当前时区下的时间。演示代码如下：

```
1   from time import localtime
2   date = 1607062829
3   date1 = localtime(date)
4   print(date1)
```

第 2 行代码将一个时间戳赋给变量 date。第 3 行代码使用 localtime() 函数将变量 date 的值转换为当前时区下的时间。代码运行结果如下：

```
1   time.struct_time(tm_year=2020, tm_mon=12, tm_mday=4, tm_hour=14,
    tm_min=20, tm_sec=29, tm_wday=4, tm_yday=339, tm_isdst=0)
```

从运行结果可以看出，localtime() 函数的返回值包含多个属性，分别代表时间数据的不同组成部分，常用的有：tm_year、tm_mon、tm_mday 分别代表年、月、日；tm_hour、tm_min、tm_sec 分别代表小时、分钟、秒；tm_wday 代表星期，周一到周日分别为 0～6。通过属性即可提取需要的时间信息，例如，在上述代码下继续输入如下代码：

```
1   year = date1.tm_year
2   month = date1.tm_mon
3   day = date1.tm_mday
4   print(year, month, day)
```

第 1～3 行代码分别通过 tm_year、tm_mon、tm_mday 属性提取年、月、日，运行结果如下：

```
1   2020 12 4
```

本案例的第 7 行和第 8 行代码就是分别通过 tm_year 和 tm_mon 属性提取年份和月份的。

（3）第 9 行代码中的 str() 函数能将数据转换成字符串，在案例 038 中介绍过，这里不再赘述。

（4）第 10 行、第 11 行和第 12 行代码中的 exists()、mkdir() 和 replace() 都是 pathlib 模块中路径对象的函数，在案例 041 中介绍过，这里不再赘述。需要注意的是，本案例中的 mkdir() 函数设置了参数 parents=True，表示会依次创建路径中缺少的文件夹。例如，如下代码用于在

文件夹 "F:\table" 中新建文件夹 "test"，前提条件是文件夹 "F:\table" 已经存在，否则会报错。

```
1    from pathlib import Path
2    folder_path = Path('F:\\table\\test')
3    folder_path.mkdir()
```

而如下代码在创建文件夹时，如果文件夹 "F:\data" 不存在，则会先自动创建该文件夹，再在其下创建文件夹 "test"。

```
1    from pathlib import Path
2    folder_path = Path('F:\\data\\test')
3    folder_path.mkdir(parents=True)
```

◎ 运行结果

运行本案例的代码，在文件夹 "F:\python\ 第 2 章 \ 工作文件" 中会新建 3 个以年份命名的文件夹，如下左图所示。打开任意一个文件夹，并进入以月份命名的文件夹，可看到最后修改日期与文件夹名称对应的工作簿，如下右图所示。

043　精确查找工作簿

　◎　代码文件：精确查找工作簿.py

◎ 应用场景

如果想要打开计算机中的某个工作簿，又忘记了它的保存位置，可以使用操作系统的文件搜索功能来查找工作簿。而在 Python 中要查找工作簿，可以使用 pathlib

模块中路径对象的 rglob() 函数来实现。如果记得工作簿的完整文件名,可以进行精确查找,本案例将讲解相应的方法。如果只记得工作簿文件名的一部分,则需要按关键词进行模糊查找,相应方法将在案例 044 中介绍。

◎ 实现代码

```
1   from pathlib import Path  # 导入pathlib模块中的Path类
2   folder_path = input('请输入查找路径(如C:\\): ')  # 让用户输入查找路径
3   file_name = input('请输入要查找的工作簿名称: ')  # 让用户输入要查找的
    工作簿的文件名
4   folder_path = Path(folder_path)  # 将查找路径创建为路径对象
5   file_list = folder_path.rglob(file_name)  # 在查找路径下查找工作簿
6   for i in file_list:  # 遍历查找到的文件路径
7       print(i)  # 输出查找到的文件路径
```

◎ 代码解析

第 2 行和第 3 行代码分别用于输入查找路径(即要在哪个文件夹下进行查找)和要查找的工作簿的文件名。第 4 行和第 5 行代码用于执行查找。

一个文件夹下可能会查找到多个符合条件的工作簿,所以第 6 行和第 7 行代码使用 for 语句遍历并依次输出查找结果。

◎ 知识延伸

(1)第 2 行和第 3 行代码中的 input() 函数可以让用户在控制台输入数据。演示代码如下:

```
1   a = input('请输入你的名字: ')
```

input() 函数括号中的字符串是提示信息。因此,上述演示代码运行后会在控制台中显示如下信息:

```
1   请输入你的名字:
```

　　同时代码暂停运行,并等待用户输入。用户需要在"请输入你的名字:"后输入内容,如"小王",按【Enter】键,代码才会继续运行。

　　(2)第 5 行代码中的 rglob() 是 pathlib 模块中路径对象的函数,用于在指定文件夹及其子文件夹中查找名称符合指定规则的文件或文件夹。演示代码如下:

```
1    from pathlib import Path
2    file_list = Path('F:\\table').rglob('销售表.xlsx')
3    for i in file_list:
4        print(i)
```

　　上述演示代码表示在文件夹"F:\table"及其子文件夹中查找名为"销售表.xlsx"的文件。代码运行结果如下:

```
1    F:\table\销售表.xlsx
2    F:\table\test\销售表.xlsx
```

　　glob() 函数(见案例 032)和 rglob() 函数都能查找文件或文件夹,但前者只进行一级查找,而后者会进行多级查找。

◎ 运行结果

　　运行本案例的代码,输入查找路径"F:\",按【Enter】键,然后输入要查找的工作簿文件名"出库表.xlsx",再次按【Enter】键,即可查找到符合条件的多个工作簿的文件路径。

```
1    请输入查找路径(如C:\): F:\
2    请输入要查找的工作簿名称: 出库表.xlsx
3    F:\python\第2章\出库表.xlsx
4    F:\python\第2章\table\出库表.xlsx
5    F:\python\第2章\工作信息表\出库表.xlsx
```

044 按关键词查找工作簿

 ◎ 代码文件：按关键词查找工作簿.py

◎ 应用场景

如果只知道要查找的工作簿文件名的关键词，就需要通过在 rglob() 函数中设置通配符来进行模糊查找。

◎ 实现代码

```
1   from pathlib import Path  # 导入pathlib模块中的Path类
2   folder_path = input('请输入查找路径（如C:\\）: ')  # 让用户输入查找路径
3   keyword = input('请输入关键词: ')  # 让用户输入要查找的工作簿文件名的
    关键词
4   folder_path = Path(folder_path)  # 将查找路径创建为路径对象
5   file_list = folder_path.rglob(f'*{keyword}*.xls*')  # 在查找路径下
    查找工作簿
6   for i in file_list:  # 遍历查找到的文件路径
7       print(i)  # 输出查找到的文件路径
```

◎ 代码解析

第 2 行和第 3 行代码用于输入查找路径和要查找的目标工作簿的名称关键词。第 4 行和第 5 行代码用于执行查找。

第 6 行和第 7 行代码使用 for 语句遍历并依次输出查找到的所有工作簿的文件路径。

◎ 知识延伸

（1）第 5 行代码中的 rglob() 函数在案例 043 中介绍过，这里不再赘述。

（2）第 5 行代码中还使用了 f-string 方法将用户输入的关键词拼接成供 rglob() 函数进行模

糊查找的字符串。f-string 方法的知识详见案例 034，这里不再赘述。

◎ 运行结果

　　运行本案例的代码，输入查找路径"F:\"，按【Enter】键，然后输入文件名关键词"供应商"，再次按【Enter】键，得到 F 盘中文件名包含"供应商"的多个工作簿的文件路径。

```
1    请输入查找路径（如C:\）：F:\
2    请输入关键词：供应商
3    F:\供应商信息表.xlsx
4    F:\python\第2章\工作信息表\供应商信息表.xlsx
```

045　保护一个工作簿的结构

◎ 代码文件：保护一个工作簿的结构.py
◎ 数据文件：办公用品采购表.xlsx

◎ 应用场景

　　当工作簿的结构未被保护时，可以对工作表进行移动、删除或添加等操作。如右图所示，在工作簿"办公用品采购表.xlsx"的任意一个工作表标签上右击，在弹出的快捷菜单中可以看到"插入""删除""移动或复制"等命令都为可用状态。本案例要通过 Python 编程禁用这些命令，从而保护工作簿的结构。

◎ 实现代码

```
1    import xlwings as xw  # 导入xlwings模块
```

```
2    app = xw.App(visible=False, add_book=False)  # 启动Excel程序
3    workbook = app.books.open('F:\\python\\第2章\\办公用品采购表.xlsx')  # 打
     开要保护结构的工作簿
4    workbook.api.Protect(Password='123', Structure=True, Windows=True)  # 保
     护工作簿的结构
5    workbook.save()  # 保存工作簿
6    workbook.close()  # 关闭工作簿
7    app.quit()  # 退出Excel程序
```

◎ 代码解析

第 2 行和第 3 行代码用于打开要保护结构的工作簿。读者可根据实际需求修改文件路径。

第 4 行代码用于保护工作簿的结构，并设置保护密码为 "123"。读者可根据实际需求自行设置保护密码。

◎ 知识延伸

xlwings 模块没有提供保护工作簿结构的函数，所以在第 4 行代码中利用 api 属性调用 VBA 中 Workbook 对象的 Protect() 函数来保护工作簿结构。该函数的参数 Password 用于设置保护密码，参数 Structure 为 True 时表示保护工作簿结构不被修改，参数 Windows 为 True 时表示保护工作簿窗口不被修改。如果要取消保护，可使用 Unprotect() 函数，将密码放在括号中。

◎ 运行结果

运行本案例的代码后，打开工作簿 "办公用品采购表.xlsx"，右击任意工作表的标签，在弹出的快捷菜单中可以看到 "插入" "删除" "移动或复制" 等命令变为灰色的不可用状态，如右图所示。

046　加密保护一个工作簿

◎　代码文件：加密保护一个工作簿.py
◎　数据文件：办公用品采购表.xlsx

◎ 应用场景

　　为避免工作簿的内容被泄露或被修改，可以对工作簿进行加密保护。这里以工作簿"办公用品采购表.xlsx"为例，介绍通过 Python 编程为工作簿设置打开密码的方法。

◎ 实现代码

```
1   import xlwings as xw  # 导入xlwings模块
2   app = xw.App(visible=False, add_book=False)  # 启动Excel程序
3   workbook = app.books.open('F:\\python\\第2章\\办公用品采购表.xlsx')  # 打
    开要加密保护的工作簿
4   workbook.api.Password = '123'  # 为工作簿设置打开密码
5   workbook.save()  # 保存工作簿
6   workbook.close()  # 关闭工作簿
7   app.quit()  # 退出Excel程序
```

◎ 代码解析

　　第 2 行和第 3 行代码用于打开要加密保护的工作簿。读者可根据实际需求修改文件路径。
　　第 4 行代码用于为工作簿设置打开密码。这里设置的密码为"123"，读者可根据实际需求自行设置密码。

◎ 知识延伸

　　（1）第 4 行代码利用 api 属性调用 VBA 中 Workbook 对象的 Password 属性，然后为该属性赋值，即可为工作簿设置打开密码。

（2）为一个工作簿设置了打开密码后，如果要用 xlwings 模块打开该工作簿，需在 open() 函数中设置参数 password。打开工作簿后如果要取消打开密码，可将 Password 属性赋值为空字符串，然后保存工作簿。演示代码如下：

```
1    import xlwings as xw  # 导入xlwings模块
2    app = xw.App(visible=False, add_book=False)  # 启动Excel程序
3    workbook = app.books.open('F:\\python\\第2章\\办公用品采购表.xlsx',
     password='123')  # 打开已加密保护的工作簿，用参数password给出打开密码
4    workbook.api.Password = ''  # 取消打开密码
5    workbook.save()  # 保存工作簿
6    workbook.close()  # 关闭工作簿
7    app.quit()  # 退出Excel程序
```

◎ 运行结果

运行本案例的代码后，双击工作簿"办公用品采购表.xlsx"，会先弹出如下左图所示的"密码"对话框。只有在"密码"文本框中输入正确的密码"123"，然后单击"确定"按钮，才能打开工作簿，如下右图所示。

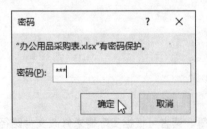

047　加密保护多个工作簿

◎ 代码文件：加密保护多个工作簿.py
◎ 数据文件：工作信息表（文件夹）

◎ 应用场景

　　本案例将在加密保护一个工作簿的基础上实现批量加密保护多个工作簿。下面以加密保护文件夹"工作信息表"中的多个工作簿为例进行讲解。

◎ 实现代码

```
1   from pathlib import Path  # 导入pathlib模块中的Path类
2   import xlwings as xw  # 导入xlwings模块
3   app = xw.App(visible=False, add_book=False)  # 启动Excel程序
4   folder_path = Path('F:\\python\\第2章\\工作信息表\\')  # 给出要加密
    保护的工作簿所在的文件夹路径
5   file_list = folder_path.glob('*.xls*')  # 获取文件夹下所有工作簿的文
    件路径
6   for i in file_list:  # 遍历获取的文件路径
7       workbook = app.books.open(i)  # 打开要加密保护的工作簿
8       workbook.api.Password = '123'  # 为工作簿设置打开密码
9       workbook.save()  # 保存工作簿
10      workbook.close()  # 关闭工作簿
11  app.quit()  # 退出Excel程序
```

◎ 代码解析

　　第 4 行和第 5 行代码用于获取文件夹"F:\python\ 第 2 章 \ 工作信息表"中所有工作簿的文件路径。

　　第 6 ～ 10 行代码用于加密保护文件夹中的所有工作簿。这里设置的打开密码都为"123"，读者可根据实际需求自行设置打开密码。

◎ 知识延伸

　　第 8 行代码中的 Password 是 VBA 中 Workbook 对象的一个属性，用于为工作簿设置打开密码，在案例 046 中介绍过，这里不再赘述。

◎ 运行结果

运行本案例的代码后，双击文件夹 "F:\python\ 第 2 章 \ 工作信息表" 下的任意一个工作簿，如 "供应商信息表.xlsx"，会弹出如下左图所示的 "密码" 对话框。在 "密码" 文本框中输入正确的密码 "123"，然后单击 "确定" 按钮，才能打开工作簿，如下右图所示。

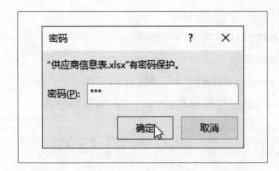

第 **3** 章

工作表操作

　　每个工作簿都是由一个或多个工作表构成的。本章将详细介绍如何通过 Python 编程高效地完成工作表的相关操作，如新增或删除工作表、重命名工作表、合并多个工作表的数据等。

048　提取一个工作簿中所有工作表的名称（方法一）

◎ 代码文件：提取一个工作簿中所有工作表的名称（方法一）.py
◎ 数据文件：新能源汽车备案信息.xlsx

◎ 应用场景

　　如果要提取一个工作表的名称，可以双击工作表标签，进入工作表名称编辑状态，然后将名称复制、粘贴到其他地方。但当工作表数量很多时，这种方法就太费时费力了。

　　如下图所示，工作簿"新能源汽车备案信息.xlsx"中有 7 个工作表，本案例将使用 xlwings 模块快速提取这些工作表的名称。

序号	名称	车型	生产企业	类别	续航里程	电池容量	电池企业
1	比亚迪唐	BYD6480STHEV	比亚迪汽车工业有限公司	插电式	80公里	18.5度	惠州比亚迪电池有限公司
2	比亚迪唐100	BYD6480STHEV3	比亚迪汽车工业有限公司	插电式	100公里	22.8度	惠州比亚迪电池有限公司
3	比亚迪秦	BYD7150WTHEV3	比亚迪汽车有限公司	插电式	70公里	13度	惠州比亚迪电池有限公司
4	比亚迪秦100	BYD7150WT5HEV5	比亚迪汽车有限公司	插电式	100公里	17.1度	惠州比亚迪电池有限公司
5	之诺60H	BBA6461AAHEV(ZINORO60)	华晨宝马汽车有限公司	插电式	60公里	14.7度	宁德时代新能源科技股份有限公司
6	荣威eRX5	CSA6454NDPHEV1	上海汽车集团股份有限公司	插电式	60公里	12度	上海捷新动力电池系统有限公司

◎ 实现代码

```
1  import xlwings as xw  # 导入xlwings模块
2  app = xw.App(visible=False, add_book=False)  # 启动Excel程序
3  workbook = app.books.open('F:\\python\\第3章\\新能源汽车备案信息.
   xlsx')  # 打开要提取工作表名称的工作簿
4  worksheet = workbook.sheets  # 获取工作簿中的所有工作表
5  lists = []  # 创建一个空列表
```

```
6    for i in worksheet:  # 遍历工作簿中的工作表
7        sheet_name = i.name  # 获取工作表的名称
8        lists.append(sheet_name)  # 将工作表名称添加到列表中
9    print(lists)  # 输出列表内容
10   workbook.close()  # 关闭工作簿
11   app.quit()  # 退出Excel程序
```

◎ 代码解析

第 3 行和第 4 行代码用于打开要提取工作表名称的工作簿，并获取工作簿中的所有工作表。读者可根据实际需求修改第 3 行代码中的文件路径。

第 5 行代码创建了一个空列表，用于存放提取的工作表名称。

第 6～8 行代码用于遍历工作簿中的工作表，然后将获取的工作表名称添加到第 5 行代码创建的列表中。

提取完成后，用第 9 行代码输出列表内容。最后用第 10 行和第 11 行代码关闭工作簿并退出 Excel 程序。

◎ 知识延伸

（1）第 7 行代码中的 name 是 xlwings 模块中 Sheet 对象的属性，用于返回或设置工作表的名称。

（2）第 8 行代码中的 append() 函数用于在列表的尾部添加元素。该函数在案例 032 中介绍过，这里不再赘述。

◎ 运行结果

运行本案例的代码，输出结果如下。可以看到成功地提取出了指定工作簿中所有工作表的名称。

```
1    ['汽车备案信息', '7月乘用车信息', '7月商用车信息', '8月乘用车信息', '8
     月商用车信息', '9月乘用车信息', '9月商用车信息']
```

049 提取一个工作簿中所有工作表的名称（方法二）

◎ 代码文件：提取一个工作簿中所有工作表的名称（方法二）.py
◎ 数据文件：新能源汽车备案信息.xlsx

◎ 应用场景

案例 048 使用 xlwings 模块提取工作表名称，本案例则要使用 pandas 模块提取工作表名称。这种方法无须启动 Excel 程序，因而提取速度会更快。

◎ 实现代码

```
1   import pandas as pd  # 导入pandas模块
2   file_path = 'F:\\python\\第3章\\新能源汽车备案信息.xlsx'  # 指定要提
    取工作表名称的工作簿
3   data = pd.read_excel(file_path, sheet_name=None)  # 读取工作簿中所有
    工作表的数据
4   worksheet_name = list(data.keys())  # 获取工作簿中的工作表名称
5   print(worksheet_name)  # 输出获取的工作表名称
```

◎ 代码解析

第 2 行和第 3 行代码用于读取工作簿"新能源汽车备案信息.xlsx"中所有工作表的数据。读者可根据实际需求修改第 2 行代码中的文件路径。

第 4 行代码用于获取所有工作表的名称，并转换为列表格式。

◎ 知识延伸

（1）第 3 行代码中的 read_excel() 是 pandas 模块中的函数。该函数在案例 040 中介绍过，这里不再赘述。

（2）第 3 行代码读取工作簿中所有工作表的数据后会生成一个字典，字典的键为工作表的名称，字典的值为对应的工作表数据。第 4 行代码再使用字典的 keys() 函数返回字典的所有键。

演示代码如下:

```
1  dict1 = {'小王':100, '小李':80, '小张':88, '小赵':90}
2  a = dict1.keys()
3  print(a)
```

运行结果如下:

```
1  dict_keys(['小王', '小李', '小张', '小赵'])
```

（3）keys() 函数返回的是一个视图对象，它不支持索引，因此，第 4 行代码用 list() 函数将其转换成列表，以方便使用。list() 是 Python 的内置函数，用于将元组、集合、字符串等可迭代对象转换为列表。演示代码如下:

```
1  b1 = {'离合器', '组合表', '转速表', '里程表', '操纵杆'}
2  b2 = ('离合器', '组合表', '转速表', '里程表', '操纵杆')
3  b3 = 'abcdefg'
4  print(list(b1))
5  print(list(b2))
6  print(list(b3))
```

第 1～3 行代码分别定义了一个集合、一个元组和一个字符串并赋给变量 b1、b2、b3。第 4～6 行代码使用 list() 函数将 3 个变量的数据类型都转换为列表并输出。代码运行结果如下:

```
1  ['组合表', '操纵杆', '里程表', '离合器', '转速表']
2  ['离合器', '组合表', '转速表', '里程表', '操纵杆']
3  ['a', 'b', 'c', 'd', 'e', 'f', 'g']
```

◎ 运行结果

运行本案例的代码，输出结果如下，与案例 048 的结果相同。

```
1   ['汽车备案信息', '7月乘用车信息', '7月商用车信息', '8月乘用车信息', '8
    月商用车信息', '9月乘用车信息', '9月商用车信息']
```

050　在一个工作簿中新增一个工作表

　　◎　代码文件：在一个工作簿中新增一个工作表.py
　　◎　数据文件：新能源汽车备案信息.xlsx

◎ 应用场景

　　新增工作表是最基本的工作表操作之一。本案例要利用 xlwings 模块在指定工作簿中新增一个工作表，为案例 052 实现在多个工作簿中批量新增工作表做准备。

◎ 实现代码

```python
1   import xlwings as xw  # 导入xlwings模块
2   app = xw.App(visible=False, add_book=False)  # 启动Excel程序
3   workbook = app.books.open('F:\\python\\第3章\\新能源汽车备案信息.
    xlsx')  # 打开要新增工作表的工作簿
4   worksheet = workbook.sheets  # 获取工作簿中的所有工作表
5   new_sheet_name = '产品信息表'  # 给出要新增的工作表的名称
6   lists = []  # 创建一个空列表
7   for i in worksheet:  # 遍历工作簿中的工作表
8       sheet_name = i.name  # 获取工作簿中的工作表名称
9       lists.append(sheet_name)  # 将工作表名称添加到列表中
10  if new_sheet_name not in lists:  # 如果工作簿中不存在名为"产品信息
    表"的工作表
11      worksheet.add(name=new_sheet_name)  # 新增工作表"产品信息表"
```

```
12   workbook.save()   # 保存工作簿
13   workbook.close()   # 关闭工作簿
14   app.quit()   # 退出Excel程序
```

◎ 代码解析

第 3 行和第 4 行代码用于打开要新增工作表的工作簿，然后获取该工作簿中的所有工作表。读者可根据实际需求修改第 3 行代码中的文件路径。

第 5 行代码给出了要新增的工作表的名称。这里给出的名称为"产品信息表"，读者可根据实际需求修改这个名称。

如果工作簿中已有名为"产品信息表"的工作表，则新增该工作表的操作会失败。因此，先用第 6～9 行代码获取工作簿中现有工作表的名称，并存储在一个列表中。然后用第 10 行代码判断工作簿中是否不存在名为"产品信息表"的工作表，如果不存在，则执行第 11 行代码，在工作簿中新增该工作表。

◎ 知识延伸

（1）第 9 行代码中的 append() 函数用于在列表的尾部添加元素。该函数在案例 032 中介绍过，这里不再赘述。

（2）第 11 行代码中的 add() 是 xlwings 模块中 Sheets 对象的一个函数，用于新建工作表。该函数有 3 个参数：参数 name，用于指定新增工作表的名称，如果省略，则使用 Excel 的默认方式（即"Sheet×"）命名新增工作表；参数 before，用于指定一个工作表（Sheet 对象），新增工作表将位于此工作表之前；参数 after，用于指定一个工作表（Sheet 对象），新增工作表将位于此工作表之后。演示代码如下：

```
1   import xlwings as xw
2   app = xw.App(visible=False, add_book=False)
3   workbook = app.books.open('F:\\python\\第3章\\新能源汽车备案信息.
    xlsx')
4   worksheet = workbook.sheets
```

```
5    new_sheet = worksheet.add(before=worksheet[1])   # 在第2个工作表之前
     新增一个工作表
6    new_sheet.name = '制造商信息表'   # 将新增工作表命名为"制造商信息表"
7    workbook.save()
8    workbook.close()
9    app.quit()
```

◎ 运行结果

　　运行本案例的代码后，打开工作簿"新能源汽车备案信息.xlsx"，可看到新增的工作表"产品信息表"，如下图所示。

051　在一个工作簿中删除一个工作表

◎ 代码文件：在一个工作簿中删除一个工作表.py
◎ 数据文件：新能源汽车备案信息.xlsx

◎ 应用场景

　　如果不再需要使用工作簿中的某个工作表，可将其删除。本案例将通过 Python 编程删除工作簿中不需要的工作表，为案例 053 实现在多个工作簿中批量删除工作表做准备。

◎ 实现代码

```python
import xlwings as xw  # 导入xlwings模块
app = xw.App(visible=False, add_book=False)  # 启动Excel程序
workbook = app.books.open('F:\\python\\第3章\\新能源汽车备案信息.
xlsx')  # 打开要删除工作表的工作簿
worksheet = workbook.sheets  # 获取工作簿中的所有工作表
del_sheet_name = '汽车备案信息'  # 给出要删除的工作表的名称
for i in worksheet:  # 遍历工作簿中的工作表
    sheet_name = i.name  # 获取当前工作表的名称
    if sheet_name == del_sheet_name:  # 如果当前工作表的名称与要删除
    的工作表的名称相同
        i.delete()  # 删除当前工作表
        break  # 强制结束循环
workbook.save()  # 保存工作簿
workbook.close()  # 关闭工作簿
app.quit()  # 退出Excel程序
```

◎ 代码解析

第 3 行代码用于打开要删除工作表的工作簿。读者可根据实际需求修改工作簿的文件路径。

第 5 行代码给出要删除的工作表的名称。读者可根据实际需求修改这个名称。

第 6～10 行代码根据指定的名称删除工作表。其中，第 8 行代码使用 if 语句判断当前工作表的名称与要删除的工作表的名称是否相同，如果相同，则执行第 9 行代码删除当前工作表。因为一个工作簿中指定名称的工作表只有一个，删除后就已经完成任务，无须继续循环，所以接着执行第 10 行代码，强制结束循环，以节约时间。

◎ 知识延伸

（1）第 8 行代码中的 "=="是 Python 中的一个比较运算符，用于判断其左右两侧的值是否相等。注意不要混淆 "="和 "==" ："="是赋值运算符，作用是给变量赋值；而 "=="是比

较运算符，作用是比较两个值是否相等。演示代码如下：

```
1   a = 30
2   b = 15
3   if a == b:
4       print('a和b相等')
5   else:
6       print('a和b不相等')
```

因为演示代码中的变量 a 和变量 b 不相等，所以运行结果如下：

```
1   a和b不相等
```

（2）第 9 行代码中的 delete() 是 xlwings 模块中 Sheet 对象的函数，用于删除工作表，该函数没有参数。如果只想清除工作表的内容和格式，可将第 9 行代码改为 "i.clear()"。如果只想清除工作表的内容，而不清除格式，可将第 9 行代码改为 "i.clear_contents()"。

（3）如果确定工作簿中存在某个工作表，可以使用下面的代码直接删除该工作表。

```
1   import xlwings as xw
2   app = xw.App(visible=False, add_book=False)
3   workbook = app.books.open('F:\\python\\第3章\\新能源汽车备案信息.xlsx')
4   worksheet = workbook.sheets['汽车备案信息']
5   worksheet.delete()
6   workbook.save()
7   workbook.close()
8   app.quit()
```

（4）第 10 行代码中的 break 语句有一个功能类似的 continue 语句，这里一起介绍。当用 for 语句或 while 语句构造的循环还没完成时，如果想要强制提前结束循环，就可以使用这两个语句。它们的区别为：break 语句是强制结束整个循环；continue 语句则是结束本轮循环，紧接着继续执行下一轮循环。这两个语句不能单独使用，只能用在循环中，且通常配合 if 语句使用。

◎ 运行结果

运行本案例的代码后，打开工作簿"新能源汽车备案.xlsx"，可看到工作表"汽车备案信息"已被删除，如下图所示。

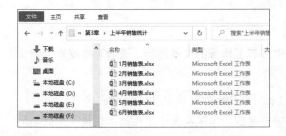

---

052 在多个工作簿中批量新增工作表

◎ 代码文件：在多个工作簿中批量新增工作表.py
◎ 数据文件：上半年销售统计（文件夹）

◎ 应用场景

本案例要在案例 050 的基础上实现在多个工作簿中批量新增工作表。

如下左图所示，文件夹"上半年销售统计"中有 6 个工作簿。打开任意一个工作簿，可看到工作簿中只有一个工作表，如下右图所示。其他工作簿的结构类似。下面通过 Python 编程，在这 6 个工作簿中都新增一个工作表"产品信息表"。

◎ 实现代码

```python
1   from pathlib import Path  # 导入pathlib模块中的Path类
2   import xlwings as xw  # 导入xlwings模块
3   app = xw.App(visible=False, add_book=False)  # 启动Excel程序
4   folder_path = Path('F:\\python\\第3章\\上半年销售统计\\')  # 给出要
    新增工作表的工作簿所在的文件夹路径
5   file_list = folder_path.glob('*.xls*')  # 获取文件夹下所有工作簿的文
    件路径
6   new_sheet_name = '产品信息表'  # 给出要新增的工作表的名称
7   for i in file_list:  # 遍历获得的文件路径
8       workbook = app.books.open(i)  # 打开要新增工作表的工作簿
9       worksheet = workbook.sheets  # 获取工作簿中的所有工作表
10      lists = []  # 创建一个空列表
11      for j in worksheet:  # 遍历工作簿中的工作表
12          sheet_name = j.name  # 获取工作表的名称
13          lists.append(sheet_name)  # 将工作表名称添加到列表中
14      if new_sheet_name not in lists:  # 如果工作簿中不存在名为"产品信
        息表"的工作表
15          worksheet.add(name=new_sheet_name)  # 新增工作表
16      workbook.save()  # 保存工作簿
17      workbook.close()  # 关闭工作簿
18  app.quit()  # 退出Excel程序
```

◎ 代码解析

第 4 行和第 5 行代码用于获取指定文件夹中所有工作簿的文件路径。读者可根据实际需求修改第 4 行代码中的文件夹路径。

第 6 行代码给出要新增的工作表的名称。读者可根据实际需求修改这个名称。

第 7～17 行代码使用 for 语句构造了一个嵌套循环，用于在多个工作簿中新增一个同名的

工作表"产品信息表"。第 11 ～ 13 行代码是内层循环，用于获取当前打开的工作簿中所有工作表的名称，添加到第 10 行代码创建的空列表中。第 14 行代码用于判断当前打开的工作簿中是否不存在名为"产品信息表"的工作表，如果不存在，则执行第 15 行代码，在工作簿中新增该工作表。完成当前工作簿中的新增工作表操作后，用第 16 行和第 17 行代码保存并关闭工作簿，以便继续对下一个工作簿进行新增工作表的操作。

◎ 知识延伸

第 5 行代码中的 glob() 函数和第 13 行代码中的 append() 函数在案例 032 中介绍过，这里不再赘述。

◎ 运行结果

运行本案例的代码后，打开指定文件夹下的任意两个工作簿，可看到新增的工作表"产品信息表"，如下左图和下右图所示。

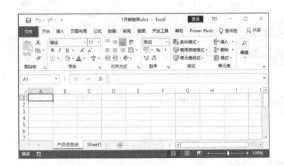 

053 在多个工作簿中批量删除工作表

◎ 代码文件：在多个工作簿中批量删除工作表.py
◎ 数据文件：汽车信息（文件夹）

◎ 应用场景

本案例要在案例 051 的基础上实现在多个工作簿中批量删除工作表。

　　如下左图所示，文件夹"汽车信息"中有 6 个工作簿。打开任意一个工作簿，如"7月乘用车信息.xlsx"，可看到工作簿中有工作表"7月乘用车信息"和"Sheet1"，如下右图所示。其他工作簿的结构类似。下面通过 Python 编程，删除这 6 个工作簿中的工作表"Sheet1"。

◎ 实现代码

```
1   from pathlib import Path  # 导入pathlib模块中的Path类
2   import xlwings as xw  # 导入xlwings模块
3   app = xw.App(visible=False, add_book=False)  # 启动Excel程序
4   folder_path = Path('F:\\python\\第3章\\汽车信息\\')  # 给出要删除工
    作表的工作簿所在的文件夹路径
5   file_list = folder_path.glob('*.xls*')  # 获取文件夹下所有工作簿的文
    件路径
6   del_sheet_name = 'Sheet1'  # 给出要删除的工作表的名称
7   for i in file_list:  # 遍历获取的文件路径
8       workbook = app.books.open(i)  # 打开要删除工作表的工作簿
9       worksheet = workbook.sheets  # 获取工作簿中的所有工作表
10      for j in worksheet:  # 遍历工作簿中的工作表
11          sheet_name = j.name  # 获取当前工作表的名称
12          if sheet_name == del_sheet_name:  # 如果当前工作表的名称与要
                删除的工作表的名称相同
13              j.delete()  # 删除当前工作表
14              break  # 强制结束循环
```

```
15          workbook.save()   # 保存工作簿
16          workbook.close()   # 关闭工作簿
17      app.quit()   # 退出Excel程序
```

◎ 代码解析

第 4 行和第 5 行代码用于获取指定文件夹中所有工作簿的文件路径。读者可根据实际需求修改第 4 行代码中的文件夹路径。

第 6 行代码给出要删除的工作表的名称。读者可根据实际需求修改这个名称。

第 7 ～ 16 行代码使用 for 语句构造了一个嵌套循环，用于逐个打开工作簿并进行所需操作。第 10 ～ 14 行代码是内层循环，用于在当前打开的工作簿中删除工作表 "Sheet1"。在内层循环中还嵌套了 if 语句，用于判断当前打开的工作簿中是否存在名为 "Sheet1" 的工作表，如果存在，则执行第 13 行代码删除该工作表，此时已达到目的，因此继续执行第 14 行代码强制结束循环。

◎ 知识延伸

第 13 行代码中的 delete() 函数和第 14 行代码中的 break 语句在案例 051 中介绍过，这里不再赘述。

◎ 运行结果

运行本案例的代码后，打开指定文件夹下的任意两个工作簿，可看到工作表 "Sheet1" 都被删除了，如下左图和下右图所示。

054　重命名一个工作簿中的一个工作表

◎　代码文件：重命名一个工作簿中的一个工作表.py
◎　数据文件：新能源汽车备案信息.xlsx

◎ 应用场景

　　当工作簿中有多个工作表时，为了便于通过工作表的名称快速识别工作表的内容，可以为工作表重命名。本案例要通过 Python 编程重命名一个工作表。

◎ 实现代码

```
1   import xlwings as xw  # 导入xlwings模块
2   app = xw.App(visible=False, add_book=False)  # 启动Excel程序
3   workbook = app.books.open('F:\\python\\第3章\\新能源汽车备案信息.
    xlsx')  # 打开要重命名工作表的工作簿
4   worksheet = workbook.sheets  # 获取工作簿中的所有工作表
5   for i in worksheet:  # 遍历工作簿中的工作表
6       if i.name == '汽车备案信息':  # 如果当前工作表名称为"汽车备案信息"
7           i.name = '汽车信息'  # 将当前工作表重命名为"汽车信息"
8           break  # 强制结束循环
9   workbook.save()  # 保存工作簿
10  workbook.close()  # 关闭工作簿
11  app.quit()  # 退出Excel程序
```

◎ 代码解析

　　第 3 行代码用于打开指定工作簿。读者可根据实际需求修改工作簿的文件路径。

　　第 5~8 行代码用于重命名工作表。第 6 行代码中的 if 语句用于判断当前工作表的名称是否为"汽车备案信息"，如果是，则将当前工作表重命名为"汽车信息"。读者可根据实际需求修改第 6 行代码中要重命名的工作表的名称和第 7 行代码中重命名后的工作表的名称。

◎ 知识延伸

第 6 行代码中的 "==" 是 Python 中的一个比较运算符，在案例 051 中介绍过，这里不再赘述。

◎ 运行结果

运行本案例的代码后，打开工作簿 "新能源汽车备案信息.xlsx"，可以看到重命名后的工作表 "汽车信息"，如下图所示。

055 重命名一个工作簿中的所有工作表

◎ 代码文件：重命名一个工作簿中的所有工作表.py
◎ 数据文件：上半年销售统计.xlsx

◎ 应用场景

如右图所示，工作簿 "上半年销售统计.xlsx" 中有 6 个工作表 "1 月销售表" "2 月销售表" …… "6 月销售表"，现在要将它们分别重命名为 "1 月" "2 月" …… "6 月"，即将 "销售表" 字样删除。这种有规律可循的重命名操作可通过 Python 编程来快速完成。

◎ 实现代码

```
1   import xlwings as xw  # 导入xlwings模块
2   app = xw.App(visible=False, add_book=False)  # 启动Excel程序
3   workbook = app.books.open('F:\\python\\第3章\\上半年销售统计.xlsx')  # 打
    开要重命名工作表的工作簿
4   worksheet = workbook.sheets  # 获取工作簿中的所有工作表
5   for i in worksheet:  # 遍历工作簿中的工作表
6       i.name = i.name.replace('销售表', '')  # 重命名工作表
7   workbook.save()  # 保存工作簿
8   workbook.close()  # 关闭工作簿
9   app.quit()  # 退出Excel程序
```

◎ 代码解析

第 3 行代码用于打开指定工作簿。读者可根据实际需求修改工作簿的文件路径。

第 5 行和第 6 行代码用于逐个重命名工作表。第 6 行代码表示将工作表名称中的"销售表"替换为空字符串，相当于删除"销售表"。读者可根据实际需求修改查找和替换的关键词。

◎ 知识延伸

第 6 行代码中的 replace() 函数主要用于在字符串中进行查找和替换。该函数在案例 037 中介绍过，这里不再赘述。

◎ 运行结果

运行本案例的代码后，打开工作簿"上半年销售统计.xlsx"，可以看到工作表名称中的"销售表"字样都被删除了，如右图所示。

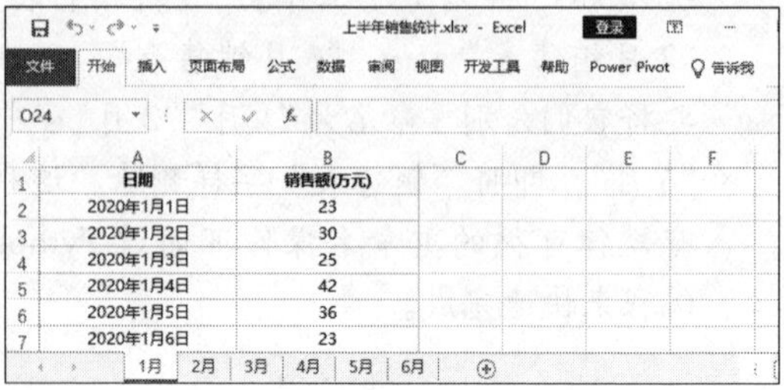

056　重命名多个工作簿中的同名工作表

◎ 代码文件：重命名多个工作簿中的同名工作表.py
◎ 数据文件：销售统计（文件夹）

◎ 应用场景

　　如下左图所示，文件夹"销售统计"下有 6 个工作簿。打开任意一个工作簿，如"1 月销售表.xlsx"，可看到其中有工作表"产品信息"和"Sheet1"，如下右图所示。其他工作簿也是类似的结构。现要将 6 个工作簿中的工作表"产品信息"重命名为"配件信息"。这种有规律可循的重命名操作可通过 Python 编程来快速完成。

◎ 实现代码

```
1  from pathlib import Path   # 导入pathlib模块中的Path类
2  import xlwings as xw   # 导入xlwings模块
3  app = xw.App(visible=False, add_book=False)   # 启动Excel程序
4  folder_path = Path('F:\\python\\第3章\\销售统计\\')   # 给出要重命名
   工作表的工作簿所在的文件夹路径
5  file_list = folder_path.glob('*.xls*')   # 获取文件夹下所有工作簿的文
   件路径
6  for i in file_list:   # 遍历获取的文件路径
7      workbook = app.books.open(i)   # 打开要重命名工作表的工作簿
```

```
8       worksheet = workbook.sheets  # 获取工作簿中的所有工作表
9       for j in worksheet:  # 遍历工作簿中的工作表
10          if j.name == '产品信息':  # 如果当前工作表名称为"产品信息"
11              j.name = '配件信息'  # 将当前工作表重命名为"配件信息"
12              break  # 强制结束循环
13      workbook.save()  # 保存工作簿
14      workbook.close()  # 关闭工作簿
15  app.quit()  # 退出Excel程序
```

◎ 代码解析

第 4 行和第 5 行代码用于获取指定文件夹中所有工作簿的文件路径。读者可根据实际需求修改第 4 行代码中的文件夹路径。

第 6～14 行代码使用 for 语句构造了一个嵌套循环，用于逐个打开工作簿并进行所需操作。第 9～12 行代码是内层循环，用于在当前打开的工作簿中重命名工作表。在内层循环中还嵌套了 if 语句，用于判断当前工作表名称是否为"产品信息"，如果是，则执行第 11 行代码将该工作表重命名为"配件信息"，此时已达到目的，因此继续执行第 12 行代码强制结束循环。

◎ 知识延伸

第 5 行代码中的 glob() 函数在案例 032 中介绍过，这里不再赘述。

◎ 运行结果

运行本案例的代码后，打开指定文件夹下的任意两个工作簿，可以看到重命名后的工作表"配件信息"，如下左图和下右图所示。

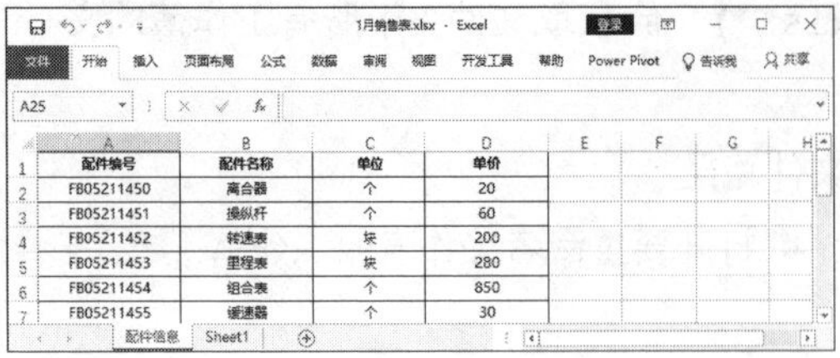

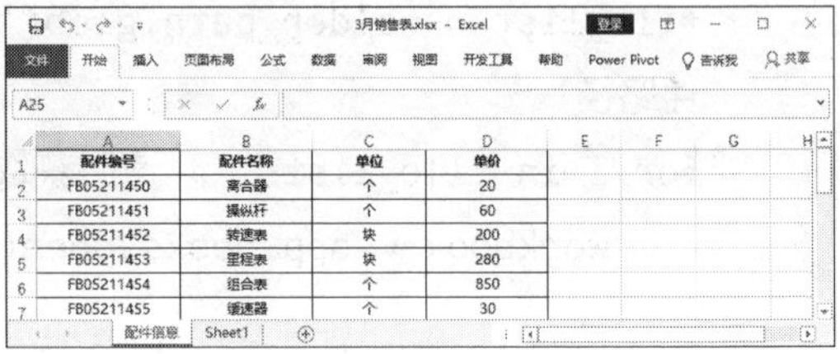

057　将一个工作表复制到另一个工作簿

◎ 代码文件：将一个工作表复制到另一个工作簿.py
◎ 数据文件：产品信息表.xlsx、1 月销售表.xlsx

◎ 应用场景

　　如下左图所示，工作簿"产品信息表.xlsx"中有两个工作表"配件信息"和"供应商信息"。如下右图所示为工作簿"1 月销售表.xlsx"中的内容。现在要将工作簿"产品信息表.xlsx"中的工作表"配件信息"复制到工作簿"1 月销售表.xlsx"的第 1 个工作表之前。

配件编号	配件名称	单位	单价
FB05211450	离合器	个	20
FB05211451	操纵杆	个	60
FB05211452	转速表	块	200
FB05211453	里程表	块	280
FB05211454	组合表	个	850
FB05211455	缓速器	个	30
FB05211456	胶垫	个	30

日期	销售额(万元)
2020年1月1日	23
2020年1月2日	30
2020年1月3日	25
2020年1月4日	42
2020年1月5日	36
2020年1月6日	23
2020年1月7日	41

◎ 实现代码

```
1  import xlwings as xw  # 导入xlwings模块
2  app = xw.App(visible=False, add_book=False)  # 启动Excel程序
3  workbook1 = app.books.open('F:\\python\\第3章\\产品信息表.xlsx')  # 打
   开来源工作簿
4  workbook2 = app.books.open('F:\\python\\第3章\\1月销售表.xlsx')  # 打
   开目标工作簿
5  worksheet1 = workbook1.sheets['配件信息']  # 选择来源工作簿中的工作表
   "配件信息"
6  worksheet2 = workbook2.sheets[0]  # 选择目标工作簿中的第1个工作表
```

```
7    worksheet1.copy(before=worksheet2)   # 将来源工作簿中选择的工作表复制
     到目标工作簿的第1个工作表之前
8    workbook2.save()  # 保存目标工作簿
9    app.quit()  # 退出Excel程序
```

◎ 代码解析

第 3 行和第 4 行代码分别用于打开工作簿"产品信息表.xlsx"和"1 月销售表.xlsx"。读者可根据实际需求修改工作簿的文件路径。

第 5 行和第 6 行代码分别用于选择工作簿"产品信息表.xlsx"中的工作表"配件信息"和工作簿"1 月销售表.xlsx"中的第 1 个工作表。读者可根据实际需求修改第 5 行代码中的工作表名称和第 6 行代码中的工作表序号。

第 7 行代码用于将第 5 行代码选择的工作表复制到第 6 行代码选择的工作表之前。

◎ 知识延伸

（1）第 5 行代码中的 sheets 是 xlwings 模块中 Book 对象的属性，用于获取工作簿中的所有工作表。中括号中的内容可以为工作表的名称，如第 5 行代码中的 sheets['配件信息'] 表示选择工作表"配件信息"；也可以为工作表的序号（从 0 开始），如第 6 行代码中的 sheets[0] 表示选择第 1 个工作表，如果为 sheets[1]，则表示选择第 2 个工作表，依此类推。

（2）第 7 行代码利用 xlwings 模块中 Sheet 对象的 copy() 函数来复制工作表。该函数在案例 039 中介绍过，这里不再赘述。

◎ 运行结果

运行本案例的代码后，打开工作簿"1 月销售表.xlsx"，可以看到从工作簿"产品信息表.xlsx"中复制过来的工作表"配件信息"，其位于工作表"Sheet1"之前，如右图所示。

配件编号	配件名称	单位	单价
FB05211450	离合器	个	20
FB05211451	操纵杆	个	60
FB05211452	转速表	块	200
FB05211453	里程表	块	280
FB05211454	组合表	个	850
FB05211455	缓速器	个	30
FB05211456	胶垫	个	30

058　将一个工作表批量复制到多个工作簿

◎ 代码文件：将一个工作表批量复制到多个工作簿.py
◎ 数据文件：产品信息表.xlsx、上半年销售统计（文件夹）

◎ 应用场景

　　如下左图所示为文件夹"上半年销售统计"中的 6 个工作簿。如下右图所示，工作簿"产品信息表.xlsx"中有两个工作表"配件信息"和"供应商信息"。现在要将工作表"配件信息"复制到 6 个工作簿的第 1 个工作表之前。

◎ 实现代码

```
1   from pathlib import Path  # 导入pathlib模块中的Path类
2   import xlwings as xw  # 导入xlwings模块
3   app = xw.App(visible=False, add_book=False)  # 启动Excel程序
4   workbook1 = app.books.open('F:\\python\\第3章\\产品信息表.xlsx')  # 打
    开来源工作簿
5   worksheet1 = workbook1.sheets['配件信息']  # 选择来源工作簿中的工作表
    "配件信息"
6   folder_path = Path('F:\\python\\第3章\\上半年销售统计\\')  # 给出目
    标工作簿所在的文件夹路径
7   file_list = folder_path.glob('*.xls*')  # 获取文件夹下所有工作簿的文
    件路径
```

```
8    for i in file_list:  # 遍历获取的文件路径
9        workbook2 = app.books.open(i)  # 打开目标工作簿
10       worksheet2 = workbook2.sheets[0]  # 选择目标工作簿中的第1个工作表
11       worksheet1.copy(before=worksheet2)  # 将来源工作簿中选择的工作表
         复制到目标工作簿的第1个工作表之前
12       workbook2.save()  # 保存目标工作簿
13   app.quit()  # 退出Excel程序
```

◎ 代码解析

　　第 4 行和第 5 行代码用于打开工作簿 "产品信息表.xlsx"，并选择该工作簿中的工作表 "配件信息"。读者可根据实际需求修改工作簿的文件路径和要选择的工作表。

　　第 6 行和第 7 行代码用于获取文件夹 "上半年销售统计" 中所有工作簿的文件路径。读者可根据实际需求修改第 6 行代码中的文件夹路径。

　　第 8～12 行代码用于将工作簿 "产品信息表.xlsx" 中的工作表 "配件信息" 复制到文件夹 "上半年销售统计" 中的所有工作簿的第 1 个工作表之前。

◎ 知识延伸

　　如果要将工作簿 "产品信息表.xlsx" 中的所有工作表批量复制到目标工作簿中，可以将第 5 行代码修改为 "worksheet1 = workbook1.sheets"。

◎ 运行结果

　　运行本案例的代码后，打开文件夹 "上半年销售统计" 下的任意两个工作簿，可看到从工作簿 "产品信息表.xlsx" 中复制过来的工作表 "配件信息"，如下左图和下右图所示。

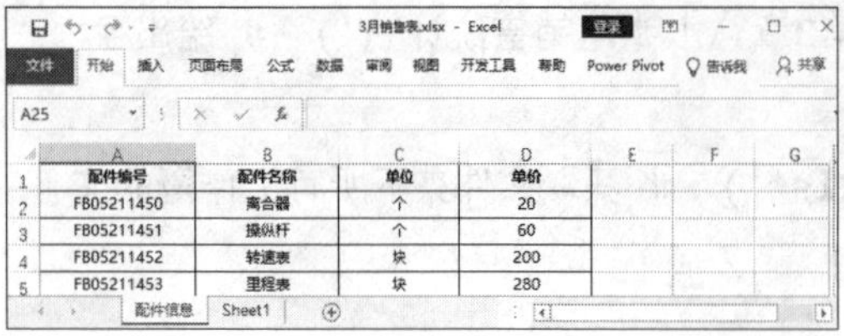

059　按条件将一个工作表拆分为多个工作簿

◎ 代码文件：按条件将一个工作表拆分为多个工作簿.py
◎ 数据文件：销售表.xlsx

◎ 应用场景

　　在日常工作中经常会遇到这样的工作需求：将一个总表中的数据按分公司、月份或产品名称等拆分成多个工作簿，以便分发给对应的人员。如果手动操作，会非常费时费力：需要先将总表拆分成多个子表，然后新建多个工作簿，再把子表中的内容逐个复制到对应的工作簿中。

　　如下图所示，工作簿"销售表.xlsx"的工作表"总表"中有多种产品的销售数据，现要根据"产品名称"列将"总表"拆分为多个工作簿，每个工作簿中的数据为一种产品的销售数据。下面利用 pandas 模块的 groupby() 函数快速完成拆分操作。

单号	销售日期	产品名称	成本价	销售价	销售数量	产品成本	销售金额	利润
20200001	2020/1/1	离合器	¥20	¥55	60	¥1,200	¥3,300	¥2,100
20200002	2020/1/2	操纵杆	¥60	¥109	45	¥2,700	¥4,905	¥2,205
20200003	2020/1/3	转速表	¥200	¥350	50	¥10,000	¥17,500	¥7,500
20200004	2020/1/4	离合器	¥20	¥55	23	¥460	¥1,265	¥805
20200005	2020/1/5	里程表	¥850	¥1,248	26	¥22,100	¥32,448	¥10,348
20200006	2020/1/6	操纵杆	¥60	¥109	85	¥5,100	¥9,265	¥4,165
20200007	2020/1/7	转速表	¥200	¥350	78	¥15,600	¥27,300	¥11,700
20200008	2020/1/8	转速表	¥200	¥350	100	¥20,000	¥35,000	¥15,000
20200009	2020/1/9	离合器	¥20	¥55	25	¥500	¥1,375	¥875

◎ 实现代码

```python
1  import pandas as pd  # 导入pandas模块
2  file_path = 'F:\\python\\第3章\\销售表.xlsx'  # 指定要拆分的工作簿的
   文件路径
3  data = pd.read_excel(file_path, sheet_name='总表')  # 读取要拆分的工
   作表数据
4  pro_data = data.groupby('产品名称')  # 将数据按照"产品名称"列分组
```

```
5    for i, j in pro_data:
6        new_file_path = 'F:\\python\\第3章\\拆分\\' + i + '.xlsx'  # 构
         造以产品名称命名的工作簿的文件路径
7        j.to_excel(new_file_path, sheet_name=i, index=False)  # 将相应
         产品的数据写入新工作簿的工作表中
```

◎ 代码解析

第 2 行和第 3 行代码用于从工作簿"销售表.xlsx"中读取工作表"总表"中的数据。读者可根据实际需求修改第 2 行代码中工作簿的文件路径及第 3 行代码中工作表的名称。

第 4 行代码用于对读取的数据进行分组。这里按"产品名称"列分组，读者可根据实际需求修改分组条件。

第 5～7 行代码用于将分组后的数据分别写入不同工作簿的工作表中。其中第 6 行代码构造了一个以产品名称命名的工作簿的文件路径。读者可根据实际需求修改文件路径，但要注意路径涉及的文件夹须提前创建好。第 7 行代码根据第 6 行代码构造的文件路径，将拆分后的产品数据写入工作簿，并用产品名称命名工作表。

◎ 知识延伸

（1）第 3 行代码中的 read_excel() 函数和第 7 行代码中的 to_excel() 函数都是 pandas 模块中的函数，分别用于读取工作簿中的数据和将数据写入工作簿。这两个函数在案例 040 中都介绍过，这里不再赘述。

（2）第 4 行代码中的 groupby() 是 pandas 模块中的函数，用于对数据进行分组。该函数的参数较多，这里只简单说一下最常用的参数——分组所依据的列，可以指定一列，也可以用列表的形式指定多列。本案例以"产品名称"列作为分组所依据的列。

（3）第 6 行代码中使用"+"运算符拼接字符串的方式构造了要打开的工作簿的路径，下面简单介绍一下"+"运算符是如何拼接字符串的。演示代码如下：

```
1    a = 'hello'
2    b = 'python'
```

```
3    c = a + b
4    print(c)
```

运行结果如下：

```
1    hellopython
```

需要注意的是，使用"+"运算符拼接字符串时，拼接的变量的数据类型必须都是字符串。例如，下面代码中的变量 a 和变量 b 就不能拼接，因为变量 b 的数据类型不是字符串，而是数字，运行代码后会报错。

```
1    a = 'hello'
2    b = 20
3    c = a + b
4    print(c)
```

在 Python 中，"+"运算符除了用于拼接字符串，还是一种算术运算符，其作用相当于数学中的加号，用于计算两个数相加的和。演示代码如下：

```
1    a = 10
2    b = 20
3    c = a + b
4    print(c)
```

运行结果如下：

```
1    30
```

到这里，已经介绍了 3 种拼接字符串的方法：f-string 方法（案例 034）、format() 函数（案例 039）、"+"运算符（案例 059）。这几种方法各有不同的使用规则和优缺点，读者可根据自己的需求选择。

◎ 运行结果

　　运行本案例的代码后，进入第 6 行代码中的文件路径对应的文件夹，如这里的 "F:\python\第3章\拆分"，可看到拆分得到的 5 个工作簿，如下图所示。

　　打开拆分得到的任意一个工作簿，可看到与工作簿同名的工作表中只有一种产品的数据，然后适当设置工作表内容的字体格式和数据格式，效果如下图所示。

060　按条件将一个工作表拆分为多个工作表

◎ 代码文件：按条件将一个工作表拆分为多个工作表.py
◎ 数据文件：销售表.xlsx

◎ 应用场景

　　本案例要将"销售表.xlsx"中的工作表"总表"拆分成多个工作表并保存在同一个工作簿中。编程思路和案例 059 类似，同样使用 pandas 模块的 groupby() 函数对数据进行分组，区别只是将分组后的数据保存在同一个工作簿的不同工作表中。

◎ 实现代码

```
1   import pandas as pd  # 导入pandas模块
2   file_path = 'F:\\python\\第3章\\销售表.xlsx'  # 指定要拆分的工作簿的
    文件路径
3   data = pd.read_excel(file_path, sheet_name='总表')  # 读取要拆分的工
    作表数据
4   pro_data = data.groupby('产品名称')  # 将数据按照"产品名称"列分组
5   with pd.ExcelWriter('F:\\python\\第3章\\各产品销售表.xlsx') as work-
    book:  # 新建工作簿
6       for i, j in pro_data:  # 遍历分组后的数据
7           j.to_excel(workbook, sheet_name=i, index=False)  # 将不同产
            品的数据写入新工作簿的不同工作表中
```

◎ 代码解析

第 2 行和第 3 行代码用于从工作簿"销售表.xlsx"中读取工作表"总表"中的数据。读者可根据实际需求修改第 2 行代码中工作簿的文件路径及第 3 行代码中工作表的名称。

第 4 行代码用于对读取的数据进行分组。读者可根据实际需求修改分组条件。

第 5 行代码用于在指定文件夹下新建工作簿"各产品销售表.xlsx"。读者可根据实际需求修改新建工作簿的文件路径，但要注意路径涉及的文件夹须提前创建好。

第 6 行和第 7 行代码用于将分组后的数据分别写入新建工作簿的不同工作表中，并用产品名称命名工作表。

◎ 知识延伸

第 4 行代码中的 groupby() 函数在案例 059 中介绍过，第 5 行代码中的 ExcelWriter() 函数在案例 040 中介绍过，这里不再赘述。

◎ 运行结果

运行本案例的代码后，打开生成的工作簿"各产品销售表.xlsx"，可看到 5 个以产品名称命名的工作表，每个工作表中只有一种产品的数据，如下图所示。

单号	销售日期	产品名称	成本价	销售价	销售数量	产品成本	销售金额	利润
20200002	2020/1/2	操纵杆	¥60	¥109	45	¥2,700	¥4,905	¥2,205
20200006	2020/1/6	操纵杆	¥60	¥109	85	¥5,100	¥9,265	¥4,165
20200012	2020/1/12	操纵杆	¥60	¥109	55	¥3,300	¥5,995	¥2,695
20200018	2020/1/18	操纵杆	¥60	¥109	21	¥1,260	¥2,289	¥1,029
20200026	2020/1/26	操纵杆	¥60	¥109	80	¥4,800	¥8,720	¥3,920
20200028	2020/1/28	操纵杆	¥60	¥109	66	¥3,960	¥7,194	¥3,234
20200031	2020/1/31	操纵杆	¥60	¥109	24	¥1,440	¥2,616	¥1,176
20200037	2020/2/4	操纵杆	¥60	¥109	60	¥3,600	¥6,540	¥2,940
20200037	2020/2/6	操纵杆	¥60	¥109	60	¥3,600	¥6,540	¥2,940
20200038	2020/2/7	操纵杆	¥60	¥109	80	¥4,800	¥8,720	¥3,920

061 将一个工作表横向拆分为多个工作表

◎ 代码文件：将一个工作表横向拆分为多个工作表.py
◎ 数据文件：销售数量统计.xlsx

◎ 应用场景

如下图所示为工作簿"销售数量统计.xlsx"中的工作表"总表"。现要将该工作表拆分成多个工作表，每个工作表以月份命名，工作表的内容为"配件编号"列、"配件名称"列和对应的月份列的数据。

配件编号	配件名称	1月	2月	3月	4月	5月	6月	7月	8月	9月	10月	11月	12月
FB05211450	离合器	500	600	100	50	200	88	125	150	120	100	500	100
FB05211451	操纵杆	600	100	200	60	120	90	600	120	100	120	120	200
FB05211452	转速表	300	200	40	80	160	40	45	600	500	160	160	500
FB05211453	里程表	400	300	60	100	150	90	140	600	450	450	600	
FB05211454	组合表	500	40	80	200	88	500	50	800	400	400	820	700
FB05211455	缓速器	800	80	90	600	90	600	70	90	450	440	360	900
FB05211456	胶垫	900	70	100	300	120	700	80	70	790	700	450	50
FB05211457	气压表	600	90	60	400	400	120	90	90	300	800	100	90
FB05211458	调整垫	400	60	30	500	500	100	50	260	60	200	60	

◎ 实现代码

```
1    import pandas as pd  # 导入pandas模块
2    file_path = 'F:\\python\\第3章\\销售数量统计.xlsx'  # 指定要拆分的工
     作簿的文件路径
3    data = pd.read_excel(file_path, sheet_name='总表')  # 读取要拆分的工
     作表数据
4    head_col = list(data.columns)  # 获取各列的列名
5    same_col = data[['配件编号', '配件名称']]  # 获取拆分后每个工作表中都
     要有的固定列的数据
6    with pd.ExcelWriter('F:\\python\\第3章\\各产品销售表1.xlsx') as
     workbook:  # 新建工作簿
7        for i in head_col[2:]:  # 遍历要拆分的月份列的列名
8            dif_col = data[i]  # 根据列名获取单个月份的列数据
9            sheet_data = pd.concat([same_col, dif_col], axis=1)  # 将
             固定列与单个月份的列数据横向拼接起来
10           sheet_data.to_excel(workbook, sheet_name=i, index=False)  # 将
             拼接好的数据写入新工作簿的工作表中
```

◎ 代码解析

第 2 行和第 3 行代码用于从工作簿 "销售数量统计.xlsx" 中读取工作表 "总表" 中的数据。读者可根据实际需求修改第 2 行代码中工作簿的文件路径及第 3 行代码中工作表的名称。

第 4 行代码用于获取工作表 "总表" 中各列的列名。第 5 行代码用于获取拆分后每个工作表中都要有的固定列的数据，这里为 "配件编号" 列和 "配件名称" 列，注意需以列表的形式给出。读者可根据实际需求增减和修改固定列的列名。

第 6 行代码用于在指定文件夹下新建工作簿 "各产品销售表 1.xlsx"。读者可根据实际需求修改新建工作簿的文件路径，但要注意路径涉及的文件夹须提前创建好。

第 7 ～ 10 行代码用于依次获取单个月份的列数据，然后将月份列的数据与固定列的数据横

向拼接成一个 DataFrame（pandas 模块中定义的一种数据结构），再将这个 DataFrame 中的数据写入新建工作簿的工作表中，并用月份命名工作表。

◎ 知识延伸

（1）第 4 行代码中的 list() 是 Python 的内置函数，用于将元组、集合、字符串等可迭代对象转换为列表，在案例 049 中介绍过，这里不再赘述。

（2）第 4 行代码中的 columns 是 pandas 模块中 DataFrame 的属性，用于获取 DataFrame 中的列名。第 5 行代码用于在 DataFrame 中选取列数据。DataFrame 是 pandas 模块中定义的一种二维表格数据结构，下面就来详细介绍一下。

DataFrame 可通过列表、字典或二维数组创建。基于列表创建 DataFrame 的演示代码如下：

```
1  import pandas as pd
2  a = pd.DataFrame([[100, 50, 60], [84, 75, 69], [75, 88, 90]])
3  print(a)
```

运行结果如下：

```
1       0    1   2
2  0  100   50  60
3  1   84   75  69
4  2   75   88  90
```

上述演示代码在创建 DataFrame 时未指定列索引（相当于列名）和行索引（相当于行名），因此使用默认形式的列索引和行索引——从 0 开始的数字序列。创建 DataFrame 时还可以自定义列索引和行索引，演示代码如下：

```
1  import pandas as pd
2  a = pd.DataFrame([[100, 50, 60], [84, 75, 69], [75, 88, 90]], col-
   umns=['a', 'b', 'c'], index=['A', 'B', 'C'])
3  print(a)
```

上述演示代码第 2 行中的参数 columns 用于指定列索引，参数 index 用于指定行索引。代码运行结果如下：

```
1        a    b   c
2   A  100   50  60
3   B   84   75  69
4   C   75   88  90
```

通过列表创建 DataFrame 还有另一种方式，演示代码如下：

```
1   import pandas as pd
2   data = pd.DataFrame()
3   name = ['小张', '小王', '小李']
4   score = ['80', '99', '100']
5   data['姓名'] = name
6   data['分数'] = score
7   print(data)
```

通过这种方式创建 DataFrame 时，要保证列表 name 和 score 的长度一致，否则会报错。代码运行结果如下：

```
1        姓名   分数
2   0   小张    80
3   1   小王    99
4   2   小李   100
```

（3）第 9 行代码中的 concat() 是 pandas 模块中的函数，用于拼接两个 DataFrame。该函数的参数 axis 用于指定拼接的轴向。该参数的默认值为 0，表示按行方向拼接（纵向拼接），演示代码如下：

```
1   import pandas as pd
```

```
2    a = pd.DataFrame([[1, 2, 3], [4, 5, 6], [7, 8, 9]])
3    b = pd.DataFrame([[10, 11, 12], [13, 14, 15], [16, 17, 18]])
4    data = pd.concat([a, b], axis=0)  # 或者写成data = pd.concat([a, b])
5    print(data)
```

上述演示代码的第 2 行和第 3 行创建了两个 DataFrame，第 4 行使用 concat() 函数将两个 DataFrame 纵向拼接为一个 DataFrame。代码运行结果如下：

```
1        0    1    2
2    0   1    2    3
3    1   4    5    6
4    2   7    8    9
5    0  10   11   12
6    1  13   14   15
7    2  16   17   18
```

如果想按列方向拼接（横向拼接），可以将参数 axis 设置为 1。例如，将上述演示代码的第 4 行修改为如下代码：

```
1    data = pd.concat([a, b], axis=1)
```

修改后的运行结果如下：

```
1        0    1    2    0    1    2
2    0   1    2    3   10   11   12
3    1   4    5    6   13   14   15
4    2   7    8    9   16   17   18
```

◎ 运行结果

运行本案例的代码后，打开生成的工作簿"各产品销售表 1.xlsx"，可看到 12 个以月份命名的工作表，每个工作表中只有相应月份的数据，如下左图和下右图所示。

	A	B	C	D
1	配件编号	配件名称	1月	
2	FB05211450	离合器	500	
3	FB05211451	操纵杆	600	
4	FB05211452	转速表	300	
5	FB05211453	里程表	400	
6	FB05211454	组合表	500	
7	FB05211455	缓速器	800	
8	FB05211456	胶垫	900	
9	FB05211457	气压表	600	

	A	B	C	D
1	配件编号	配件名称	5月	
2	FB05211450	离合器	200	
3	FB05211451	操纵杆	120	
4	FB05211452	转速表	160	
5	FB05211453	里程表	150	
6	FB05211454	组合表	88	
7	FB05211455	缓速器	90	
8	FB05211456	胶垫	120	
9	FB05211457	气压表	400	

1月 | 2月 | 3月 | 4月 | 5月 | 6月 | 7月 | 8月 | 9月 | 10月 | 11月 | 12月

1月 | 2月 | 3月 | 4月 | 5月 | 6月 | 7月 | 8月 | 9月 | 10月 | 11月 | 12月

062　纵向合并多个工作表为一个工作表

◎ 代码文件：纵向合并多个工作表为一个工作表.py
◎ 数据文件：上半年销售统计.xlsx

◎ 应用场景

　　如下图所示，工作簿"上半年销售统计.xlsx"中有 6 个工作表，每个工作表中数据的结构相同，内容为相应月份每天的销售额。现在要将 6 个工作表的数据纵向汇总到一个工作表中。

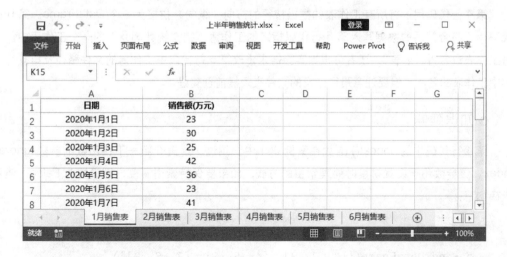

◎ **实现代码**

```
1  import pandas as pd  # 导入pandas模块
2  file_path = 'F:\\python\\第3章\\上半年销售统计.xlsx'  # 指定要合并工
   作表的工作簿的文件路径
3  data = pd.read_excel(file_path, sheet_name=None)  # 读取工作簿中所有
   工作表的数据
4  all_data = pd.concat(data, ignore_index=True)  # 将所有工作表的数据
   纵向拼接在一起
5  new_file_path = 'F:\\python\\第3章\\销售统计.xlsx'  # 指定写入合并后
   数据的新工作簿的文件路径
6  all_data.to_excel(new_file_path, sheet_name='总表', index=False)  # 将
   合并后的数据写入新工作簿的工作表中
```

◎ **代码解析**

第 2 行和第 3 行代码用于读取工作簿"上半年销售统计.xlsx"中所有工作表的数据。读者可根据实际需求修改第 2 行代码中工作簿的文件路径。

第 4 行代码用于将所有工作表的数据按行的方向（纵向）拼接为一个 DataFrame。第 6 行代码用于将合并后的数据写入第 5 行代码指定的工作簿"销售统计.xlsx"的一个工作表中，并将工作表命名为"总表"。读者可根据实际需求修改第 5 行代码中工作簿的文件路径及第 6 行代码中工作表的名称，但要注意路径涉及的文件夹须提前创建好。

◎ **知识延伸**

第 4 行代码中的 concat() 函数在案例 061 中介绍过，这里介绍一下该函数的参数 ignore_index。该参数用于设置拼接时处理索引的方式。如果要保持索引不变，则设置为 False，演示代码如下：

```
1  import pandas as pd
2  a = pd.DataFrame([[1, 2, 3], [4, 5, 6], [7, 8, 9]])
```

```
3    b = pd.DataFrame([[10, 11, 12], [13, 14, 15], [16, 17, 18]])
4    data = pd.concat([a, b], ignore_index=False)
5    print(data)
```

上述演示代码的第 2 行和第 3 行创建了两个 DataFrame，第 4 行代码用 concat() 函数将两
个 DataFrame 按行方向（纵向）拼接起来，拼接后的行索引为原来两个 DataFrame 的行索引。
代码运行结果如下：

```
1         0    1    2
2    0    1    2    3
3    1    4    5    6
4    2    7    8    9
5    0   10   11   12
6    1   13   14   15
7    2   16   17   18
```

如果将参数 ignore_index 设置为 True，表示忽略原有索引，并生成新的数字序列作为索引。
例如，将上述演示代码的第 4 行修改为如下代码：

```
1    data = pd.concat([a, b], ignore_index=True)
```

修改后的运行结果如下：

```
1         0    1    2
2    0    1    2    3
3    1    4    5    6
4    2    7    8    9
5    3   10   11   12
6    4   13   14   15
7    5   16   17   18
```

◎ 运行结果

　　运行本案例的代码后，打开生成的工作簿"销售统计.xlsx"，可在工作表"总表"中看到工作簿"上半年销售统计.xlsx"中 6 个工作表数据的合并数据，如右图所示。

	A	B	C
1	日期	销售额(万元)	
29	2020年1月28日	22	
30	2020年1月29日	29	
31	2020年1月30日	26	
32	2020年1月31日	42	
33	2020年2月1日	23	
34	2020年2月2日	28	
35	2020年2月3日	28	
36	2020年2月4日	41	
37	2020年2月5日	26	

总表

063　横向合并多个工作表为一个工作表

◎　代码文件：横向合并多个工作表为一个工作表.py
◎　数据文件：产品各月销售数量表.xlsx

◎ 应用场景

　　如果多个工作表中有相同的列数据，那么可以以相同的列为基准，横向合并多个工作表的数据。如下左图所示，工作簿"产品各月销售数量表.xlsx"中有 12 个工作表，工作表中的数据为各月的产品销售数量，图中为工作表"1 月"中的数据。切换至其他工作表，如"8 月"，可看到"配件编号"列和"配件名称"列的数据固定不变，只有对应月份的产品销售数量不同，如下右图所示。现在要横向合并 12 个月的销售数量数据，也可以使用 concat() 函数来完成。

	A	B	C	D
1	配件编号	配件名称	1月	
2	FB05211450	离合器	500	
3	FB05211451	操纵杆	600	
4	FB05211452	转速表	300	
5	FB05211453	里程表	400	
6	FB05211454	组合表	500	
7	FB05211455	缓速器	800	
8	FB05211456	胶垫	900	
9	FB05211457	气压表	600	

1月 | 2月 | 3月 | 4月 | 5月 | 6月 | 7月 | 8月 | 9月 | 10月 | 11月 | 12月
就绪

	A	B	C	D
1	配件编号	配件名称	8月	
2	FB05211450	离合器	150	
3	FB05211451	操纵杆	120	
4	FB05211452	转速表	600	
5	FB05211453	里程表	140	
6	FB05211454	组合表	800	
7	FB05211455	缓速器	90	
8	FB05211456	胶垫	70	
9	FB05211457	气压表	90	

1月 | 2月 | 3月 | 4月 | 5月 | 6月 | 7月 | 8月 | 9月 | 10月 | 11月 | 12月
就绪

◎ 实现代码

```
1   import pandas as pd  # 导入pandas模块
2   file_path = 'F:\\python\\第3章\\产品各月销售数量表.xlsx'  # 指定要合
    并工作表的工作簿的文件路径
3   data = pd.read_excel(file_path, sheet_name=None)  # 读取工作簿中所有
    工作表的数据
4   all_data = data['1月'][['配件编号', '配件名称']]  # 从工作表"1月"中
    获取两个固定列的数据
5   for i in data:  # 遍历获取的工作表数据
6       col = data[i].iloc[:, [2]]  # 获取工作表的第3列数据
7       all_data = pd.concat([all_data, col], axis=1)  # 将两个固定列与
        各个工作表的第3列横向拼接起来
8   new_file_path = 'F:\\python\\第3章\\合并表.xlsx'  # 指定写入合并后数
    据的新工作簿的文件路径
9   all_data.to_excel(new_file_path, sheet_name='总表', index=False)  # 将
    合并后的数据写入新工作簿的工作表中
```

◎ 代码解析

第 2 行和第 3 行代码用于读取工作簿"产品各月销售数量表.xlsx"中所有工作表的数据。读者可根据实际需求修改第 2 行代码中工作簿的文件路径。

第 4 行代码用于从工作表"1月"中获取"配件编号"和"配件名称"这两个固定列的数据。其中"1月"为工作表名称，本案例中可修改为"2月""3月"等，因为这些工作表都含有"配件编号"和"配件名称"这两个固定列。读者也可根据实际需求修改代码中的工作表名称和列名。

第 5～7 行代码用于将两个固定列与各个工作表的第 3 列横向拼接起来。其中第 6 行代码中的 2 表示第 3 列，如果工作表中还有第 4 列且需要合并该列，则将代码改为"col = data[i].iloc[:, [3]]"，依此类推。

第 9 行代码用于将合并后的数据写入第 8 行代码指定的工作簿"合并表.xlsx"的工作表"总表"中。读者可根据实际需求修改第 8 行代码中工作簿的文件路径及第 9 行代码中工作表的名称。

◎ 知识延伸

（1）第 6 行代码中的 iloc 是 pandas 模块中 DataFrame 的属性，用于根据行或列的序号选取 DataFrame 中的数据。演示代码如下：

```
1  import pandas as pd
2  a = pd.DataFrame([[100, 50, 60], [84, 75, 69], [75, 88, 90], [50,
   60, 78]])
3  b = a.iloc[1:3]
4  print(b)
```

上述演示代码的第 3 行表示选取 DataFrame 的第 2 行和第 3 行。代码运行结果如下：

```
1      0   1   2
2  1  84  75  69
3  2  75  88  90
```

如果要选取单行，如选取第 2 行，则将上述演示代码的第 3 行改为 "b = a.iloc[[1]]"。修改后的代码运行结果如下：

```
1      0   1   2
2  1  84  75  69
```

如果要选取单列，如选取第 2 列，则将上述演示代码的第 3 行改为 "b = a.iloc[:, [1]]"。修改后的代码运行结果如下：

```
1      1
2  0  50
3  1  75
4  2  88
5  3  60
```

（2）第 7 行代码中的 concat() 函数在案例 061 中介绍过，这里不再赘述。

◎ 运行结果

运行本案例的代码后，打开生成的工作簿"合并表.xlsx"，可在工作表"总表"中看到按要求合并的数据，如下图所示。

配件编号	配件名称	1月	2月	3月	4月	5月	6月	7月	8月	9月	10月	11月	12月
FB05211450	离合器	500	600	100	50	200	88	125	150	120	100	500	100
FB05211451	操纵杆	600	100	200	60	120	90	600	120	100	120	120	200
FB05211452	转速表	300	200	40	80	160	40	45	600	500	160	160	500
FB05211453	里程表	400	300	60	100	150	100	60	140	600	450	450	600
FB05211454	组合表	500	40	80	200	88	500	50	800	400	400	820	700
FB05211455	缓速器	800	80	90	600	90	600	70	90	450	440	360	900
FB05211456	胶垫	900	70	100	300	120	700	80	70	790	700	450	50
FB05211457	气压表	600	90	60	400	400	120	90	90	300	800	100	90

064 设置工作表的标签颜色

◎ 代码文件：设置工作表的标签颜色.py
◎ 数据文件：新能源汽车备案信息.xlsx

◎ 应用场景

在 Excel 中，为了更直观地区分工作簿中的不同工作表，可右击工作表标签，然后利用"工作表标签颜色"命令为工作表标签设置不同的颜色。本案例要通过编写 Python 代码为工作表标签设置颜色，以突出显示工作簿中的某个工作表。

◎ 实现代码

```
1  import xlwings as xw  # 导入xlwings模块
2  app = xw.App(visible=False, add_book=False)  # 启动Excel程序
```

```
3    workbook = app.books.open('F:\\python\\第3章\\新能源汽车备案信息.
     xlsx')  # 打开要设置工作表标签颜色的工作簿
4    worksheet = workbook.sheets  # 获取工作簿中的所有工作表
5    for i in worksheet:  # 遍历工作簿中的工作表
6        if i.name == '汽车备案信息':  # 如果当前工作表名称为"汽车备案信息"
7            i.api.Tab.Color = 255  # 设置该工作表的标签颜色
8    workbook.save()  # 保存工作簿
9    workbook.close()  # 关闭工作簿
10   app.quit()  # 退出Excel程序
```

◎ 代码解析

第 3 行代码用于打开要设置工作表标签颜色的工作簿。读者可根据实际需求修改工作簿的文件路径。

第 5～7 行代码用于设置指定工作表的标签颜色。这里将工作表"汽车备案信息"的标签颜色设置为红色，读者可根据实际需求修改第 6 行代码中的工作表名称。

◎ 知识延伸

（1）如果要设置工作表"汽车备案信息"以外的工作表标签颜色，可将第 6 行代码中的"=="修改为"!="。

（2）如果要设置多个工作表的标签颜色，可将第 5～7 行代码修改为如下代码：

```
1    sheet_names = ['汽车备案信息', '8月乘用车信息']  # 用列表形式给出要设
     置标签颜色的工作表名称，读者可根据实际需求增减列表元素
2    for i in worksheet:  # 遍历工作簿中的工作表
3        if i.name in sheet_names:  # 如果当前工作表的名称在列表中
4            i.api.Tab.Color = 255  # 设置该工作表的标签颜色
```

（3）xlwings 模块没有提供设置工作表标签颜色的属性，所以第 7 行代码利用 Sheet 对象的 api 属性调用 VBA 的 Tab.Color 属性来设置工作表的标签颜色。Color 属性的值为一个整数，而

我们常用的颜色值则是 RGB 值，这两者的换算公式如下：

$$\text{Color 属性整数值} = R + G \times 256 + B \times 256 \times 256$$

例如，红色的 RGB 值为（255，0，0），那么对应的 Color 属性整数值为 $255 + 0 \times 256 + 0 \times 256 \times 256 = 255$。读者如果要使用其他颜色，如 RGB 值为（95，158，160）的颜色，则根据公式将第 7 行代码修改为 "i.api.Tab.Color = 95 + 158 * 256 + 160 * 256 * 256"。

◎ 运行结果

运行本案例的代码后，打开工作簿 "新能源汽车备案信息.xlsx"，可看到工作表 "汽车备案信息" 的标签颜色变为红色，如下图所示。具体的颜色效果请读者自行运行代码后查看。

序号	企业名称	车型名称	车型类型	新/老车型
1	南京南汽专用车有限公司	NJ5020XXYEV5	物流车	新车型
2	上海汽车商用车有限公司	SH5040XXYA7BEV-4	物流车	新车型
3	上海汽车商用车有限公司	SH6522C1BEV	小客	新车型
4	郑州宇通客车股份有限公司	ZK6808BEVQZ52	中客	新车型

065 隐藏一个工作簿中的一个工作表

◎ 代码文件：隐藏一个工作簿中的一个工作表.py
◎ 数据文件：新能源汽车备案信息.xlsx

◎ 应用场景

在实际工作中，当工作簿中的工作表较多时，会暂时隐藏不需要经常使用的工作表。本案例将通过编写 Python 代码隐藏一个工作簿中的工作表，为案例 066 实现批量隐藏多个工作簿中的工作表做准备。

◎ 实现代码

```
1   import xlwings as xw  # 导入xlwings模块
2   app = xw.App(visible=False, add_book=False)  # 启动Excel程序
3   workbook = app.books.open('F:\\python\\第3章\\新能源汽车备案信息.
    xlsx')  # 打开要隐藏工作表的工作簿
4   worksheet = workbook.sheets  # 获取工作簿中的所有工作表
5   for i in worksheet:  # 遍历工作簿中的工作表
6       if i.name == '汽车备案信息':  # 如果当前工作表名称为"汽车备案信息"
7           i.visible = False  # 隐藏当前工作表
8   workbook.save()  # 保存工作簿
9   workbook.close()  # 关闭工作簿
10  app.quit()  # 退出Excel程序
```

◎ 代码解析

第 3 行代码用于打开要隐藏工作表的工作簿。读者可根据实际需求修改工作簿的文件路径。

第 5～7 行代码用于隐藏工作表，这里隐藏的是工作表"汽车备案信息"。读者可根据实际需求修改第 6 行代码中的工作表名称。

◎ 知识延伸

（1）如果要将工作表"汽车备案信息"以外的工作表隐藏，则将第 6 行代码中的"=="修改为"!="。

（2）如果要隐藏多个工作表，可用列表形式给出要隐藏的工作表名称，参见案例 064 的"知识延伸"。

（3）第 7 行代码利用 xlwings 模块中 Sheet 对象的 visible 属性来隐藏工作表。将 visible 属性设置为 False 表示隐藏工作表，设置为 True 表示显示工作表。

◎ 运行结果

运行本案例的代码后，打开工作簿"新能源汽车备案信息.xlsx"，可以看到工作表"汽车备案信息"被隐藏了，如下图所示。

066　隐藏多个工作簿中的一个同名工作表

◎ 代码文件：隐藏多个工作簿中的一个同名工作表.py
◎ 数据文件：区域销售统计（文件夹）

◎ 应用场景

本案例要在案例 065 的基础上实现批量隐藏多个工作簿中的一个工作表。如下左图所示，文件夹"区域销售统计"中有 3 个工作簿。打开任意一个工作簿，可看到多个工作表，如下右图所示，其他工作簿中也有相同数量和名称的工作表。现要隐藏这 3 个工作簿中的单个同名工作表，如"供应商信息"。

◎ 实现代码

```
1   from pathlib import Path  # 导入pathlib模块中的Path类
2   import xlwings as xw  # 导入xlwings模块
3   app = xw.App(visible=False, add_book=False)  # 启动Excel程序
4   folder_path = Path('F:\\python\\第3章\\区域销售统计\\')  # 给出要隐
    藏工作表的工作簿所在文件夹的路径
5   file_list = folder_path.glob('*.xls*')  # 获取文件夹下所有工作簿的文
    件路径
6   for i in file_list:  # 遍历获取的文件路径
7       workbook = app.books.open(i)  # 打开要隐藏工作表的工作簿
8       worksheet = workbook.sheets  # 获取工作簿中的所有工作表
9       for j in worksheet:  # 遍历工作簿中的工作表
10          if j.name == '供应商信息':  # 如果当前工作表名称为"供应商信息"
11              j.visible = False  # 隐藏当前工作表
12      workbook.save()  # 保存工作簿
13      workbook.close()  # 关闭工作簿
14  app.quit()  # 退出Excel程序
```

◎ 代码解析

第 4 行和第 5 行代码用于获取指定文件夹中所有工作簿的文件路径。读者可根据实际需求修改第 4 行代码中的文件夹路径。

第 6～13 行代码用于逐个打开文件夹中的工作簿，然后隐藏工作表"供应商信息"。读者可根据实际需求修改第 10 行代码中要隐藏的工作表的名称。如果要执行的操作是将原先隐藏的工作表显示出来，可将第 11 行代码中的"False"修改为"True"。

◎ 知识延伸

第 11 行代码中的 visible 属性在案例 065 中介绍过，这里不再赘述。

◎ 运行结果

运行本案例的代码后，打开文件夹"区域销售统计"下的任意两个工作簿，可以看到工作表"供应商信息"都被隐藏了，如下左图和下右图所示。

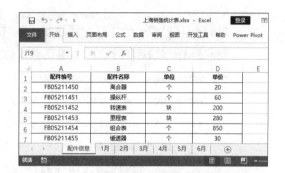

067　隐藏多个工作簿中的多个同名工作表

　◎ 代码文件：隐藏多个工作簿中的多个同名工作表.py
　◎ 数据文件：区域销售统计（文件夹）

◎ 应用场景

本案例要在案例 066 的基础上实现批量隐藏多个工作簿中的多个工作表。代码的编写思路基本不变，只是需要在隐藏工作表的循环代码前创建一个列表，列表中的元素为要隐藏的工作表的名称。然后在遍历工作表时判断当前工作表的名称是否在列表中，从而决定是否要隐藏当前工作表。

◎ 实现代码

```
1    from pathlib import Path  # 导入pathlib模块中的Path类
2    import xlwings as xw  # 导入xlwings模块
3    app = xw.App(visible=False, add_book=False)  # 启动Excel程序
```

```
4    folder_path = Path('F:\\python\\第3章\\区域销售统计\\')  # 给出要隐
     藏工作表的工作簿所在文件夹的路径
5    file_list = folder_path.glob('*.xls*')  # 获取文件夹下所有工作簿的文
     件路径
6    lists = ['配件信息', '供应商信息']  # 创建一个含有多个工作表名称的列表
7    for i in file_list:  # 遍历获取的文件路径
8        workbook = app.books.open(i)  # 打开要隐藏工作表的工作簿
9        worksheet = workbook.sheets  # 获取工作簿中的所有工作表
10       for j in worksheet:  # 遍历工作簿中的工作表
11           if j.name in lists:  # 如果当前工作表的名称在列表中
12               j.visible = False  # 隐藏当前工作表
13       workbook.save()  # 保存工作簿
14       workbook.close()  # 关闭工作簿
15   app.quit()  # 退出Excel程序
```

◎ 代码解析

第 4 行和第 5 行代码用于获取指定文件夹中所有工作簿的文件路径。读者可根据实际需求修改第 4 行代码中的文件夹路径。

第 6～14 行代码用于逐个打开文件夹中的工作簿，然后隐藏工作表"配件信息"和"供应商信息"。其中第 6 行代码创建了一个列表，列表的元素为要隐藏的工作表的名称，读者可根据实际需求增减列表元素。如果要将不在列表中的工作表隐藏，则将第 11 行代码中的"in"修改为"not in"。

◎ 知识延伸

（1）第 6 行代码创建了一个含有两个元素的列表，关于列表的知识在案例 013 中介绍过，这里不再赘述。

（2）第 12 行代码中的 visible 属性在案例 065 中介绍过，这里不再赘述。

◎ 运行结果

运行本案例的代码后，打开文件夹"区域销售统计"下的任意两个工作簿，可以看到工作表"配件信息"和"供应商信息"都被隐藏了，如下左图和下右图所示。

068 保护一个工作表

 ◎ 代码文件：保护一个工作表.py
◎ 数据文件：产品信息表.xlsx

◎ 应用场景

保护工作表是指保护工作表的单元格、行、列等内容不被修改。在 Python 中，可通过调用 VBA 中的 Protect() 函数保护指定的工作表。

◎ 实现代码

```python
1    import xlwings as xw   # 导入xlwings模块
2    app = xw.App(visible=False, add_book=False)   # 启动Excel程序
3    workbook = app.books.open('F:\\python\\第3章\\产品信息表.xlsx')   # 打
     开要保护工作表的工作簿
4    worksheet = workbook.sheets['配件信息']   # 选定工作簿中要保护的工作表
```

```
5   worksheet.api.Protect(Password='123', Contents=True)   # 保护工作表
6   workbook.save()   # 保存工作簿
7   workbook.close()   # 关闭工作簿
8   app.quit()   # 退出Excel程序
```

◎ 代码解析

第 3 行代码用于打开工作簿"产品信息表.xlsx"，第 4 行代码用于选定该工作簿中要保护的工作表"配件信息"。读者可根据实际需求修改第 3 行代码中的文件路径及第 4 行代码中的工作表名称。

◎ 知识延伸

第 5 行代码利用 Sheet 对象的 api 属性调用 VBA 的 Protect() 函数来保护工作表。Protect() 函数的参数 Password 用于设置保护工作表的密码，参数 Contents 为 True 时表示保护工作表的内容不被修改。

◎ 运行结果

运行本案例的代码后，打开工作簿"产品信息表.xlsx"，在工作表"配件信息"中修改单元格数据，会弹出如下图所示的提示框，提示该工作表处于受保护状态，如果要修改工作表的内容，需要先取消工作表的保护。

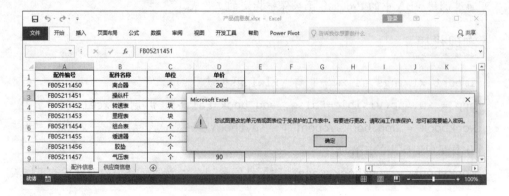

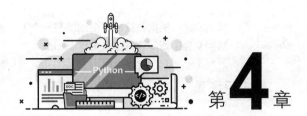

第 **4** 章

行 / 列操作

Excel 的工作表是由行和列组成的，因此，学习完工作表的操作，就需要接着学习行和列的操作。本章将详细介绍如何使用 Python 操作工作表的行和列，如调整行高和列宽、插入和删除行或列、提取和替换行列数据等。

069　根据数据内容自动调整一个工作表的行高和列宽

◎ 代码文件：根据数据内容自动调整一个工作表的行高和列宽.py
◎ 数据文件：新能源汽车备案信息.xlsx

◎ 应用场景

如下图所示为工作簿"新能源汽车备案信息.xlsx"的第 1 个工作表"汽车备案信息"中的数据表格。现要根据数据内容自动调整该工作表的行高和列宽，可以使用 xlwings 模块中的 autofit() 函数来实现。

序号	名称	车型	生产企业	类别	续电里程	电池容量	电池企业
1	比亚迪唐	BYD6480STHEV	比亚迪汽车工业有限公司	插电式	80公里	18.5度	惠州比亚迪电池有限公司
2	比亚迪唐100	BYD6480STHEV3	比亚迪汽车工业有限公司	插电式	100公里	22.8度	惠州比亚迪电池有限公司
3	比亚迪秦	BYD7150WTHEV3	比亚迪汽车有限公司	插电式	70公里	13度	惠州比亚迪电池有限公司
4	比亚迪秦100	BYD7150WT5HEV5	比亚迪汽车有限公司	插电式	100公里	17.1度	惠州比亚迪电池有限公司
5	之诺60H	BBA6461AAHEV(ZINORO60)	华晨宝马汽车有限公司	插电式	60公里	14.7度	宁德时代新能源科技股份有限公司
6	荣威eRX5	CSA6454NDPHEV1	上海汽车集团股份有限公司	插电式	60公里	12度	上海捷新动力电池系统有限公司
7	荣威ei6	CSA7104SDPHEV1	上海汽车集团股份有限公司	插电式	53公里	9.1度	上海捷新动力电池系统有限公司
8	荣威e950	CSA7144CDPHEV1	上海汽车集团股份有限公司	插电式	60公里	12度	上海捷新动力电池系统有限公司

◎ 实现代码

```python
1  import xlwings as xw  # 导入xlwings模块
2  app = xw.App(visible=False, add_book=False)  # 启动Excel程序
3  workbook = app.books.open('新能源汽车备案信息.xlsx')  # 打开要调整行高
   和列宽的工作簿
4  worksheet = workbook.sheets[0]  # 指定工作簿中的第1个工作表
5  worksheet.autofit()  # 自动调整工作表的行高和列宽
6  workbook.save()  # 保存工作簿
7  workbook.close()  # 关闭工作簿
8  app.quit()  # 退出Excel程序
```

◎ 代码解析

第 3 行代码用于打开工作簿"新能源汽车备案信息.xlsx",这里设置的文件路径是相对路径,表示工作簿位于当前代码文件所在文件夹下。相对路径的知识在案例 031 中详细介绍过,这里不再赘述。读者可根据实际需求修改这行代码中的文件路径。

第 4 行代码用于指定工作簿中的第 1 个工作表,也就是要自动调整行高和列宽的工作表。读者可根据实际需求修改工作表的序号(从 0 开始计数)。

第 5 行代码用于根据单元格的内容自动调整工作表的行高和列宽。

◎ 知识延伸

第 5 行代码中的 autofit() 是 xlwings 模块中 Sheet 对象的函数,用于根据单元格的内容自动调整整个工作表的行高和列宽。该函数有一个参数 axis:如果省略,表示同时调整行高和列宽;如果设置为 'rows' 或 'r',表示仅调整行高;如果设置为 'columns' 或 'c',表示仅调整列宽。例如,将第 5 行代码改为"worksheet.autofit(axis='c')",就表示仅自动调整工作表的列宽。

◎ 运行结果

运行本案例的代码后,打开工作簿"新能源汽车备案信息.xlsx",可看到第 1 个工作表"汽车备案信息"中的行高和列宽自动根据单元格内容进行了调整,如下图所示。

070　精确调整一个工作表的行高和列宽

◎ 代码文件：精确调整一个工作表的行高和列宽.py
◎ 数据文件：产品信息表.xlsx

◎ 应用场景

　　如右图所示为工作簿"产品信息表.xlsx"的第 1 个工作表"配件信息"中的数据表格。现在要精确调整该工作表的行高和列宽，可以使用 xlwings 模块的 row_height 和 column_width 属性来实现。

	A	B	C	D
1	配件编号	配件名称	单位	单价
2	FB05211450	离合器	个	20
3	FB05211451	操纵杆	个	60
4	FB05211452	转速表	块	200
5	FB05211453	里程表	块	280
6	FB05211454	组合表	个	850
7	FB05211455	缓速器	个	30
8	FB05211456	胶垫	个	30
9	FB05211457	气压表	个	90
10	FB05211458	调整垫	个	6

配件信息　供应商信息　⊕

◎ 实现代码

```
1   import xlwings as xw  # 导入xlwings模块
2   app = xw.App(visible=False, add_book=False)  # 启动Excel程序
3   workbook = app.books.open('产品信息表.xlsx')  # 打开要调整行高和列宽
    的工作簿
4   worksheet = workbook.sheets[0]  # 指定工作簿中的第1个工作表
5   area = worksheet.range('A1').expand('table')  # 选择工作表中已有数据
    的单元格区域
6   area.column_width = 15  # 调整列宽
7   area.row_height = 20  # 调整行高
8   workbook.save()  # 保存工作簿
9   workbook.close()  # 关闭工作簿
10  app.quit()  # 退出Excel程序
```

◎ 代码解析

第 3 行代码用于打开工作簿"产品信息表.xlsx"。读者可根据实际需求修改工作簿的文件路径。第 4 行代码用于指定工作簿中的第 1 个工作表,也就是需要精确调整行高和列宽的工作表。读者可根据实际需求修改工作表的序号(从 0 开始计数)。

第 5 行代码用于选择工作表中已有数据的单元格区域。第 6 行代码用于将所选单元格区域的列宽调整为 15 个字符的宽度,第 7 行代码用于将所选单元格区域的行高调整为 20 磅。读者可根据实际需求修改列宽和行高的大小。

◎ 知识延伸

(1) 第 5 行代码中的 range() 是 xlwings 模块中 Sheet 对象的函数,用于在工作表中选择单元格区域,并返回一个 Range 对象。这里的 range('A1') 表示选择单元格 A1。

(2) 第 5 行代码中的 expand() 是 xlwings 模块中 Range 对象的函数,用于扩展单元格区域的范围。这里设置该函数的参数值为 'table',表示向整个数据表扩展,也可以设置为 'down' 或 'right',分别表示向下方或右方扩展。

(3) 第 6 行代码中的 column_width 是 xlwings 模块中 Range 对象的属性,用于获取和设置单元格区域的列宽。列宽的单位是字符数,取值范围是 0～255。这里的字符指的是英文字符,如果字符的字体是比例字体(每个字符的宽度不同),则以字符 0 的宽度为准。用该属性设置列宽时,为该属性赋值即可。用该属性获取列宽时,如果单元格区域中各列的列宽相同,则返回列宽值;如果单元格区域中各列的列宽不同,则根据单元格区域位于已使用区域的内部或外部分别返回 None 或第 1 列的列宽值。

(4) 第 7 行代码中的 row_height 是 xlwings 模块中 Range 对象的属性,用于获取和设置单元格区域的行高。行高的单位是磅,取值范围是 0～409.5。用该属性设置行高时,为该属性赋值即可。用该属性获取行高时,如果单元格区域中各行的行高相同,则返回行高值;如果单元格区域中各行的行高不同,则根据单元格区域位于已使用区域的内部或外部分别返回 None 或第 1 行的行高值。

◎ 运行结果

运行本案例的代码后,打开工作簿"产品信息表.xlsx",可看到精确调整第 1 个工作表"配件信息"的行高和列宽后的效果，如下图所示。

	A	B	C	D	E
1	配件编号	配件名称	单位	单价	
2	FB05211450	离合器	个	20	
3	FB05211451	操纵杆	个	60	
4	FB05211452	转速表	块	200	
5	FB05211453	里程表	块	280	
6	FB05211454	组合表	个	850	
7	FB05211455	缓速器	个	30	
8	FB05211456	胶垫	个	30	

配件信息　供应商信息

071　调整一个工作簿中所有工作表的行高和列宽

◎ 代码文件：调整一个工作簿中所有工作表的行高和列宽.py
◎ 数据文件：新能源汽车备案信息.xlsx

◎ 应用场景

　　学会了调整一个工作表的行高和列宽，批量调整多个工作表的行高和列宽就不难了。如下两图所示为工作簿"新能源汽车备案信息.xlsx"中任意两个工作表的数据表效果，本案例要批量自动调整该工作簿中所有工作表的行高和列宽。

	A	B	C	D	E
1	序号	企业名称	车型名称	车型类型	
2	1	上海汽车集团股份有限公司	CSA6456BEV1	乘用车	
3	2	浙江吉利汽车有限公司	MR7152PHEV01	乘用车	
4	3	比亚迪汽车有限公司	BYD6460STHEV5	乘用车	
5	4	比亚迪汽车有限公司	BYD6460SBEV	乘用车	
6	5	东风汽车公司	DFM7000H2A8EV1	乘用车	
7	6	广州汽车集团乘用有限公司	GAC7150CHEVA5A	乘用车	
8	7	广州汽车集团乘用有限公司	GAC7000BEVH0A	乘用车	
9	8	广州汽车集团乘用有限公司	GAC6450CHEVA5B	乘用车	
10	9	长城汽车股份有限公司	CC7000CE00BEV	乘用车	

7月商用车信息　8月乘用车信息　8月商用车信息　9月乘用车信息　9月商用车信息

	A	B	C	D	E
1	序号	企业名称	车型名称	车型类型	新/老车型
2	1	南京南汽专用车有限公司	NJ5020XXYEV5	物流车	新车型
3	2	上海汽车商用车有限公司	SH5040XXYA7BEV-4	物流车	新车型
4	3	上海汽车商用车有限公司	SH6522C1BEV	小客	新车型
5	4	郑州宇通客车股份有限公司	ZK6115BEVY51	大客	新车型
6	5	南京汽车集团有限公司	NJ5057XXYCEV3	物流车	新车型
7	6	湖北新楚风汽车股份有限公司	HQG5042XXYEV5	物流车	新车型
8	7	湖北新楚风汽车股份有限公司	HQG5042XXYEV9	物流车	新车型
9	8	烟台舒驰客车有限责任公司	YTK5040XXYEV2	物流车	新车型

7月商用车信息　8月乘用车信息　8月商用车信息　9月乘用车信息　9月商用车信息

◎ 实现代码

```python
1   import xlwings as xw  # 导入xlwings模块
2   app = xw.App(visible=False, add_book=False)  # 启动Excel程序
3   workbook = app.books.open('新能源汽车备案信息.xlsx')  # 打开要调整行
    高和列宽的工作簿
4   worksheet = workbook.sheets  # 获取工作簿中的所有工作表
5   for i in worksheet:  # 遍历工作簿中的工作表
6       i.autofit()  # 自动调整工作表的行高和列宽
7   workbook.save()  # 保存工作簿
8   workbook.close()  # 关闭工作簿
9   app.quit()  # 退出Excel程序
```

◎ 代码解析

第 3 行代码用于打开工作簿"新能源汽车备案信息.xlsx",读者可根据实际需求修改文件路径。第 4 行代码用于获取所有工作表。第 5 行和第 6 行代码逐个自动调整工作表的行高和列宽。

◎ 知识延伸

第 6 行代码中的 autofit() 函数在案例 069 中介绍过,这里不再赘述。

◎ 运行结果

运行本案例的代码后,打开工作簿"新能源汽车备案信息.xlsx",查看任意两个工作表,可看到单元格的行高和列宽根据内容的多少自动进行了调整,如下左图和下右图所示。

	A	B	C	D	E
1	序号	企业名称	车型名称	车型类型	
2	1	上海汽车集团股份有限公司	CSA6456BEV1	乘用车	
3	2	浙江吉利汽车有限公司	MR7152PHEV01	乘用车	
4	3	比亚迪汽车有限公司	BYD6460STHEV5	乘用车	
5	4	比亚迪汽车有限公司	BYD6460S8EV	乘用车	
6	5	东风汽车公司	DFM7000H2ABEV1	乘用车	
7	6	广州汽车集团乘用车有限公司	GAC7150CHEVA5A	乘用车	
8	7	广州汽车集团乘用车有限公司	GAC7000BEVH0A	乘用车	
9	8	广州汽车集团乘用车有限公司	GAC6450CHEVA5B	乘用车	
10	9	长城汽车股份有限公司	CC7000CE00BEV	乘用车	

汽车备案信息 | 7月乘用车信息 | 7月商用车信息 | 8月乘用车信息 | 8月商用车信息 | 9月

	A	B	C	D	E
1	序号	企业名称	车型名称	车型类型	新/老车型
2	1	南京南汽专用车有限公司	NJ5020XXYEV5	物流车	新车型
3	2	上海汽车商用车有限公司	SH5040XXYA7BEV-4	物流车	新车型
4	3	上海汽车商用车有限公司	SH6522C1BEV	小客	新车型
5	4	郑州宇通客车股份有限公司	ZK6115BEVY51	大客	新车型
6	5	南京汽车集团有限公司	NJ5057XXYCEV3	物流车	新车型
7	6	湖北新楚风汽车股份有限公司	HQG5042XXYEV5	物流车	新车型
8	7	湖北新楚风汽车股份有限公司	HQG5042XXYEV9	物流车	新车型
9	8	烟台舒驰客车有限责任公司	YTK5040XXYEV2	物流车	新车型
10	9	烟台舒驰客车有限责任公司	YTK6118EV9	大客	新车型

汽车备案信息 | 7月乘用车信息 | 7月商用车信息 | 8月乘用车信息 | 8月商用车信息 | 9月

072　调整多个工作簿的行高和列宽

◎　代码文件：调整多个工作簿的行高和列宽.py
◎　数据文件：区域销售统计（文件夹）

◎ 应用场景

　　如下左图所示，文件夹"区域销售统计"下有 3 个工作簿。打开任意一个工作簿，切换至任意一个工作表，可看到还未调整行高和列宽时的数据表效果，如下右图所示。现要对该文件夹下所有工作簿中所有工作表的行高和列宽进行批量自动调整。

◎ 实现代码

```
1    from pathlib import Path  # 导入pathlib模块中的Path类
2    import xlwings as xw  # 导入xlwings模块
3    app = xw.App(visible=False, add_book=False)  # 启动Excel程序
4    folder_path = Path('F:\\python\\第4章\\区域销售统计\\')  # 给出要调
     整行高和列宽的工作簿所在文件夹的路径
5    file_list = folder_path.glob('*.xls*')  # 获取文件夹下所有工作簿的文
     件路径
6    for i in file_list:  # 遍历获得的文件路径
7        workbook = app.books.open(i)  # 打开要调整行高和列宽的工作簿
8        worksheet = workbook.sheets  # 获取工作簿中的所有工作表
9        for j in worksheet:  # 遍历工作簿中的工作表
```

```
10          j.autofit()  # 自动调整工作表的行高和列宽
11      workbook.save()  # 保存工作簿
12      workbook.close()  # 关闭工作簿
13  app.quit()  # 退出Excel程序
```

◎ 代码解析

第 4 行和第 5 行代码用于获取指定文件夹下所有工作簿的文件路径。读者可根据实际需求修改第 4 行代码中的文件夹路径。

第 6～12 行代码用于逐个打开工作簿，并自动调整所有工作表的行高和列宽。

◎ 知识延伸

第 5 行代码中的 glob() 函数在案例 032 中介绍过，第 10 行代码中的 autofit() 函数在案例 069 中介绍过，这里不再赘述。

◎ 运行结果

运行本案例的代码后,打开文件夹"区域销售统计"下的任意一个工作簿,查看其中的工作表,可看到行高和列宽都根据单元格内容的多少自动做了调整，如下图所示。

	A	B	C	D	E
1	配件编号	配件名称	单位	单价	
2	FB05211450	离合器	个	20	
3	FB05211451	操纵杆	个	60	
4	FB05211452	转速表	块	200	
5	FB05211453	里程表	块	280	
6	FB05211454	组合表	个	850	
7	FB05211455	缓速器	个	30	
8	FB05211456	胶垫	个	30	

配件信息　供应商信息　1月

	A	B	C	D
1	序号	供应商名称	主要负责人	负责人联系电话
2	1	北京**汽车有限公司	李**	183****4569
3	2	上海**专用汽车有限公司	王**	177****9636
4	3	广州**汽车有限公司	张**	187****9635
5	4	上海**汽车有限公司	赵**	136****5245
6	5	成都**汽车有限公司	黄**	155****6945
7	6	大连**汽车有限公司	何**	136****4445
8	7	深圳**汽车有限公司	肖**	152****4587

配件信息　供应商信息　1月　2月　3月

	A	B	C	D
1	日期	销售额(万元)		
2	2020年1月1日	23		
3	2020年1月2日	30		
4	2020年1月3日	25		
5	2020年1月4日	42		
6	2020年1月5日	36		
7	2020年1月6日	23		
8	2020年1月7日	41		

配件信息　供应商信息　1月　2月

073　在一个工作表中插入空白行

◎ 代码文件：在一个工作表中插入空白行.py
◎ 数据文件：工资表.xlsx

◎ 应用场景

　　要在工作表中插入一行新数据，就需要先插入一个空白行。如下图所示，在工作簿"工资表.xlsx"的工作表"工资表"中，遗漏了员工编号为"HS0005"员工的工资数据，现在需要在第 6 行上方插入一个空白行，以输入该员工的数据。

	A	B	C	D	E	F	G	H	I
1	员工编号	姓名	基本薪资	加班费	绩效工资	社保扣款	缺勤扣款	实付工资	
2	HS0001	张**	¥2,200	¥1,200	¥2,000	¥400	¥100	¥4,900	
3	HS0002	王**	¥4,200	¥1,200	¥1,000	¥500	¥200	¥5,700	
4	HS0003	李**	¥3,000	¥200	¥2,000	¥600	¥200	¥4,400	
5	HS0004	赵**	¥2,200	¥500	¥1,800	¥400	¥0	¥4,100	
6	HS0006	何**	¥3,600	¥1,500	¥2,000	¥300	¥200	¥6,600	
7	HS0007	辛**	¥2,500	¥1,600	¥4,000	¥300	¥200	¥7,600	
8	HS0008	屈**	¥2,600	¥2,000	¥6,000	¥500	¥100	¥10,000	
9	HS0009	董**	¥3,000	¥2,600	¥2,000	¥500	¥0	¥7,100	
10	HS0010	元**	¥3,000	¥300	¥3,000	¥600	¥0	¥5,700	
11									

工资表　　就绪

◎ 实现代码

```
1  from openpyxl import load_workbook  # 导入openpyxl模块中的load_workbook()函数
2  workbook = load_workbook('工资表.xlsx')  # 打开要插入空白行的工作表所在的工作簿
3  worksheet = workbook['工资表']  # 指定要插入空白行的工作表
4  worksheet.insert_rows(6, 1)  # 在工作表的指定位置插入空白行
5  workbook.save('工资表1.xlsx')  # 另存工作簿
```

◎ 代码解析

　　第 1 行代码用于导入 openpyxl 模块中的 load_workbook() 函数。

　　第 2 行和第 3 行代码用于打开工作簿"工资表.xlsx"，并指定要插入空白行的工作表"工资表"。读者可根据实际需求修改第 2 行代码中工作簿的文件路径和第 3 行代码中工作表的名称。

　　第 4 行代码用于在工作表的指定位置插入空白行，这里是在第 6 行上方插入一个空白行，也可以写成"worksheet.insert_rows(6)"。如果要在第 6 行上方插入 3 个空白行，则将该行代码

修改为"worksheet.insert_rows(6, 3)",其余情况可依此类推。

第 5 行代码用于将工作簿另存为"工资表 1.xlsx",读者可根据实际需求修改文件路径。

◎ 知识延伸

(1)第 1 行代码中的 openpyxl 模块可读写和修改".xlsx"格式的工作簿(不支持操作".xls"格式工作簿)。这行代码从 openpyxl 模块中导入的 load_workbook() 函数用于读取工作簿数据。

(2)第 4 行代码中的 insert_rows() 是 openpyxl 模块中工作表对象的函数,用于在工作表的指定位置插入指定数量的空白行。该函数的第 1 个参数是插入空白行的位置,第 2 个参数是插入空白行的数量。如果只插入一个空白行,则第 2 个参数可以省略。

◎ 运行结果

运行本案例的代码后,打开生成的工作簿"工资表 1.xlsx",在工作表"工资表"中可以看到原来的第 6 行(插入空白行后变为第 7 行)上方插入了一个空白行,如下图所示。

	A	B	C	D	E	F	G	H	I
1	员工编号	姓名	基本薪资	加班费	绩效工资	社保扣款	缺勤扣款	实付工资	
2	HS0001	张**	¥2,200	¥1,200	¥2,000	¥400	¥100	¥4,900	
3	HS0002	王**	¥4,200	¥1,200	¥1,000	¥500	¥200	¥5,700	
4	HS0003	李**	¥3,000	¥200	¥2,000	¥600	¥200	¥4,400	
5	HS0004	赵**	¥2,200	¥500	¥1,800	¥400	¥0	¥4,100	
6									
7	HS0006	何**	¥3,600	¥1,500	¥2,000	¥300	¥200	¥6,600	
8	HS0007	辛**	¥2,500	¥1,600	¥4,000	¥300	¥200	¥7,600	
9	HS0008	屈**	¥2,600	¥2,000	¥6,000	¥500	¥100	¥10,000	
10	HS0009	董**	¥3,000	¥2,600	¥2,000	¥500	¥0	¥7,100	

工资表 ⊕

就绪

074 在一个工作表中每隔一行插入空白行

◎ 代码文件:在一个工作表中每隔一行插入空白行.py
◎ 数据文件:工资表1.xlsx

◎ 应用场景

如果要在工作表中每隔一行数据就插入若干空白行,可以通过合理设置 insert_

rows() 函数的参数来实现。如下图所示为工作簿"工资表 1.xlsx"的工作表"工资表"中的数据，现要在每个员工的数据行下方插入两个空白行。

	A	B	C	D	E	F	G	H	I
1	员工编号	姓名	基本薪资	加班费	绩效工资	社保扣款	缺勤扣款	实付工资	
2	HS0001	张**	¥2,200	¥1,200	¥2,000	¥400	¥100	¥4,900	
3	HS0002	王**	¥4,200	¥1,200	¥1,000	¥500	¥200	¥5,700	
4	HS0003	李**	¥3,000	¥200	¥2,000	¥600	¥200	¥4,400	
5	HS0004	赵**	¥2,200	¥500	¥1,800	¥400	¥0	¥4,100	
6	HS0005	钱**	¥4,800	¥300	¥3,000	¥500	¥500	¥7,100	
7	HS0006	何**	¥3,600	¥1,500	¥2,000	¥300	¥200	¥6,600	
8	HS0007	辛**	¥2,500	¥1,600	¥4,000	¥300	¥200	¥7,600	
9	HS0008	屈**	¥2,600	¥2,000	¥6,000	¥500	¥100	¥10,000	
10	HS0009	董**	¥3,000	¥2,600	¥2,000	¥500	¥0	¥7,100	
11	HS0010	元**	¥3,000	¥300	¥3,000	¥600	¥0	¥5,700	
12									

工资表

◎ 实现代码

```
1   from openpyxl import load_workbook  # 导入openpyxl模块中的load_
    workbook()函数
2   workbook = load_workbook('工资表1.xlsx')  # 打开要插入空白行的工作表
    所在的工作簿
3   worksheet = workbook['工资表']  # 指定要插入空白行的工作表
4   num = 2  # 设置插入空白行的数量
5   last_num = worksheet.max_row  # 获取工作表数据区域的行数
6   for i in range(0, last_num):  # 遍历工作表中的数据行
7       worksheet.insert_rows(i * (num + 1) + 3, num)  # 插入空白行
8   workbook.save('工资表2.xlsx')  # 另存工作簿
```

◎ 代码解析

第 2 行和第 3 行代码用于打开工作簿"工资表 1.xlsx"，并指定工作表"工资表"。读者可根据实际需求修改第 2 行代码中工作簿的文件路径和第 3 行代码中工作表的名称。

第 4 行代码用于指定插入空白行的数量，读者可根据实际需求修改。第 5 行代码用于获取工作表中数据区域的行数。

第 6 行和第 7 行代码用于在工作表中每个员工的数据行下方插入两个空白行。如果要在标题行下方也插入空白行，则将第 7 行代码中的"3"修改为"2"。

第 8 行代码用于将工作簿另存为"工资表 2.xlsx"，读者可根据实际需求修改文件路径。

◎ 知识延伸

（1）第 5 行代码中的 max_row 是 openpyxl 模块中工作表对象的属性，用于获取工作表中数据区域的行数。

（2）第 7 行代码中的 insert_rows() 函数在案例 073 中介绍过，这里不再赘述。

◎ 运行结果

运行本案例的代码后，打开生成的工作簿"工资表 2.xlsx"，在工作表"工资表"中可以看到每个员工的数据行下方都插入了两个空白行，如下图所示。

	A	B	C	D	E	F	G	H	I
1	员工编号	姓名	基本薪资	加班费	绩效工资	社保扣款	缺勤扣款	实付工资	
2	HS0001	张**	¥2,200	¥1,200	¥2,000	¥400	¥100	¥4,900	
3									
4									
5	HS0002	王**	¥4,200	¥1,200	¥1,000	¥500	¥200	¥5,700	
6									
7									
8	HS0003	李**	¥3,000	¥200	¥2,000	¥600	¥200	¥4,400	
9									
10									
11	HS0004	赵**	¥2,200	¥500	¥1,800	¥400	¥0	¥4,100	
12									

工资表

075　在一个工作表中插入空白列

◎ 代码文件：在一个工作表中插入空白列.py
◎ 数据文件：新能源汽车备案信息.xlsx

◎ 应用场景

利用 openpyxl 模块能在工作表中插入空白行，自然也能在工作表中插入空白列。

　　如下图所示为工作簿"新能源汽车备案信息.xlsx"的工作表"汽车备案信息"中的数据，现在要在 E 列前插入一个空白列。

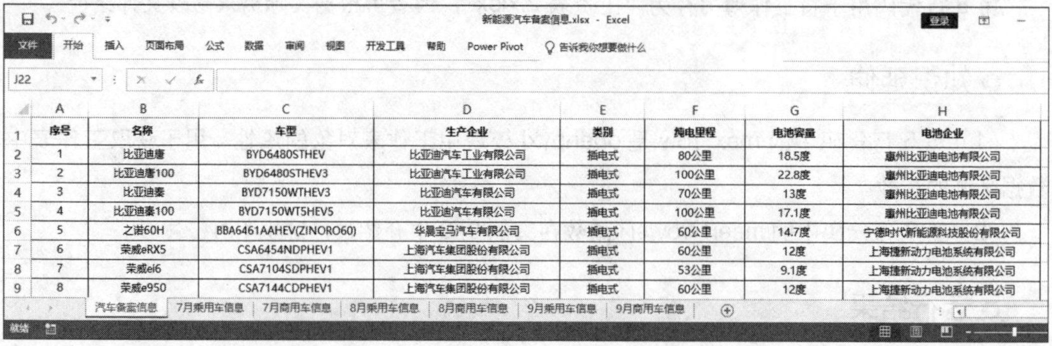

◎ 实现代码

```
1  from openpyxl import load_workbook  # 导入openpyxl模块中的load_
   workbook()函数
2  workbook = load_workbook('新能源汽车备案信息.xlsx')  # 打开要插入空白
   列的工作表所在的工作簿
3  worksheet = workbook['汽车备案信息']  # 指定要插入空白列的工作表
4  worksheet.insert_cols(5, 1)  # 在工作表的指定位置插入空白列
5  workbook.save('新能源汽车备案信息1.xlsx')  # 另存工作簿
```

◎ 代码解析

　　第 2 行和第 3 行代码用于打开工作簿"新能源汽车备案信息.xlsx"，并指定要插入空白列的工作表"汽车备案信息"。读者可根据实际需求修改第 2 行代码中工作簿的文件路径和第 3 行代码中工作表的名称。

　　第 4 行代码用于在工作表的指定位置插入空白列，这里是在第 5 列（即 E 列）前面插入一个空白列，也可以写成"worksheet.insert_cols(5)"。如果要在第 5 列前面插入 3 个空白列，则将该行代码修改为"worksheet.insert_cols(5, 3)"，其余情况可依此类推。

　　第 5 行代码用于另存工作簿，读者可根据实际需求修改文件路径。

◎ 知识延伸

第 4 行代码中的 insert_cols() 是 openpyxl 模块中工作表对象的函数，用于在工作表的指定位置插入指定数量的空白列。该函数的第 1 个参数是插入空白列的位置，第 2 个参数是插入空白列的数量。如果只插入一个空白列，则第 2 个参数可以省略。

◎ 运行结果

运行本案例的代码后，打开生成的工作簿"新能源汽车备案信息 1.xlsx"，在工作表"汽车备案信息"中可以看到原来的 E 列（即原来的第 5 列，插入空白列后变为第 6 列，即 F 列）前插入了一个空白列，如下图所示。

	A	B	C	D	E	F	G	H	I
1	序号	名称	车型	生产企业		类别	纯电里程	电池容量	电池企业
2	1	比亚迪唐	BYD6480STHEV	比亚迪汽车工业有限公司		插电式	80公里	18.5度	惠州比亚迪电池有限公司
3	2	比亚迪唐100	BYD6480STHEV3	比亚迪汽车工业有限公司		插电式	100公里	22.8度	惠州比亚迪电池有限公司
4	3	比亚迪秦	BYD7150WTHEV3	比亚迪汽车有限公司		插电式	70公里	13度	惠州比亚迪电池有限公司
5	4	比亚迪唐100	BYD7150WT5HEV5	比亚迪汽车有限公司		插电式	100公里	17.1度	惠州比亚迪电池有限公司
6	5	之诺60H	BBA6461AAHEV(ZINORO60)	华晨宝马汽车有限公司		插电式	60公里	14.7度	宁德时代新能源科技股份有限公司
7	6	荣威eRX5	CSA6454NDPHEV	上海汽车集团股份有限公司		插电式	60公里	12度	上海捷新动力电池系统有限公司
8	7	荣威ei6	CSA7104SDPHEV1	上海汽车集团股份有限公司		插电式	53公里	9.1度	上海捷新动力电池系统有限公司

汽车备案信息　7月乘用车信息　7月商用车信息　8月乘用车信息　8月商用车信息　9月乘用车信息　9月商用车信息　⊕

076　在一个工作表中删除行

◎ 代码文件：在一个工作表中删除行.py
◎ 数据文件：新能源汽车备案信息.xlsx

◎ 应用场景

如果要在一个工作表中从指定位置开始删除指定数量的行，也可以用 openpyxl 模块来实现。

◎ 实现代码

```
1   from openpyxl import load_workbook  # 导入openpyxl模块中的load_
    workbook()函数
```

```
2  workbook = load_workbook('新能源汽车备案信息.xlsx')  # 打开要删除行的
   工作表所在的工作簿
3  worksheet = workbook['汽车备案信息']  # 指定要删除行的工作表
4  worksheet.delete_rows(5, 2)  # 在工作表的指定位置删除行
5  workbook.save('新能源汽车备案信息1.xlsx')  # 另存工作簿
```

◎ 代码解析

第 2 行和第 3 行代码用于打开工作簿，并指定要删除行的工作表。读者可根据实际需求修改第 2 行代码中工作簿的文件路径和第 3 行代码中工作表的名称。

第 4 行代码用于在工作表的指定位置删除行，其中的"5"表示从第 5 行开始删除，"2"表示删除两行，其余情况可依此类推。

第 5 行代码用于另存工作簿，读者可根据实际需求修改文件路径。

◎ 知识延伸

第 4 行代码中的 delete_rows() 是 openpyxl 模块中工作表对象的函数，用于从工作表的指定位置删除指定数量的行。该函数的第 1 个参数是删除的起始位置，第 2 个参数是要删除的行数。如果只删除一行，则第 2 个参数可以省略。

◎ 运行结果

运行本案例的代码后，打开生成的工作簿"新能源汽车备案信息 1.xlsx"，在工作表"汽车备案信息"中可以看到从第 5 行开始删除两行数据后的效果，如下图所示。

	A	B	C	D	E	F	G	H
1	序号	名称	车型	生产企业	类别	插电里程	电池容量	电池企业
2	1	比亚迪唐	BYD6480STHEV	比亚迪汽车工业有限公司	插电式	80公里	18.5度	惠州比亚迪电池有限公司
3	2	比亚迪唐100	BYD6480STHEV3	比亚迪汽车工业有限公司	插电式	100公里	22.8度	惠州比亚迪电池有限公司
4	3	比亚迪秦	BYD7150WTHEV3	比亚迪汽车有限公司	插电式	70公里	13度	惠州比亚迪电池有限公司
5	6	荣威eRX5	CSA6454NDPHEV1	上海汽车集团股份有限公司	插电式	60公里	12度	上海捷新动力电池系统有限公司
6	7	荣威ei6	CSA7104SDPHEV1	上海汽车集团股份有限公司	插电式	53公里	9.1度	上海捷新动力电池系统有限公司
7	8	荣威e950	CSA7144CDPHEV1	上海汽车集团股份有限公司	插电式	60公里	12度	上海捷新动力电池系统有限公司
8	9	荣威e550	CSA7154TDPHEV	上海汽车集团股份有限公司	插电式	60公里	11.8度	上海捷新动力电池系统有限公司
9	10	S60L	VCC7204C13PHEV	浙江豪情汽车制造有限公司	插电式	53公里	8度	威睿电动汽车技术(苏州)有限公司

汽车备案信息 | 7月乘用车信息 | 7月商用车信息 | 8月乘用车信息 | 8月商用车信息 | 9月乘用车信息 | 9月商用车信息 ⊕

077 在一个工作表中删除列（方法一）

◎ 代码文件：在一个工作表中删除列（方法一）.py
◎ 数据文件：新能源汽车备案信息.xlsx

◎ 应用场景

学习了删除行的方法，接着学习删除列的方法。删除列的常用方法有两种，本案例先介绍第 1 种方法：用 openpyxl 模块中的 delete_cols() 函数删除列。

◎ 实现代码

```
1  from openpyxl import load_workbook  # 导入openpyxl模块中的load_
   workbook()函数
2  workbook = load_workbook('新能源汽车备案信息.xlsx')  # 打开要删除列的
   工作表所在的工作簿
3  worksheet = workbook['汽车备案信息']  # 指定要删除列的工作表
4  worksheet.delete_cols(5, 2)  # 在工作表的指定位置删除列
5  workbook.save('新能源汽车备案信息1.xlsx')  # 另存工作簿
```

◎ 代码解析

第 2 行和第 3 行代码用于打开工作簿，并指定要删除列的工作表。读者可根据实际需求修改第 2 行代码中工作簿的文件路径和第 3 行代码中工作表的名称。

第 4 行代码用于在工作表的指定位置删除列，其中的"5"表示从第 5 列开始删除，"2"表示删除两列，其余情况可依此类推。

◎ 知识延伸

第 4 行代码中的 delete_cols() 是 openpyxl 模块中工作表对象的函数，用于从工作表的指定位置删除指定数量的列。该函数的第 1 个参数是删除列的起始位置，第 2 个参数是要删除的列数。如果只删除一列，则第 2 个参数可以省略。

◎ 运行结果

运行本案例的代码后，打开生成的工作簿"新能源汽车备案信息 1.xlsx"，在工作表"汽车备案信息"中可以看到从第 5 列（E 列）开始删除两列数据后的效果，如下图所示。

	A	B	C	D	E	F
1	序号	名称	车型	生产企业	电池容量	电池企业
2	1	比亚迪唐	BYD6480STHEV	比亚迪汽车工业有限公司	18.5度	惠州比亚迪电池有限公司
3	2	比亚迪唐100	BYD6480STHEV3	比亚迪汽车工业有限公司	22.8度	惠州比亚迪电池有限公司
4	3	比亚迪秦	BYD7150WTHEV3	比亚迪汽车有限公司	13度	惠州比亚迪电池有限公司
5	4	比亚迪秦100	BYD7150WT5HEV5	比亚迪汽车有限公司	17.1度	惠州比亚迪电池有限公司
6	5	之诺60H	BBA6461AAHEV(ZINORO60)	华晨宝马汽车有限公司	14.7度	宁德时代新能源科技股份有限公司
7	6	荣威eRX5	CSA6454NDPHEV1	上海汽车集团股份有限公司	12度	上海捷新动力电池系统有限公司
8	7	荣威ei6	CSA7104SDPHEV1	上海汽车集团股份有限公司	9.1度	上海捷新动力电池系统有限公司
9	8	荣威e950	CSA7144CDPHEV1	上海汽车集团股份有限公司	12度	上海捷新动力电池系统有限公司

汽车备案信息 | 7月乘用车信息 | 7月商用车信息 | 8月乘用车信息 | 8月商用车信息 | 9月乘用车信息 | 9月商用车信息 ⊕

078   在一个工作表中删除列（方法二）

◎ 代码文件：在一个工作表中删除列（方法二）.py
◎ 数据文件：销售表.xlsx

◎ 应用场景

本案例要讲解删除列的第 2 种方法：用 pandas 模块读取工作簿中的数据，然后用 drop() 函数删除列，再将数据写入工作簿。

◎ 实现代码

```
1   import pandas as pd   导入pandas模块
2   data = pd.read_excel('销售表.xlsx', sheet_name=0)   # 读取工作簿中第1
    个工作表的数据
3   data.drop(columns=['成本价', '产品成本'], inplace=True)   # 删除指定列
4   data.to_excel('销售表1.xlsx', sheet_name='总表', index=False)   # 将
    删除列后的数据写入新工作簿的工作表中
```

◎ 代码解析

第 2 行代码用于读取工作簿"销售表.xlsx"的第 1 个工作表中的数据，读者可根据实际需求修改工作簿的文件路径和工作表的序号。

第 3 行代码用于删除列名为"成本价"和"产品成本"的列，读者可根据实际需求增减列名。

第 4 行代码用于将删除列后的数据写入新工作簿"销售表 1.xlsx"的工作表"总表"中，读者可根据实际需求修改工作簿的文件路径和工作表的名称。

◎ 知识延伸

第 3 行代码中的 drop() 是 pandas 模块中 DataFrame 对象的函数，用于删除 DataFrame 中的列数据。该函数的参数 columns 用于指定要删除的列；参数 inplace 默认值为 False，表示该删除操作不改变原 DataFrame，而是返回一个执行删除操作后的新 DataFrame，如果设置为 True，则会直接在原 DataFrame 中进行删除操作。

◎ 运行结果

运行本案例的代码后，打开生成的工作簿"销售表 1.xlsx"，在工作表"总表"中适当调整字体格式和数据格式，得到如下图所示的表格效果。

	A	B	C	D	E	F	G	H
1	单号	销售日期	产品名称	销售价	销售数量	销售金额	利润	
2	20200001	2020/1/1	离合器	¥55	60	¥3,300	¥2,100	
3	20200002	2020/1/2	操纵杆	¥109	45	¥4,905	¥2,205	
4	20200003	2020/1/3	转速表	¥350	50	¥17,500	¥7,500	
5	20200004	2020/1/4	离合器	¥55	23	¥1,265	¥805	
6	20200005	2020/1/5	里程表	¥1,248	26	¥32,448	¥10,348	
7	20200006	2020/1/6	操纵杆	¥109	85	¥9,265	¥4,165	
8	20200007	2020/1/7	转速表	¥350	78	¥27,300	¥11,700	

079　在一个工作表中追加行数据

◎ 代码文件：在一个工作表中追加行数据.py
◎ 数据文件：产品信息表.xlsx

◎ 应用场景

如右图所示为工作簿"产品信息表.xlsx"中工作表"供应商信息"的数据。现在要在该工作表中现有数据的下方追加两行数据。

	A	B	C	D
1	序号	供应商名称	主要负责人	负责人联系电话
2	1	北京**汽车有限公司	李**	183****4569
3	2	上海**专用汽车有限公司	王**	177****9636
4	3	广州**汽车有限公司	张**	187****9635
5	4	上海**汽车有限公司	赵**	136****5245
6	5	成都**汽车有限公司	黄**	155****6945
7	6	大连**汽车有限公司	何**	136****4445
8	7	深圳**汽车有限公司	肖**	152****4587
9				

配件信息　供应商信息　⊕

◎ 实现代码

```
1   import xlwings as xw   # 导入xlwings模块
2   app = xw.App(visible=False, add_book=False)  # 启动Excel程序
3   new_data = [['8', '重庆**汽车有限公司', '孙**', '187****2245'], ['9',
    '四川**汽车有限公司', '肖**', '177****2245']]   # 给出要追加的行数据
4   workbook = app.books.open('产品信息表.xlsx')  # 打开要追加数据的工作簿
5   worksheet = workbook.sheets['供应商信息']  # 指定要追加数据的工作表
6   data = worksheet.range('A1').expand('table')  # 选择工作表中已有数据
    的单元格区域
7   num = data.shape[0]  # 获取已有数据的单元格区域的行数
8   worksheet.range(num + 1, 1).value = new_data  # 在已有数据的单元格区
    域的下一行追加行数据
9   workbook.save()  # 保存工作簿
10  workbook.close()  # 关闭工作簿
11  app.quit()  # 退出Excel程序
```

◎ 代码解析

第 3 行代码给出了要追加的行数据，读者可根据实际需求修改数据的内容。

第 4～6 行代码用于打开工作簿"产品信息表.xlsx"并指定工作表"供应商信息"，然后选择工作表中已有数据的单元格区域。读者可根据实际需求修改工作簿文件路径和工作表名称。

第7行代码用于获取已有数据的单元格区域的行数。

第8行代码用于在已有数据的单元格区域下一行追加第3行代码给出的行数据。

◎ 知识延伸

（1）第7行代码中的shape是xlwings模块中Range对象的属性，返回的是一个包含两个元素的元组，两个元素分别为单元格区域的行数和列数。因此，第7行代码中的data.shape[0]表示获取单元格区域的行数。如果要获取单元格区域的列数，则为data.shape[1]。

（2）第8行代码用range()函数选择单元格区域：range(1, 1)表示选择第1行第1列，即单元格A1；range(2, 1)表示选择第2行第1列，即单元格A2……由此可知，range(num + 1, 1)表示选择A列中已有数据的单元格下一行的单元格。

◎ 运行结果

运行本案例的代码后，打开工作簿"产品信息表.xlsx"，在工作表"供应商信息"中可看到新增的两行数据，如右图所示。

序号	供应商名称	主要负责人	负责人联系电话
1	北京**汽车有限公司	李**	183****4569
2	上海**专用汽车有限公司	王**	177****9636
3	广州**汽车有限公司	张**	187****9635
4	上海**汽车有限公司	赵**	136****5245
5	成都**汽车有限公司	黄**	155****6945
6	大连**汽车有限公司	何**	136****4445
7	深圳**汽车有限公司	肖**	152****4587
8	重庆**汽车有限公司	孙**	187****2245
9	四川**汽车有限公司	肖**	177****2245

配件信息　供应商信息

---

080 在多个工作簿的同名工作表中追加行数据

◎ 代码文件：在多个工作簿的同名工作表中追加行数据.py
◎ 数据文件：区域销售统计（文件夹）

◎ 应用场景

如下页左图所示，文件夹"区域销售统计"下有3个工作簿。打开任意一个工作簿，可看到其中的工作表"供应商信息"中的数据效果，如下页右图所示。现要在这3个工作簿的同名工作表"供应商信息"中追加相同的行数据。

	A	B	C	D
1	序号	供应商名称	主要负责人	负责人联系电话
2	1	北京**汽车有限公司	李**	183****4569
3	2	上海**专用汽车有限公司	王**	177****9636
4	3	广州**汽车有限公司	张**	187****9635
5	4	上海**汽车有限公司	赵**	136****5245
6	5	成都**汽车有限公司	黄**	155****6945
7	6	大连**汽车有限公司	何**	136****4445
8	7	深圳**汽车有限公司	肖**	152****4587
9				

配件信息 供应商信息 1月 2月 3月 4月 5月 6月 ⊕

◎ 实现代码

```
1   from pathlib import Path  # 导入pathlib模块中的Path类
2   import xlwings as xw  # 导入xlwings模块
3   app = xw.App(visible=False, add_book=False)  # 启动Excel程序
4   folder_path = Path('F:\\python\\第4章\\区域销售统计\\')  # 给出要追
    加数据的工作簿所在文件夹的路径
5   file_list = folder_path.glob('*.xls*')  # 获取文件夹下所有工作簿的文
    件路径
6   new_data = [['8', '重庆**汽车有限公司', '孙**', '187****2245'], ['9',
    '四川**汽车有限公司', '肖**', '177****2245']]  # 给出要追加的行数据
7   for i in file_list:  # 遍历获取的文件路径
8       workbook = app.books.open(i)  # 打开要追加数据的工作簿
9       worksheet = workbook.sheets['供应商信息']  # 指定工作表
10      data = worksheet.range('A1').expand('table')  # 选择工作表中已有
        数据的单元格区域
11      num = data.shape[0]  # 获取已有数据的单元格区域的行数
12      worksheet.range(num + 1, 1).value = new_data  # 在已有数据的单元
        格区域的下一行追加行数据
13      workbook.save()  # 保存工作簿
14      workbook.close()  # 关闭工作簿
15  app.quit()  # 退出Excel程序
```

◎ 代码解析

第 4 行和第 5 行代码用于获取指定文件夹下所有工作簿的文件路径，读者可根据实际需求修改第 4 行代码中的文件夹路径。

第 6 行代码给出了要追加的行数据，读者可根据实际需求修改数据的内容。

第 7～14 行代码用于逐个打开文件夹中的工作簿，并在工作表"供应商信息"中追加行数据。读者可根据实际需求修改第 9 行代码中的工作表名称。

◎ 知识延伸

第 11 行代码中的 shape 属性在案例 079 中介绍过，这里不再赘述。

◎ 运行结果

运行本案例的代码后，打开文件夹"区域销售统计"下的任意一个工作簿,在工作表"供应商信息"中可以看到新增的行数据，如右图所示。

	A	B	C	D	E
1	序号	供应商名称	主要负责人	负责人联系电话	
2	1	北京**汽车有限公司	李**	183****4569	
3	2	上海**专用汽车有限公司	王**	177****9636	
4	3	广州**汽车有限公司	张**	187****9635	
5	4	上海**汽车有限公司	赵**	136****5245	
6	5	成都**汽车有限公司	黄**	155****6945	
7	6	大连**汽车有限公司	何**	136****4445	
8	7	深圳**汽车有限公司	肖**	152****4587	
9	8	重庆**汽车有限公司	孙**	187****2245	
10	9	四川**汽车有限公司	肖**	177****2245	
11					

配件信息 | 供应商信息 | 1月 | 2月 | 3月 | 4月 | 5月 | 6月 | ⊕

081 在一个工作表中追加列数据

◎ 代码文件：在一个工作表中追加列数据.py
◎ 数据文件：销售表.xlsx

◎ 应用场景

如下页图所示为工作簿"销售表.xlsx"中的产品销售数据。现在需要根据利润为每一行数据划分等级：大于 10000 的标为"优"，大于 5000 且小于等于 10000 的标为"良"，小于等于 5000 的标为"差"。将等级标签写入"利润"列右侧的列中。

◎ 实现代码

```
1   import pandas as pd  # 导入pandas模块
2   data = pd.read_excel('销售表.xlsx', sheet_name=0)  # 读取工作簿中第1
    个工作表的数据
3   max_data = data['利润'].max()  # 获取"利润"列数据的最大值
4   level = [0, 5000, 10000, max_data]  # 设置各等级的边界值
5   level_names = ['差', '良', '优']  # 设置等级标签
6   data['等级'] = pd.cut(data['利润'], level, labels=level_names)  # 插
    入"等级"列
7   data.to_excel('销售表1.xlsx', sheet_name='总表', index=False)  # 将
    插入"等级"列后的数据写入新工作簿的工作表中
```

◎ 代码解析

第 2 行代码用于读取工作簿"销售表.xlsx"中第 1 个工作表的数据，读者可根据实际需求修改工作簿的文件路径和要读取的工作表。

第 3 行代码用于获取"利润"列数据的最大值，读者可根据实际需求修改列名。

第 4 行和第 5 行代码创建了两个列表：第 1 个列表是各等级的边界值，第 2 个列表是各等级的相应标签。读者可根据实际需求修改这两个列表的内容。

第 6 行代码用于插入"等级"列，该列的内容是按照第 4 行和第 5 行代码的设置对"利润"列的数据进行等级划分的结果。读者可根据实际需求修改这行代码中的列名。

第 7 行代码用于将插入"等级"列后的全部数据写入新工作簿"销售表 1.xlsx"的工作表"总

表"中，读者可根据实际需求修改新工作簿的文件路径和工作表的名称。

◎ 知识延伸

（1）第 3 行代码中的 max() 是 pandas 模块中的函数，用于获取一组数据的最大值。

（2）第 6 行代码中的 cut() 是 pandas 模块中的函数，用于对数据按区间进行划分。该函数的第 1 个参数是要划分的数组对象；第 2 个参数是各区间的边界值；参数 labels 表示根据第 2 个参数的边界值划分区间后为落在各区间内的数据打上的标签。

◎ 运行结果

运行本案例的代码后，打开生成的工作簿"销售表 1.xlsx"，在工作表"总表"中可看到插入的"等级"列，如下图所示。

	A	E	C	D	E	F	G	H	I	J
1	单号	销售日期	产品名称	成本价	销售价	销售数量	产品成本	销售金额	利润	等级
2	20200001	2020/1/1	离合器	¥20	¥55	60	¥1,200	¥3,300	¥2,100	差
3	20200002	2020/1/2	操纵杆	¥60	¥109	45	¥2,700	¥4,905	¥2,205	差
4	20200003	2020/1/3	转速表	¥200	¥350	50	¥10,000	¥17,500	¥7,500	良
5	20200004	2020/1/4	离合器	¥20	¥55	23	¥460	¥1,265	¥805	差
6	20200005	2020/1/5	里程表	¥850	¥1,248	26	¥22,100	¥32,448	¥10,348	优
7	20200006	2020/1/6	操纵杆	¥60	¥109	85	¥5,100	¥9,265	¥4,165	差
8	20200007	2020/1/7	转速表	¥200	¥350	78	¥15,600	¥27,300	¥11,700	优
9	20200008	2020/1/8	转速表	¥200	¥350	100	¥20,000	¥35,000	¥15,000	优
10	20200009	2020/1/9	离合器	¥20	¥55	25	¥500	¥1,375	¥875	差
11	20200010	2020/1/10	转速表	¥200	¥350	850	¥170,000	¥297,500	¥127,500	优

082 提取一个工作表的行数据和列数据

◎ 代码文件：提取一个工作表的行数据和列数据.py
◎ 数据文件：销售表.xlsx

◎ 应用场景

如果要从工作表中提取部分数据，如前 10 行的销售数据、产品的利润数据或者部分单元格的数据，在 Excel 中需要手动选择单元格区域再复制、粘贴，操作起来比较费时费力。本案例要通过编写 Python 代码快速从工作表中提取需要的数据。

◎ 实现代码

```
1   import pandas as pd  # 导入pandas模块
2   data = pd.read_excel('销售表.xlsx', sheet_name='总表')  # 读取工作簿
    中指定工作表的数据
3   row_data = data.iloc[0:10]  # 提取前10行数据
4   col_data = data[['单号', '销售日期', '产品名称', '利润']]  # 提取指定
    列的数据
5   range_data = data.iloc[0:5][['单号', '销售日期', '产品名称', '利
    润']]  # 提取单元格区域的数据
6   row_data.to_excel('提取行数据.xlsx', sheet_name='前10行数据', index=
    False)  # 将提取的行数据写入新工作簿的工作表
7   col_data.to_excel('提取列数据.xlsx', sheet_name='利润表', index=
    False)  # 将提取的列数据写入新工作簿的工作表
8   range_data.to_excel('提取数据.xlsx', sheet_name='Sheet1', index=
    False)  # 将提取的单元格区域数据写入新工作簿的工作表
```

◎ 代码解析

第 2 行代码用于读取工作簿"销售表.xlsx"中工作表"总表"的数据，读者可根据实际需求修改工作簿的文件路径和要读取的工作表。

第 3 行代码用于提取前 10 行数据（不含表头），读者可根据实际需求修改行序号。

第 4 行代码用于根据列名提取列数据，这里提取的列为"单号""销售日期""产品名称""利润"。读者可根据实际需求修改列名。

第 5 行代码用于提取单元格区域的数据，这里提取的是前 5 行中"单号""销售日期""产品名称""利润"这 4 列的数据。读者可根据实际需求修改行序号和列名。

第 6～8 行代码用于将提取的数据分别写入新工作簿的工作表中。

◎ 知识延伸

第 3 行和第 5 行代码中的 iloc 属性在案例 063 中介绍过，这里不再赘述。

◎ 运行结果

运行本案例的代码后，打开生成的工作簿 "提取行数据.xlsx"，在工作表 "前 10 行数据" 中可看到提取的前 10 行数据，如右图所示。

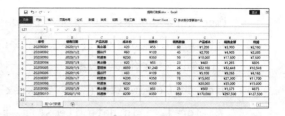

打开工作簿 "提取列数据.xlsx"，在工作表 "利润表" 中可看到提取的列数据，如下左图所示。打开工作簿 "提取数据.xlsx"，在工作表 "Sheet1" 中可看到提取的单元格数据，如下右图所示。

083 提取一个工作簿中所有工作表的行数据

◎ 代码文件：提取一个工作簿中所有工作表的行数据.py
◎ 数据文件：办公用品采购表.xlsx

◎ 应用场景

如右图所示，工作簿 "办公用品采购表.xlsx" 中有 12 个工作表，分别记录了从 1 月到 12 月的办公用品采购数据。现在需要批量提取各个工作表中的前 5 行数据。

◎ **实现代码**

```python
import pandas as pd  # 导入pandas模块
data = pd.read_excel('办公用品采购表.xlsx', sheet_name=None)  # 读取
工作簿中所有工作表的数据
with pd.ExcelWriter('提取表.xlsx') as workbook:  # 新建工作簿
    for i, j in data.items():  # 遍历读取的工作表
        row_data = j.iloc[0:5]  # 提取行数据
        row_data.to_excel(workbook, sheet_name=i, index=False)  # 将
        提取的行数据写入新建工作簿的工作表中
```

◎ **代码解析**

第 2 行代码用于读取工作簿 "办公用品采购表.xlsx" 中所有工作表的数据，第 3 行代码用于新建一个空白工作簿 "提取表.xlsx"。读者可根据实际需求修改工作簿的文件路径。

第 4～6 行代码用于分别提取各个工作表的前 5 行数据，再将数据写入新建工作簿的工作表，新工作表的名称与原工作表的名称相同。读者可根据实际需求修改第 5 行代码中的行序号。如果要提取各个工作表的列数据，则将第 5 行代码修改为 "col_data = data[['单号', '销售日期', '产品名称', '利润']]"（列名可根据需求修改），并将第 6 行代码中的 "row_data" 修改为 "col_data"。

◎ **知识延伸**

第 4 行代码中的 items() 函数用于返回由字典的键和值配对组成的元组数组。演示代码如下：

```python
a = {'张三':92, '李四':80, '王五':88, '赵六':90}
print(a.items())
```

运行结果如下：

```
dict_items([('张三', 92), ('李四', 80), ('王五', 88), ('赵六', 90)])
```

◎ 运行结果

　　运行本案例的代码后，打开生成的工作簿"提取表.xlsx"，查看任意两个工作表，可看到提取出的前 5 行数据，如下左图和下右图所示。用 pandas 模块处理后的数据会丢失原来的格式，可以手动设置格式。

	A	B	C
1	采购日期	采购物品	采购金额
2	2020/1/5	纸杯	¥2,000
3	2020/1/9	复写纸	¥300
4	2020/1/15	打印机	¥298
5	2020/1/16	大头针	¥349
6	2020/1/17	中性笔	¥100
7			

1月 2月 3月 4月 5月 6月 7月

	A	B	C
1	采购日期	采购物品	采购金额
2	2020/6/1	固体胶	¥150
3	2020/6/4	广告牌	¥269
4	2020/6/7	办公桌	¥560
5	2020/6/13	办公桌	¥2,999
6	2020/6/16	订书机	¥1,099
7			

1月 2月 3月 4月 5月 6月 7月

084　替换一个工作表的数据

◎ 代码文件：替换一个工作表的数据.py
◎ 数据文件：销售表.xlsx

◎ 应用场景

　　在 Excel 中，可使用查找和替换功能批量修改数据，本案例则要通过 Python 编程达到相同的目的。如下图所示为工作簿"销售表.xlsx"的工作表"总表"中的数据，现要将其中所有的"离合器"替换为"刹车片"。

	A	B	C	D	E	F	G	H	I
1	单号	销售日期	产品名称	成本价	销售价	销售数量	产品成本	销售金额	利润
2	20200001	2020/1/1	离合器	¥20	¥55	60	¥1,200	¥3,300	¥2,100
3	20200002	2020/1/2	操纵杆	¥60	¥109	45	¥2,700	¥4,905	¥2,205
4	20200003	2020/1/3	转速表	¥200	¥350	50	¥10,000	¥17,500	¥7,500
5	20200004	2020/1/4	离合器	¥20	¥55	23	¥460	¥1,265	¥805
6	20200005	2020/1/5	里程表	¥850	¥1,248	26	¥22,100	¥32,448	¥10,348
7	20200006	2020/1/6	操纵杆	¥60	¥109	85	¥5,100	¥9,265	¥4,165
8	20200007	2020/1/7	转速表	¥200	¥350	78	¥15,600	¥27,300	¥11,700
9	20200008	2020/1/8	转速表	¥200	¥350	100	¥20,000	¥35,000	¥15,000

◎ 实现代码

```
1  import pandas as pd  # 导入pandas模块
2  data = pd.read_excel('销售表.xlsx', sheet_name=0)  # 读取工作簿中第1
   个工作表的数据
3  data = data.replace('离合器', '刹车片')  # 替换数据
4  data.to_excel('销售表1.xlsx', sheet_name='总表', index=False)  # 将
   替换后的数据写入新工作簿的工作表中
```

◎ 代码解析

第 2 行代码用于读取工作簿 "销售表.xlsx" 中第 1 个工作表的数据，读者可根据实际需求修改工作簿的文件路径和要读取的工作表。

第 3 行代码用于将工作表中所有的 "离合器" 替换为 "刹车片"。读者可根据实际需求修改被替换的内容和替换为的内容。

第 4 行代码用于将替换后的工作表数据写入新工作簿 "销售表 1.xlsx" 的工作表 "总表" 中，读者可根据实际需求修改工作簿的文件路径和工作表的名称。

◎ 知识延伸

第 3 行代码中的 replace() 是 pandas 模块中的函数，该函数不仅可以进行全表替换，而且可以在指定的列或行中进行替换。例如，在 "产品名称" 列中进行替换的代码如下：

```
1  data['产品名称'] = data['产品名称'].replace('离合器', '刹车片')
```

需要注意的是，本案例的代码中使用 replace() 函数的方式只能完成精确的查找和替换。也就是说，单元格中的值必须为 "离合器" 才能被替换为 "刹车片"，而 "电磁离合器" 或 "摩擦离合器" 则不会被相应替换为 "电磁刹车片" 或 "摩擦刹车片"。如果要对值的一部分进行查找和替换，可将 replace() 函数的参数 regex 设置为 True，例如：

```
1  data = data.replace('离合', '制动', regex=True)
```

◎ 运行结果

运行本案例的代码后，打开生成的工作簿
"销售表 1.xlsx"，可在工作表"总表"中看到
所有的"离合器"都被替换为了"刹车片"，
如右图所示。

	A	B	C	D
1	单号	销售日期	产品名称	成本价
2	20200001	2020/1/1	刹车片	¥20
3	20200002	2020/1/2	操纵杆	¥60
4	20200003	2020/1/3	转速表	¥200
5	20200004	2020/1/4	刹车片	¥20
6	20200005	2020/1/5	里程表	¥850
7	20200006	2020/1/6	操纵杆	¥60
8	20200007	2020/1/7	转速表	¥200
9	20200008	2020/1/8	转速表	¥200
10	20200009	2020/1/9	刹车片	¥20

总表

085 替换一个工作簿中所有工作表的数据

◎ 代码文件：替换一个工作簿中所有工作表的数据.py
◎ 数据文件：办公用品采购表.xlsx

◎ 应用场景

本案例要在案例 084 的基础上实现在一个工作簿中批量查找和替换所有工作表
中的数据。

◎ 实现代码

```
1   import pandas as pd   # 导入pandas模块
2   data = pd.read_excel('办公用品采购表.xlsx', sheet_name=None)   # 读取
    工作簿中所有工作表的数据
3   with pd.ExcelWriter('办公用品采购表1.xlsx') as workbook:   # 新建工作簿
4       for i, j in data.items():   # 遍历读取的工作表
5           data = j.replace('固体胶', '透明胶带')   # 替换数据
6           data.to_excel(workbook, sheet_name=i, index=False)   # 将替
            换后的数据写入新建工作簿的工作表中
```

◎ 代码解析

第 2 行代码用于读取指定工作簿中所有工作表的数据，第 3 行代码用于新建一个空白工作簿。读者可根据实际需求修改这两行代码中工作簿的文件路径。

第 4～6 行代码用于在各个工作表中进行替换，再将替换后的数据写入新建工作簿对应的工作表中。读者可根据实际需求修改被替换的内容和替换为的内容。

◎ 知识延伸

第 4 行代码中的 items() 函数在案例 083 中介绍过，第 5 行代码中的 replace() 函数在案例 084 中介绍过，这里不再赘述。

◎ 运行结果

运行本案例的代码后，打开生成的工作簿"办公用品采购表 1.xlsx"，查看任意工作表，可看到其中的"固体胶"都被替换为了"透明胶带"，如下左图和下右图所示。

	A	B	C	D
1	采购日期	采购物品	采购金额	
2	2020/1/5	纸杯	¥2,000	
3	2020/1/9	复写纸	¥300	
4	2020/1/15	打印机	¥298	
5	2020/1/16	大头针	¥349	
6	2020/1/17	中性笔	¥100	
7	2020/1/20	文件夹	¥150	
8	2020/1/21	椅子	¥345	
9	2020/1/22	透明胶带	¥360	

1月　2月　3月　4月　5月　6月　7月　8月　9月　
就绪

	A	B	C	D
1	采购日期	采购物品	采购金额	
2	2020/6/1	透明胶带	¥150	
3	2020/6/4	广告牌	¥269	
4	2020/6/7	办公桌	¥560	
5	2020/6/13	办公桌	¥2,999	
6	2020/6/16	订书机	¥1,099	
7	2020/6/19	订书机	¥112	
8	2020/6/25	交换机	¥50	
9	2020/6/30	路由器	¥400	

1月　2月　3月　4月　5月　6月　7月　8月　9月　
选定目标区域，然后按 ENTER 或选择"粘贴"

086　替换一个工作表的列数据

◎ 代码文件：替换一个工作表的列数据.py
◎ 数据文件：产品信息表1.xlsx

◎ 应用场景

如下页图所示为工作簿"产品信息表 1.xlsx"的工作表"配件信息"中的数据，

本案例要通过编写 Python 代码将该工作表中"单价"列的数据增加 10%。

	A	B	C	D	E
1	配件编号	配件名称	单位	单价	
2	FB05211450	离合器	个	20	
3	FB05211451	操纵杆	个	60	
4	FB05211452	转速表	块	200	
5	FB05211453	里程表	块	280	
6	FB05211454	组合表	个	850	
7	FB05211455	缓速器	个	30	
8	FB05211456	胶垫	个	30	
9	FB05211457	气压表	个	90	
10	FB05211458	调整垫	个	6	

配件信息　供应商信息

◎ 实现代码

```
1  import xlwings as xw  # 导入xlwings模块
2  app = xw.App(visible=False, add_book=False)  # 启动Excel程序
3  workbook = app.books.open('产品信息表1.xlsx')  # 打开要替换内容的工作簿
4  worksheet = workbook.sheets['配件信息']  # 指定要替换内容的工作表
5  data = worksheet.range('A2').expand('table').value  # 读取工作表数据
6  for i, j in enumerate(data):  # 遍历工作表数据
7      data[i][3] = float(j[3]) * (1 + 0.1)  # 替换列数据
8  worksheet.range('A2').expand('table').value = data  # 将完成替换的
   数据写入工作表
9  workbook.save()  # 保存工作簿
10 workbook.close()  # 关闭工作簿
11 app.quit()  # 退出Excel程序
```

◎ 代码解析

第 3 行和第 4 行代码用于打开工作簿"产品信息表 1.xlsx"并指定该工作簿中的工作表"配件信息"。读者可根据实际需求修改工作簿的文件路径和工作表的名称。

第 5 行代码用于读取工作表中的数据,这里从单元格 A2 开始读取。

第 6 行和第 7 行代码用于遍历第 5 行代码中读取的工作表数据,然后替换第 4 列(即"单价"

列）的数据。这里将"单价"列的数据增加10%，读者可根据实际需求修改增加的幅度。

第8行代码用于将替换后的数据写入工作表"配件信息"中，这样才能真正实现数据的替换。

◎ 知识延伸

（1）第5行代码从工作表中读取数据后，如果用 print() 函数输出变量 data 的值，会得到如下结果（部分内容从略）：

```
1   [['FB05211450', '离合器', '个', 20.0], ['FB05211451', '操纵杆', '个',
    60.0], ……, ['FB05211463', '继动阀', '个', 120.0]]
```

从以上结果可以看出，变量 data 的值是一个两层的嵌套列表。第6行代码使用 Python 的内置函数 enumerate() 来帮助遍历这个列表。该函数能将一个可遍历的数据对象（如列表、元组、字符串等）的索引和元素配对打包成一个个元组，一般与 for 语句结合使用。演示代码如下：

```
1   a = ['张三', '李四', '王五', '赵六']
2   for i, j in enumerate(a):
3       print(i, j)
```

运行结果如下：

```
1   0 张三
2   1 李四
3   2 王五
4   3 赵六
```

（2）第7行代码中的 float() 是 Python 的内置函数，可以将整型数字和内容为数字（包括整数和小数）的字符串转换为浮点型数字。整型数字和内容为整数的字符串在用 float() 函数转换后会在末尾添加小数点和一个0。演示代码如下：

```
1   a = 5
2   b = float(a)
```

```
3    print(b)
4    print(type(a))
5    print(type(b))
```

上述演示代码的第 2 行用于将变量 a，也就是整型数字 5 转换为浮点型数字 5.0；第 3 行用于输出转换后的数字；第 4 行和第 5 行用于输出变量 a 和变量 b 的数据类型。代码运行结果如下：

```
1    5.0
2    <class 'int'>
3    <class 'float'>
```

（3）第 7 行代码中的 "*" 是 Python 中的一个算术运算符，其作用相当于数学中的乘号，用于计算两个数相乘的积。演示代码如下：

```
1    a = 20
2    b = 50
3    c = a * b
4    print(c)
```

运行结果如下：

```
1    1000
```

◎ 运行结果

运行本案例的代码后，打开工作簿 "产品信息表 1.xlsx"，在工作表 "配件信息" 中可看到 "单价" 列的数据都增加了 10%，如右图所示。

	A	B	C	D
1	配件编号	配件名称	单位	单价
2	FB05211450	离合器	个	22
3	FB05211451	操纵杆	个	66
4	FB05211452	转速表	块	220
5	FB05211453	里程表	块	308
6	FB05211454	组合表	个	935
7	FB05211455	缓速器	个	33
8	FB05211456	胶垫	个	33
9	FB05211457	气压表	个	99
10	FB05211458	调整垫	个	6.6

配件信息 供应商信息 ⊕

087　替换一个工作表指定列数据对应的列数据

◎ 代码文件：替换一个工作表指定列数据对应的列数据.py
◎ 数据文件：销售表.xlsx

◎ 应用场景

　　如下图所示为工作簿"销售表.xlsx"中工作表"总表"的数据，现在需要将里程表的成本价由 850 更新为 900。此时不能使用案例 084 中介绍的方法直接进行统一替换，因为还有其他产品，如组合表的成本价也是 850（为便于读者查看，这里将成本价相同的不同产品的单元格填充了颜色）。要正确地更新里程表的成本价，需要在替换数据前使用 if 语句判断产品是否为里程表以及其成本价是否为 850。

	A	B	C	D	E	F	G	H
1	单号	销售日期	产品名称	成本价	销售价	销售数量	产品成本	销售金额
2	20200001	2020/1/1	离合器	¥20	¥55	60	¥1,200	¥3,300
3	20200002	2020/1/2	操纵杆	¥60	¥109	45	¥2,700	¥4,905
4	20200003	2020/1/3	转速表	¥200	¥350	50	¥10,000	¥17,500
5	20200004	2020/1/4	离合器	¥20	¥55	23	¥460	¥1,265
6	20200005	2020/1/5	里程表	¥850	¥1,248	26	¥22,100	¥32,448
7	20200006	2020/1/6	操纵杆	¥60	¥109	85	¥5,100	¥9,265
8	20200007	2020/1/7	转速表	¥200	¥350	78	¥15,600	¥27,300
9	20200008	2020/1/8	转速表	¥200	¥350	100	¥20,000	¥35,000
10	20200009	2020/1/9	离合器	¥20	¥55	25	¥500	¥1,375
11	20200010	2020/1/10	转速表	¥200	¥350	850	¥170,000	¥297,500
12	20200011	2020/1/11	组合表	¥850	¥1,248	63	¥53,550	¥78,624
13	20200012	2020/1/12	操纵杆	¥60	¥109	55	¥3,300	¥5,995

总表

◎ 实现代码

```
1  import xlwings as xw  # 导入xlwings模块
2  app = xw.App(visible=False, add_book=False)  # 启动Excel程序
3  workbook = app.books.open('销售表.xlsx')  # 打开要替换内容的工作簿
4  worksheet = workbook.sheets['总表']  # 指定要替换内容的工作表
5  data = worksheet.range('A1').expand('table').value  # 读取工作表数据
6  for i, j in enumerate(data):  # 遍历工作表数据
7      if (j[2] == '里程表') and (j[3] == 850):  # 如果当前行中第3列的
```

```
            数据为"里程表"并且第4列的数据为850
8               data[i][3] = 900  # 将该行中"成本价"列的数据替换为900
9       worksheet.range('A1').expand('table').value = data  # 将完成替换的
        数据写入工作表
10      workbook.save()  # 保存工作簿
11      workbook.close()  # 关闭工作簿
12      app.quit()  # 退出Excel程序
```

◎ 代码解析

　　第 3 行和第 4 行代码用于打开工作簿"销售表.xlsx"并指定该工作簿中的工作表"总表"。
读者可根据实际需求修改工作簿的文件路径和工作表的名称。

　　第 5 行代码用于读取工作表中的数据,这里从单元格 A1 开始读取。

　　第 6～8 行代码用于遍历第 5 行代码中读取的工作表数据,并替换符合条件的数据。其中第
7 行代码用于判断第 3 列的数据是否为"里程表"以及第 4 列的数据是否为 850,如果这两个条
件均满足,就执行第 8 行代码将"里程表"对应的成本价替换为 900。

◎ 知识延伸

　　(1)第 6 行代码中的 enumerate() 函数在案例 086 中介绍过,这里不再赘述。

　　(2)第 7 行代码中的 and 是 Python 中的一个逻辑运算符,用于完成逻辑"与"运算:只有
该运算符左右两侧的值都为 True 时,运算结果才为 True,否则为 False。演示代码如下:

```
1    a = 90
2    b = 99
3    if (a > 80) and (b > 90):
4        print('优秀')
5    else:
6        print('加油')
```

上述演示代码的第 3 行中,and 运算符左右两侧的两个判断条件都加了括号,其实不加括

号也能正常运行，但是加上括号可以让代码更易于理解。

因为代码中设定的变量 a 和 b 的值同时满足"a > 80"和"b > 90"这两个条件，所以代码运行结果如下：

```
1    优秀
```

◎ 运行结果

运行本案例的代码后，打开工作簿"销售表.xlsx"，在工作表"总表"中可看到里程表的成本价被替换为 900，如下图所示。

	A	B	C	D	E	F	G	H
1	单号	销售日期	产品名称	成本价	销售价	销售数量	产品成本	销售金额
2	20200001	2020/1/1	离合器	¥20	¥55	60	¥1,200	¥3,300
3	20200002	2020/1/2	操纵杆	¥60	¥109	45	¥2,700	¥4,905
4	20200003	2020/1/3	转速表	¥200	¥350	50	¥10,000	¥17,500
5	20200004	2020/1/4	离合器	¥20	¥55	23	¥460	¥1,265
6	20200005	2020/1/5	里程表	¥900	¥1,248	26	¥22,100	¥32,448
7	20200006	2020/1/6	操纵杆	¥60	¥109	85	¥5,100	¥9,265
8	20200007	2020/1/7	转速表	¥200	¥350	78	¥15,600	¥27,300
9	20200008	2020/1/8	转速表	¥200	¥350	100	¥20,000	¥35,000
10	20200009	2020/1/9	离合器	¥20	¥55	25	¥500	¥1,375
11	20200010	2020/1/10	转速表	¥200	¥350	850	¥170,000	¥297,500
12	20200011	2020/1/11	组合表	¥850	¥1,248	63	¥53,550	¥78,624
13	20200012	2020/1/12	操纵杆	¥60	¥109	55	¥3,300	¥5,995

总表

088   转置一个工作表的行列

◎ 代码文件：转置一个工作表的行列.py
◎ 数据文件：产品分析表.xlsx

◎ 应用场景

如右图所示为工作簿"产品分析表.xlsx"中的工作表数据，本案例要通过编写 Python 代码将行数据转置到列，将列数据转置到行。

	A	B	C	D	E	F
1	产品	浏览数	加入购物车数	提交订单数	完成支付数	交易完成数
2	鼠标	2589	1800	507	450	448
3	键盘	6540	3200	875	542	300
4	耳机	1200	874	478	341	245
5	鼠标垫	3640	1014	630	228	220
6	显示器	1510	354	127	124	108
7	硬盘	800	451	220	180	175
8						

Sheet1

◎ 实现代码

```
1    import xlwings as xw  # 导入xlwings模块
2    app = xw.App(visible=False, add_book=False)  # 启动Excel程序
3    workbook = app.books.open('产品分析表.xlsx')  # 打开要转置行列的工作簿
4    worksheet = workbook.sheets[0]  # 指定工作簿中的第1个工作表
5    data = worksheet.range('A1').expand('table').options(transpose=
     True).value  # 读取工作表中的数据并进行行列转置
6    worksheet.clear()  # 清除工作表的内容和格式设置
7    worksheet.range('A1').expand().value = data  # 将转置后的数据写入工
     作表
8    workbook.save('产品分析表1.xlsx')  # 另存工作簿
9    workbook.close()  # 关闭工作簿
10   app.quit()  # 退出Excel程序
```

◎ 代码解析

第 3 行和第 4 行代码用于打开工作簿 "产品分析表.xlsx"，并指定其中的第 1 个工作表。读者可根据实际需求修改工作簿的文件路径和工作表的序号。

第 5 行代码用于读取工作表中的数据并进行行列转置。

第 6 行代码用于清除工作表的内容和格式设置，为写入数据做准备。

第 7 行代码用于将转置后的数据写入清除了内容和格式设置的工作表中。

◎ 知识延伸

（1）第 5 行代码中的 options() 是 xlwings 模块中 Range 对象的一个函数，当该函数的参数 transpose 为 True 时，表示对单元格区域进行行列转置。

（2）第 6 行代码中的 clear() 是 xlwings 模块中 Sheet 对象的一个函数，用于清除工作表的内容和格式设置。

◎ 运行结果

运行本案例的代码后，打开生成的工作簿"产品分析表 1.xlsx"，可看到转置行列的效果，如下图所示。

	A	B	C	D	E	F	G	H
1	产品	鼠标	键盘	耳机	鼠标垫	显示器	硬盘	
2	浏览数	2589	6540	1200	3640	1510	800	
3	加入购物车数	1800	3200	874	1014	354	451	
4	提交订单数	507	875	478	630	127	220	
5	完成支付数	450	542	341	228	124	180	
6	交易完成数	448	300	245	220	108	175	
7								

Sheet1   ⊕

就绪

089   从指定行列冻结一个工作表的窗格

◎ 代码文件：从指定行列冻结一个工作表的窗格.py
◎ 数据文件：销售表.xlsx

◎ 应用场景

在 Excel 中查看比较复杂的大型表格时，常常需要使用"冻结窗格"工具固定显示标题行或标题列，以方便浏览数据。本案例则要通过 Python 编程实现相同的冻结窗格效果。

◎ 实现代码

```
1   from openpyxl import load_workbook  # 导入openpyxl模块中的load_
    workbook()函数
2   workbook = load_workbook('销售表.xlsx')  # 打开要冻结窗格的工作簿
3   worksheet = workbook['总表']  # 指定要冻结窗格的工作表
4   worksheet.freeze_panes = 'B2'  # 把单元格B2上方的行及左侧的列冻结
```

```
5    workbook.save('销售表1.xlsx')   # 另存工作簿
```

◎ 代码解析

第 2 行和第 3 行代码用于打开工作簿"销售表.xlsx",并指定要冻结窗格的工作表"总表"。读者可根据实际需求修改工作簿的文件路径和工作表的名称。

第 4 行代码用于冻结窗格,这里是把单元格 B2 上方的行及左侧的列冻结。读者可参考"知识延伸"中的讲解修改冻结的位置。

完成冻结后,使用第 5 行代码将工作簿另存为"销售表 1.xlsx"。

◎ 知识延伸

第 4 行代码中的 freeze_panes 是 openpyxl 模块中工作表对象的属性,用于冻结窗格。如果将"B2"修改为"B1",表示冻结工作表的首列;如果修改为"A2",则表示冻结工作表的首行。如果要取消冻结窗格,则将第 4 行代码修改为"worksheet.freeze_panes = 'A1'"或"worksheet.freeze_panes = None"。

◎ 运行结果

运行本案例的代码后,打开生成的工作簿"销售表 1.xlsx",在工作表"总表"中滑动右侧和底部的滚动条,可看到单元格 B2 上方的行及左侧的列都被冻结了,如下图所示。

	A	D	E	F	G	H	I	J
1	单号	成本价	销售价	销售数量	产品成本	销售金额	利润	
14	20200013	¥20	¥55	69	¥1,380	¥3,795	¥2,415	
15	20200014	¥850	¥1,248	850	¥722,500	¥1,060,800	¥338,300	
16	20200015	¥200	¥350	45	¥9,000	¥15,750	¥6,750	
17	20200016	¥850	¥1,248	52	¥44,200	¥64,896	¥20,696	
18	20200017	¥850	¥1,248	20	¥17,000	¥24,960	¥7,960	
19	20200018	¥60	¥109	21	¥1,260	¥2,289	¥1,029	
20	20200019	¥850	¥1,248	45	¥38,250	¥56,160	¥17,910	
21	20200020	¥850	¥1,248	63	¥53,550	¥78,624	¥25,074	
22	20200021	¥20	¥55	55	¥1,100	¥3,025	¥1,925	
23	20200022	¥850	¥1,248	60	¥51,000	¥74,880	¥23,880	
24	20200023	¥850	¥1,248	89	¥75,650	¥111,072	¥35,422	
25	20200024	¥850	¥1,248	78	¥66,300	¥97,344	¥31,044	

090　将一个工作表的一列拆分为多列

◎ 代码文件：将一个工作表的一列拆分为多列.py
◎ 数据文件：产品规格表.xlsx

◎ 应用场景

　　如右图所示，工作簿"产品规格表.xlsx"中"产品规格"列的数字都是用"*"号分隔开的。使用 Excel 的分列功能可将该列拆分成 3 列。本案例则要通过 Python 编程来完成拆分。

	A	B	C	D
1	产品名称	数量（根）	单价（元/根）	产品规格
2	PH方管	365	4500	80*80*8
3	MN方管	260	4500	100*100*5
4	KN方管	150	6000	100*80*20
5	LN方管	800	6000	100*60*50
6	RN方管	600	6200	120*120*10
7	PL方管	300	6200	120*100*10
8	TY方管	200	8000	130*130*8
9	KO方管	600	8000	130*130*10
10	TP方管	780	10000	140*140*10
11	VU方管	520	10000	150*150*15

Sheet1 ⊕

◎ 实现代码

```python
1  import pandas as pd  # 导入pandas模块
2  data = pd.read_excel('产品规格表.xlsx', sheet_name=0)  # 读取工作簿
   中第1个工作表的数据
3  data_col = data['产品规格'].str.split('*', expand=True)  # 根据"*"
   号拆分"产品规格"列的数据
4  data['长(cm)'] = data_col[0]  # 用拆分出的第1部分数据创建"长(cm)"列
5  data['宽(cm)'] = data_col[1]  # 用拆分出的第2部分数据创建"宽(cm)"列
6  data['高(cm)'] = data_col[2]  # 用拆分出的第3部分数据创建"高(cm)"列
7  data.drop(columns=['产品规格'], inplace=True)  # 删除"产品规格"列
8  data.to_excel('产品规格表1.xlsx', sheet_name='规格表', index=False)  # 将
   处理好的数据写入新工作簿的工作表中
```

◎ 代码解析

第 2 行代码用于读取工作簿"产品规格表.xlsx"中第 1 个工作表的数据，读者可根据实际

需求修改工作簿的文件路径和工作表的序号。

第 3 行代码用于根据指定的分隔符拆分指定列的数据。这里根据 "*" 号拆分 "产品规格" 列的数据，读者可根据实际需求修改分隔符和列名。

第 4～6 行代码用于将拆分出的数据创建为新的列。这里的 "产品规格" 列可拆分出 3 列，所以使用了 3 行代码，读者可根据实际需求增减代码的行数。

第 7 行代码用于删除已经无用的 "产品规格" 列。

第 8 行代码用于将处理好的数据写入新工作簿 "产品规格表 1.xlsx" 的工作表 "规格表" 中，读者可根据实际需求修改新工作簿的文件路径和工作表的名称。

◎ 知识延伸

（1）第 3 行代码中的 split() 是 pandas 模块中 Series 对象的一个字符串函数，用于根据指定的分隔符拆分字符串。该函数的第 1 个参数用于指定分隔符，如果省略，则以空格作为分隔符。参数 expand 用于指定拆分结果的格式：如果为 True，则拆分结果为 DataFrame；如果为 False，则拆分结果为 Series。

（2）第 7 行代码中的 drop() 函数在案例 078 中介绍过，这里不再赘述。

◎ 运行结果

运行本案例的代码后，打开工作簿 "产品规格表 1.xlsx"，在工作表 "规格表" 中可看到拆分列数据的效果，如下图所示。

	A	B	C	D	E	F
1	产品名称	数量（根）	单价（元/根）	长(cm)	宽(cm)	高(cm)
2	PH方管	365	4500	80	80	8
3	MN方管	260	4500	100	100	5
4	KN方管	150	6000	100	80	20
5	LN方管	800	6000	100	60	50
6	RN方管	600	6200	120	120	10
7	PL方管	300	6200	120	100	10
8	TY方管	200	8000	130	130	8
9	KO方管	600	8000	130	130	10
10	TP方管	780	10000	140	140	10
11	VU方管	520	10000	150	150	15
12	SW方管	145	12000	150	150	20
13						

规格表

091　将一个工作表的多列合并为一列

◎　代码文件：将一个工作表的多列合并为一列.py
◎　数据文件：产品规格表1.xlsx

◎ 应用场景

　　本案例要通过 Python 编程实现案例 090 的逆向操作：将一个工作表中的多列数据合并为一列。

◎ 实现代码

```
1    import pandas as pd  # 导入pandas模块
2    data = pd.read_excel('产品规格表1.xlsx', sheet_name='规格表')  # 读
     取工作簿中指定工作表的数据
3    data['产品规格'] = data['长(cm)'].astype(str) + '*' + data['宽
     (cm)'].astype(str) + '*' + data['高(cm)'].astype(str)  # 合并列数据
4    data.drop(columns=['长(cm)', '宽(cm)', '高(cm)'], inplace=True)  # 删
     除不需要的列
5    data.to_excel('产品规格表2.xlsx', sheet_name='Sheet1', index=False)  # 将
     处理好的数据写入新工作簿的工作表中
```

◎ 代码解析

　　第 2 行代码用于读取工作簿"产品规格表 1.xlsx"的工作表"规格表"中的数据，读者可根据实际需求修改工作簿的文件路径和工作表的名称。

　　第 3 行代码用于将指定的多列数据合并为一列数据。这里使用"*"号作为分隔符，将"长(cm)""宽(cm)""高(cm)"3 列数据合并成"产品规格"列，读者可根据实际需求修改分隔符、用于合并的列、合并后的列的列名。

　　第 4 行代码用于删除已经无用的"长(cm)""宽(cm)""高(cm)"3 列数据。

　　第 5 行代码用于将处理好的数据写入新工作簿"产品规格表 2.xlsx"的工作表"Sheet1"中，

读者可根据实际需求修改新工作簿的文件路径和工作表的名称。

◎ 知识延伸

第 3 行代码中的 astype() 是 pandas 模块中的函数，用于转换指定列的数据类型，括号里的参数是转换的目标类型。

◎ 运行结果

运行本案例的代码后，打开工作簿"产品规格表 2.xlsx"，在工作表"Sheet1"中可看到合并多列数据后得到的"产品规格"列，如右图所示。

	A	B	C	D
1	产品名称	数量（根）	单价（元/根）	产品规格
2	PH方管	365	4500	80*80*8
3	MN方管	260	4500	100*100*5
4	KN方管	150	6000	100*80*20
5	LN方管	800	6000	100*60*50
6	RN方管	600	6200	120*120*10
7	PL方管	300	6200	120*100*10
8	TY方管	200	8000	130*130*8
9	KO方管	600	8000	130*130*10
10	TP方管	780	10000	140*140*10
11	VU方管	520	10000	150*150*15
12	SW方管	145	12000	150*150*20

Sheet1 ⊕

092　在一个工作表中隐藏行数据

◎ 代码文件：在一个工作表中隐藏行数据.py
◎ 数据文件：新能源汽车备案信息.xlsx

◎ 应用场景

如右图所示为工作簿"新能源汽车备案信息.xlsx"的工作表"汽车备案信息"中的数据，现要隐藏第 2 ～ 10 行的数据。

J22

	A	B	C
1	序号	名称	车型
2	1	比亚迪唐	BYD6480STHEV
3	2	比亚迪唐100	BYD6480STHEV3
4	3	比亚迪秦	BYD7150WTHEV3
5	4	比亚迪秦100	BYD7150WT5HEV5
6	5	之诺60H	BBA6461AAHEV(ZINORO60)
7	6	荣威eRX5	CSA6454NDPHEV1
8	7	荣威ei6	CSA7104SDPHEV1
9	8	荣威e950	CSA7144CDPHEV1

汽车备案信息　7月乘用车信息　7月商用车信息　8月乘用车

◎ 实现代码

```
1   from openpyxl import load_workbook  # 导入openpyxl模块中的load_
    workbook()函数
2   workbook = load_workbook('新能源汽车备案信息.xlsx')  # 打开要隐藏行数
    据的工作簿
3   worksheet = workbook['汽车备案信息']  # 指定要隐藏行数据的工作表
4   worksheet.row_dimensions.group(2, 10, hidden=True)  # 在工作表中隐
    藏行数据
5   workbook.save('新能源汽车备案信息1.xlsx')  # 另存工作簿
```

◎ 代码解析

第 2 行和第 3 行代码用于打开工作簿"新能源汽车备案信息.xlsx"，并指定要隐藏行数据的工作表"汽车备案信息"。读者可根据实际需求修改工作簿的文件路径和工作表的名称。

第 4 行代码用于在工作表中隐藏行数据，这里隐藏的是第 2～10 行。读者可根据实际需求修改起始行号和结束行号。

◎ 知识延伸

第 4 行代码中的 row_dimensions.group() 是 openpyxl 模块中工作表对象的函数，用于将连续的行创建为组合。该函数的第 1 个和第 2 个参数分别代表起始行号和结束行号；第 3 个参数 hidden 用于设置在打开工作簿时折叠或展开组合，这里设置为 True，表示折叠组合。

◎ 运行结果

运行本案例的代码后，打开生成的工作簿"新能源汽车备案信息 1.xlsx"，可看到工作表"汽车备案信息"的第 2～10 行数据被折叠了，从而间接实现了隐藏行的效果，如右图所示。

	A	B	C
1	序号	名称	车型
11	10	S60L	VCC7204C13PHEV
12	11	CT6	SGM7200KACHEV
13	12	比亚迪秦	BYD7150WTHEV3*
14	13	腾势	QCJ7007BEV1
15	14	腾势	QCJ7007BEV2
16	15	帝豪EV300	MR7002BEV03
17	16	Velite 5	SGM7158DACHEV
18	17	EV160	BJ7000B3D5-BEV

汽车备案信息 | 7月乘用车信息 | 7月商用车信息 | 8月乘用车信息

093　在一个工作表中隐藏列数据

◎ 代码文件：在一个工作表中隐藏列数据.py
◎ 数据文件：新能源汽车备案信息.xlsx

◎ 应用场景

如果要隐藏工作表中的列，也可以使用 openpyxl 模块中的函数来完成。本案例要隐藏工作簿"新能源汽车备案信息.xlsx"的工作表"汽车备案信息"中 A 列到 D 列的数据。

◎ 实现代码

```
1    from openpyxl import load_workbook  # 导入openpyxl模块中的load_
     workbook()函数
2    workbook = load_workbook('新能源汽车备案信息.xlsx')  # 打开要隐藏列数
     据的工作簿
3    worksheet = workbook['汽车备案信息']  # 指定要隐藏列数据的工作表
4    worksheet.column_dimensions.group('A', 'D', hidden=True)  # 在工作
     表中隐藏列数据
5    workbook.save('新能源汽车备案信息1.xlsx')  # 另存工作簿
```

◎ 代码解析

第 2 行和第 3 行代码用于打开工作簿"新能源汽车备案信息.xlsx"，并指定要隐藏列数据的工作表"汽车备案信息"。读者可根据实际需求修改工作簿的文件路径和工作表的名称。

第 4 行代码用于在工作表中隐藏列数据，这里隐藏的是 A 列到 D 列。读者可根据实际需求修改起始列标和结束列标。

◎ 知识延伸

第 4 行代码中的 column_dimensions.group() 是 openpyxl 模块中工作表对象的函数，用

于将连续的列创建为组合。该函数的第 1 个和第 2 个参数分别代表起始列标和结束列标；第 3 个参数 hidden 用于设置在打开工作簿时折叠或展开组合，这里设置为 True，表示折叠组合。

◎ 运行结果

运行本案例的代码后，打开生成的工作簿"新能源汽车备案信息 1.xlsx"，可看到工作表"汽车备案信息"的 A 列至 D 列被折叠了，从而间接实现了隐藏列的效果，如下图所示。

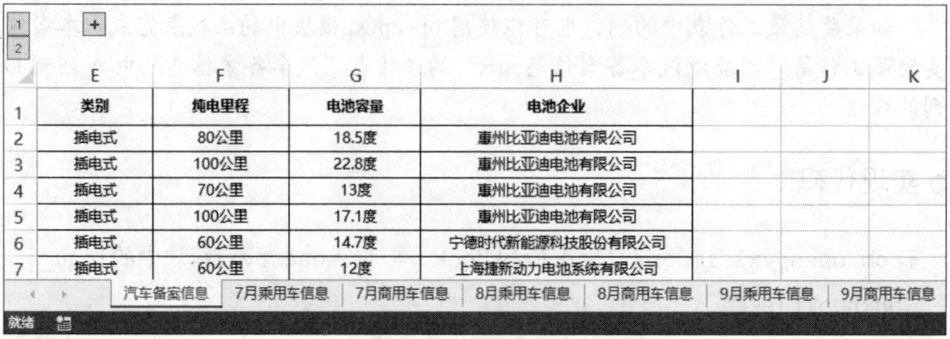

类别	纯电里程	电池容量	电池企业
插电式	80公里	18.5度	惠州比亚迪电池有限公司
插电式	100公里	22.8度	惠州比亚迪电池有限公司
插电式	70公里	13度	惠州比亚迪电池有限公司
插电式	100公里	17.1度	惠州比亚迪电池有限公司
插电式	60公里	14.7度	宁德时代新能源科技股份有限公司
插电式	60公里	12度	上海捷新动力电池系统有限公司

汽车备案信息　7月乘用车信息　7月商用车信息　8月乘用车信息　8月商用车信息　9月乘用车信息　9月商用车信息

第 **5** 章

单元格操作

在 Excel 中，行和列都是由一个个单元格组成的。因此，学习完行和列的操作，就需要接着学习单元格的操作。本章将详细介绍如何通过 Python 编程完成在单元格中输入内容、设置单元格格式、合并单元格等操作。

094　在单元格中输入内容

 ◎ 代码文件：在单元格中输入内容.py

◎ 应用场景

　　本案例要通过 Python 编程新建一个工作簿，然后在工作表中的指定单元格内输入需要的数据。

◎ 实现代码

```
1    import xlwings as xw  # 导入xlwings模块
2    app = xw.App(visible=False, add_book=False)  # 启动Excel程序
3    workbook = app.books.add()  # 新建工作簿
4    worksheet = workbook.sheets.add(name='销售情况')  # 新增工作表
5    worksheet.range('A1').value = [['产品名称', '销售数量', '销售单价', '销
     售额'], ['大衣', 15, 400, 6000], ['羽绒服', 20, 500, 10000]]  # 在单
     元格中输入内容
6    workbook.save('产品表.xlsx')  # 另存工作簿
7    workbook.close()  # 关闭工作簿
8    app.quit()  # 退出Excel程序
```

◎ 代码解析

　　第 3 行和第 4 行代码用于新建一个工作簿，然后在工作簿中新增一个名为"销售情况"的空白工作表。读者可根据实际需求修改第 4 行代码中的工作表名称。

　　第 5 行代码用于在新增工作表的单元格中输入内容。读者可根据实际需求修改起始单元格和输入的内容。

　　第 6 行代码用于将输入了内容的工作簿另存为"*产品表.xlsx*"。读者可根据实际需求修改保存工作簿的文件路径。

◎ 知识延伸

第 5 行代码中的 range() 函数在案例 070 中介绍过，这里不再赘述。

◎ 运行结果

运行本案例的代码后，打开生成的工作簿
"产品表.xlsx"，在工作表"销售情况"中可看
到输入的数据，如右图所示。

	A	B	C	D	E	F
1	产品名称	销售数量	销售单价	销售额		
2	大衣	15	400	6000		
3	羽绒服	20	500	10000		
4						
5						

销售情况　Sheet1　Sheet2　Sheet3　⊕

095　设置单元格数据的字体格式

◎ 代码文件：设置单元格数据的字体格式.py
◎ 数据文件：订单表.xlsx

◎ 应用场景

如下图所示为工作簿"订单表.xlsx"的工作表"总表"中的数据表格，现在要
对该数据表格的字体格式进行设置，使其更加美观。

	A	B	C	D	E	F	G	H	I
1	单号	销售日期	产品名称	成本价	销售价	销售数量	产品成本	销售金额	利润
2	20200001	2020/1/1	离合器	20	55	60	1200	3300	2100
3	20200002	2020/1/2	操纵杆	60	109	45	2700	4905	2205
4	20200003	2020/1/3	转速表	200	350	50	10000	17500	7500
5	20200004	2020/1/4	离合器	20	55	23	460	1265	805
6	20200005	2020/1/5	里程表	850	1248	26	22100	32448	10348
7	20200006	2020/1/6	操纵杆	60	109	85	5100	9265	4165
8	20200007	2020/1/7	转速表	200	350	78	15600	27300	11700
9	20200008	2020/1/8	转速表	200	350	100	20000	35000	15000
10	20200009	2020/1/9	离合器	20	55	25	500	1375	875
11	20200010	2020/1/10	转速表	200	350	850	170000	297500	127500

总表　⊕

◎ 实现代码

```
1    import xlwings as xw  # 导入xlwings模块
```

```
2    app = xw.App(visible=False, add_book=False)  # 启动Excel程序
3    workbook = app.books.open('订单表.xlsx')  # 打开要设置字体格式的工作簿
4    worksheet = workbook.sheets[0]  # 指定要设置字体格式的工作表
5    header = worksheet.range('A1:I1')  # 选中表头所在的单元格区域
6    header.font.name = '微软雅黑'  # 设置表头的字体
7    header.font.size = 10  # 设置表头的字号
8    header.font.bold = True  # 设置表头的字形为加粗
9    header.font.color = (255, 255, 255)  # 设置表头的字体颜色
10   header.color = (0, 0, 0)  # 设置表头的单元格填充颜色
11   data = worksheet.range('A2').expand('table')  # 选中数据行所在的单元
格区域
12   data.font.name = '微软雅黑'  # 设置数据行的字体
13   data.font.size = 10  # 设置数据行的字号
14   workbook.save('订单表1.xlsx')  # 另存工作簿
15   workbook.close()  # 关闭工作簿
16   app.quit()  # 退出Excel程序
```

◎ 代码解析

　　第 3 行和第 4 行代码用于打开要设置字体格式的工作簿"订单表.xlsx"，然后指定在第 1 个工作表中进行操作。读者可根据实际需求修改工作簿的文件路径和工作表的序号。

　　第 5 行代码用于选中工作表的表头所在的单元格区域。第 6～9 行代码用于设置表头的字体格式，这里设置为微软雅黑、10 磅、加粗及白色。第 10 行代码用于设置表头单元格的填充颜色为黑色。读者可根据实际需求修改单元格区域及相应的格式设置。

　　第 11 行代码用于选中工作表的数据行所在的单元格区域。第 12 行和第 13 行代码用于设置数据行的字体和字号。读者可根据实际需求修改单元格区域及相应的格式设置。

◎ 知识延伸

　　（1）第 6～9 行、第 12 行和第 13 行代码用 xlwings 模块中 Range 对象的 font 属性调用代

表字体的 Font 对象，然后用 Font 对象的 name、size、bold、color 属性分别设置字体、字号、字形、字体颜色。其中 bold 属性的值为 True 时表示字形为加粗，为 False 时表示字形为不加粗；color 属性的值为一个代表 RGB 色值的元组。此外，如果要设置字体为斜体或正体，可设置 Font 对象的 italic 属性为 True 或 False。

（2）第 10 行代码中的 color 是 xlwings 模块中 Range 对象的属性，用于设置单元格的填充颜色。如果要取消填充颜色，则将 color 属性赋值为 None。

◎ 运行结果

运行本案例的代码后，打开生成的工作簿"订单表 1.xlsx"，在工作表"总表"中可看到设置了格式后的数据表格效果，如下图所示。具体效果请读者自行运行代码后查看。

	A	B	C	D	E	F	G	H	I
1	单号	销售日期	产品名称	成本价	销售价	销售数量	产品成本	销售金额	利润
2	20200001	2020/1/1	离合器	20	55	60	1200	3300	2100
3	20200002	2020/1/2	操纵杆	60	109	45	2700	4905	2205
4	20200003	2020/1/3	转速表	200	350	50	10000	17500	7500
5	20200004	2020/1/4	离合器	20	55	23	460	1265	805
6	20200005	2020/1/5	里程表	850	1248	26	22100	32448	10348
7	20200006	2020/1/6	操纵杆	60	109	85	5100	9265	4165
8	20200007	2020/1/7	转速表	200	350	78	15600	27300	11700
9	20200008	2020/1/8	转速表	200	350	100	20000	35000	15000
10	20200009	2020/1/9	离合器	20	55	25	500	1375	875
11	20200010	2020/1/10	转速表	200	350	850	170000	297500	127500

总表

就绪

096　设置单元格数据的对齐方式

◎ 代码文件：设置单元格数据的对齐方式.py
◎ 数据文件：订单表1.xlsx

◎ 应用场景

单元格数据的对齐方式分为水平对齐方式和垂直对齐方式两方面。合理设置对齐方式可以让数据表格显得更加美观。本案例要通过 Python 编程设置单元格数据的对齐方式。

◎ 实现代码

```
1    import xlwings as xw  # 导入xlwings模块
2    app = xw.App(visible=False, add_book=False)  # 启动Excel程序
3    workbook = app.books.open('订单表1.xlsx')  # 打开要设置对齐方式的工作簿
4    worksheet = workbook.sheets[0]  # 指定要设置对齐方式的工作表
5    header = worksheet.range('A1:I1')  # 选中表头所在的单元格区域
6    header.api.HorizontalAlignment = -4108  # 设置表头的水平对齐方式
7    header.api.VerticalAlignment = -4108  # 设置表头的垂直对齐方式
8    data = worksheet.range('A2').expand('table')  # 选中数据行所在的单元
     格区域
9    data.api.HorizontalAlignment = -4152  # 设置数据行的水平对齐方式
10   data.api.VerticalAlignment = -4108  # 设置数据行的垂直对齐方式
11   workbook.save('订单表2.xlsx')  # 另存工作簿
12   workbook.close()  # 关闭工作簿
13   app.quit()  # 退出Excel程序
```

◎ 代码解析

　　第 3 行和第 4 行代码用于打开要设置对齐方式的工作簿 "订单表 1.xlsx"，然后指定在第 1 个工作表中进行操作。读者可根据实际需求修改工作簿的文件路径和工作表的序号。

　　第 5 行代码用于选中工作表的表头所在的单元格区域，读者可根据实际需求修改单元格区域。第 6 行和第 7 行代码分别用于为表头设置水平对齐方式和垂直对齐方式，这里将两者都设置为居中，读者可按照 "知识延伸" 中的讲解修改对齐方式。

　　第 8 行代码用于选中工作表的数据行所在的单元格区域，读者可根据实际需求修改单元格区域。第 9 行和第 10 行代码分别用于为数据行设置水平对齐方式和垂直对齐方式，这里将前者设置为右对齐，将后者设置为居中，读者可按照 "知识延伸" 中的讲解修改对齐方式。

◎ 知识延伸

　　第 6、7、9、10 行代码通过 xlwings 模块中 Range 对象的 api 属性调用 VBA 中的对象属

性来设置对齐方式。其中HorizontalAlignment属性用于设置水平对齐方式,可取的值如下表所示。

属性值	对齐方式	属性值	对齐方式	属性值	对齐方式
1	常规	-4152	靠右	7	跨列居中
-4131	靠左	5	填充	-4117	分散对齐
-4108	居中	-4130	两端对齐	—	—

　　VerticalAlignment 属性用于设置垂直对齐方式，可取的值如下表所示。

属性值	对齐方式	属性值	对齐方式	属性值	对齐方式
-4160	靠上	-4107	靠下	-4117	分散对齐
-4108	居中	-4130	两端对齐	—	—

◎ 运行结果

运行本案例的代码后,打开工作簿"订单表2.xlsx",可看到设置对齐方式的效果,如下图所示。

	A	B	C	D	E	F	G	H	I
1	单号	销售日期	产品名称	成本价	销售价	销售数量	产品成本	销售金额	利润
2	20200001	2020/1/1	离合器	20	55	60	1200	3300	2100
3	20200002	2020/1/2	操纵杆	60	109	45	2700	4905	2205
4	20200003	2020/1/3	转速表	200	350	50	10000	17500	7500
5	20200004	2020/1/4	离合器	20	55	23	460	1265	805
6	20200005	2020/1/5	里程表	850	1248	26	22100	32448	10348
7	20200006	2020/1/6	操纵杆	60	109	85	5100	9265	4165
8	20200007	2020/1/7	转速表	200	350	78	15600	27300	11700
9	20200008	2020/1/8	转速表	200	350	100	20000	35000	15000
10	20200009	2020/1/9	离合器	20	55	25	500	1375	875
11	20200010	2020/1/10	转速表	200	350	850	170000	297500	127500

总表

097　设置单元格的边框样式

◎　代码文件：设置单元格的边框样式.py
◎　数据文件：订单表2.xlsx

◎ 应用场景

在 Excel 中制作数据表格时，有时需要为单元格添加边框线，以使表格更加规范和美观。本案例要通过 Python 编程设置单元格的边框样式。

◎ 实现代码

```
1  import xlwings as xw  # 导入xlwings模块
2  app = xw.App(visible=False, add_book=False)  # 启动Excel程序
3  workbook = app.books.open('订单表2.xlsx')  # 打开要设置边框样式的工作簿
4  worksheet = workbook.sheets[0]  # 指定要设置边框样式的工作表
5  area = worksheet.range('A1').expand('table')  # 选中工作表中已有数据
   的单元格区域
6  for i in area:  # 遍历选中的单元格区域的各个单元格
7      for j in range(7, 11):  # 遍历单元格的各条边框
8          i.api.Borders(j).LineStyle = 1  # 设置边框的线型
9          i.api.Borders(j).Weight = 2  # 设置边框的粗细
10         i.api.Borders(j).Color = xw.utils.rgb_to_int((255, 0, 0))  # 设
           置边框的颜色
11 workbook.save('订单表3.xlsx')  # 另存工作簿
12 workbook.close()  # 关闭工作簿
13 app.quit()  # 退出Excel程序
```

◎ 代码解析

第 3 行和第 4 行代码用于打开要设置边框样式的工作簿"订单表 2.xlsx"，然后指定在第 1 个工作表中进行操作。读者可根据实际需求修改工作簿的文件路径和工作表的序号。

第 5 行代码用于选中工作表中已有数据的单元格区域，即要设置边框样式的单元格区域。读者可根据实际需求修改单元格区域。

第 6～10 行代码用于为选中的单元格区域添加边框，设置线型为实线、粗细为细线、颜色为红色。读者可根据实际需求修改边框的样式参数。

◎ 知识延伸

　　第 8～10 行代码通过 xlwings 模块中 Range 对象的 api 属性调用 VBA 中的 Borders 集合对象来设置边框样式。Borders 集合对象代表单元格区域的各条边框，通过括号中的数字可指定不同的边框，如下表所示。

参数值	说明	参数值	说明
7	左边框	9	下边框
8	上边框	10	右边框

　　通过数字指定一条边框后，再分别通过该边框的 LineStyle、Weight、Color 属性设置边框的线型、粗细、颜色。LineStyle 属性可取的值如下表所示。

属性值	线型	属性值	线型
1	实线	2 或 -4115	虚线
4	点划线	-4118	点式线
5	双点划线	8 或 -4119	双实线

Weight 属性可取的值如下表所示。

属性值	粗细	属性值	粗细
1	最细	-4138	中等
2	细	4	最粗

　　Color 属性的值为一个整数，可以用案例 064 "知识延伸" 中介绍的公式将 RGB 色值转换为整数。这里则是调用了 xlwings 模块的 utils 子模块中的 rgb_to_int() 函数来完成转换，该函数的参数是一个代表 RGB 色值的元组。

◎ 运行结果

　　运行本案例的代码后，打开生成的工作簿 "订单表 3.xlsx"，可看到设置了单元格边框的表格效果，如下图所示。具体效果请读者自行运行代码后查看。

	A	B	C	D	E	F	G	H	I
1	单号	销售日期	产品名称	成本价	销售价	销售数量	产品成本	销售金额	利润
2	20200001	2020/1/1	离合器	20	55	60	1200	3300	2100
3	20200002	2020/1/2	操纵杆	60	109	45	2700	4905	2205
4	20200003	2020/1/3	转速表	200	350	50	10000	17500	7500
5	20200004	2020/1/4	离合器	20	55	23	460	1265	805
6	20200005	2020/1/5	里程表	850	1248	26	22100	32448	10348
7	20200006	2020/1/6	操纵杆	60	109	85	5100	9265	4165
8	20200007	2020/1/7	转速表	200	350	78	15600	27300	11700
9	20200008	2020/1/8	转速表	200	350	100	20000	35000	15000
10	20200009	2020/1/9	离合器	20	55	25	500	1375	875
11	20200010	2020/1/10	转速表	200	350	850	170000	297500	127500

总表

098 修改单元格的数字格式

◎ 代码文件：修改单元格的数字格式.py
◎ 数据文件：订单表3.xlsx

◎ 应用场景

Excel 提供了多种数字格式，如货币格式、百分比格式、日期格式等。本案例要通过 Python 编程为单元格中的数据设置数字格式。

◎ 实现代码

```
1  import xlwings as xw  # 导入xlwings模块
2  app = xw.App(visible=False, add_book=False)  # 启动Excel程序
3  workbook = app.books.open('订单表3.xlsx')  # 打开要设置数字格式的工作簿
4  worksheet = workbook.sheets[0]  # 指定要设置数字格式的工作表
5  row_num = worksheet.range('A1').expand('table').last_cell.row  # 获取工作表中数据区域最后一行的行号
6  worksheet.range(f'B2:B{row_num}').number_format = 'yyyy年m月d日'  # 将B列数据的数字格式全部修改为"××××年×月×日"
```

```
7    worksheet.range(f'D2:D{row_num}').number_format = '￥#,##0'  # 将D列
     数据的数字格式全部修改为带货币符号的整数
8    worksheet.range(f'E2:E{row_num}').number_format = '￥#,##0'  # 将E列
     数据的数字格式全部修改为带货币符号的整数
9    worksheet.range(f'G2:G{row_num}').number_format = '￥#,##0.00'  # 将
     G列数据的数字格式全部修改为带货币符号的两位小数
10   worksheet.range(f'H2:H{row_num}').number_format = '￥#,##0.00'  # 将
     H列数据的数字格式全部修改为带货币符号的两位小数
11   worksheet.range(f'I2:I{row_num}').number_format = '￥#,##0.00'  # 将
     I列数据的数字格式全部修改为带货币符号的两位小数
12   workbook.save('订单表4.xlsx')  # 另存工作簿
13   workbook.close()  # 关闭工作簿
14   app.quit()  # 退出Excel程序
```

◎ 代码解析

第3行和第4行代码用于打开要设置数字格式的工作簿"订单表3.xlsx",然后指定在第1个工作表中进行操作。读者可根据实际需求修改工作簿的文件路径和工作表的序号。

第5行代码用于获取工作表中数据区域最后一行的行号。

第6行代码用于为B列,即"销售日期"列的数据设置日期格式,这里设置的日期格式为"××××年×月×日",读者可根据实际需求修改要设置的日期格式。

第7～11行代码分别用于为D、E、G、H、I列的数据设置货币格式,读者也可根据实际需求修改为其他数字格式。

◎ 知识延伸

(1)第5行代码中的 last_cell.row 是 xlwings 模块中 Range 对象的属性,用于获取单元格区域最后一个单元格的行号。如果要获取单元格区域最后一个单元格的列号,则使用 last_cell.column 属性。

(2)第6～11行代码使用案例034"知识延伸"中介绍的 f-string 方法拼接字符串,用于

构造单元格区域。以第 6 行代码为例，假设当前工作表中数据区域最后一行的行号 row_num 为 10，那么 f'B2:B{row_num}' 就相当于 'B2:B10'，则 range(f'B2:B{row_num}') 就代表单元格区域 B2:B10。

（3）构造出单元格区域后，就可以使用 Range 对象的 number_format 属性来设置单元格区域的数字格式。该属性的取值为一个代表特定数字格式的字符串，与 Excel 的"设置单元格格式"对话框中"数字"选项卡下设置的格式对应。

◎ 运行结果

运行本案例的代码后，打开生成的工作簿"订单表 4.xlsx"，即可看到修改了数字格式后的表格效果，如下图所示。

	A	B	C	D	E	F	G	H	I
1	单号	销售日期	产品名称	成本价	销售价	销售数量	产品成本	销售金额	利润
2	20200001	2020年1月1日	离合器	¥20	¥55	60	¥1,200.00	¥3,300.00	¥2,100.00
3	20200002	2020年1月2日	操纵杆	¥60	¥109	45	¥2,700.00	¥4,905.00	¥2,205.00
4	20200003	2020年1月3日	转速表	¥200	¥350	50	¥10,000.00	¥17,500.00	¥7,500.00
5	20200004	2020年1月4日	离合器	¥20	¥55	23	¥460.00	¥1,265.00	¥805.00
6	20200005	2020年1月5日	里程表	¥850	¥1,248	26	¥22,100.00	¥32,448.00	¥10,348.00
7	20200006	2020年1月6日	操纵杆	¥60	¥109	85	¥5,100.00	¥9,265.00	¥4,165.00
8	20200007	2020年1月7日	转速表	¥200	¥350	78	¥15,600.00	¥27,300.00	¥11,700.00
9	20200008	2020年1月8日	转速表	¥200	¥350	100	¥20,000.00	¥35,000.00	¥15,000.00
10	20200009	2020年1月9日	离合器	¥20	¥55	25	¥500.00	¥1,375.00	¥875.00
11	20200010	2020年1月10日	转速表	¥200	¥350	850	¥170,000.00	¥297,500.00	¥127,500.00

总表

099 合并单元格制作表格标题（方法一）

◎ 代码文件：合并单元格制作表格标题（方法一）.py
◎ 数据文件：订单表5.xlsx

◎ 应用场景

如下页图所示，在工作簿"订单表 5.xlsx"的工作表"总表"的单元格 A1 中输入了数据表格的标题。现在需要将单元格区域 A1:I1 合并为一个单元格，以便居中放置标题，使标题更加美观。本案例将利用 xlwings 模块完成这项工作。

	A	B	C	D	E	F	G	H	I
1	产品销售统计表								
2	单号	销售日期	产品名称	成本价	销售价	销售数量	产品成本	销售金额	利润
3	20200001	2020年1月1日	离合器	¥20	¥55	60	¥1,200.00	¥3,300.00	¥2,100.00
4	20200002	2020年1月2日	操纵杆	¥60	¥109	45	¥2,700.00	¥4,905.00	¥2,205.00
5	20200003	2020年1月3日	转速表	¥200	¥350	50	¥10,000.00	¥17,500.00	¥7,500.00
6	20200004	2020年1月4日	离合器	¥20	¥55	23	¥460.00	¥1,265.00	¥805.00
7	20200005	2020年1月5日	里程表	¥850	¥1,248	26	¥22,100.00	¥32,448.00	¥10,348.00
8	20200006	2020年1月6日	操纵杆	¥60	¥109	85	¥5,100.00	¥9,265.00	¥4,165.00
9	20200007	2020年1月7日	转速表	¥200	¥350	78	¥15,600.00	¥27,300.00	¥11,700.00

总表 ⊕

◎ 实现代码

```python
1   import xlwings as xw  # 导入xlwings模块
2   app = xw.App(visible=False, add_book=False)  # 启动Excel程序
3   workbook = app.books.open('订单表5.xlsx')  # 打开要合并单元格的工作簿
4   worksheet = workbook.sheets[0]  # 指定要合并单元格的工作表
5   title = worksheet.range('A1:I1')  # 指定要合并的单元格区域
6   title.merge()  # 合并单元格
7   title.font.name = '微软雅黑'  # 设置标题的字体
8   title.font.size = 18  # 设置标题的字号
9   title.font.bold = True  # 设置标题的字形为加粗
10  title.api.HorizontalAlignment = -4108  # 设置标题的水平对齐方式
11  title.api.VerticalAlignment = -4108  # 设置标题的垂直对齐方式
12  title.row_height = 30  # 设置标题单元格的行高
13  workbook.save('订单表6.xlsx')  # 另存工作簿
14  workbook.close()  # 关闭工作簿
15  app.quit()  # 退出Excel程序
```

◎ 代码解析

第 3 行和第 4 行代码用于打开要合并单元格的工作簿 "订单表 5.xlsx"，然后指定在第 1 个工作表中进行操作。读者可根据实际需求修改工作簿的文件路径和工作表的序号。

第 5 行代码用于指定要合并的单元格区域，这里指定的是单元格区域 A1:I1。读者可根据实

际需求修改这个区域。

第6行代码用于合并指定的单元格区域。第7～12行代码用于设置合并单元格的字体、字号、字形、对齐方式和行高等。读者可根据实际需求修改格式参数。

◎ 知识延伸

第6行代码利用 xlwings 模块中 Range 对象的 merge() 函数来合并单元格。该函数有一个参数 across，用于设置是否将指定单元格区域中的每一行单元格分别合并。该参数的默认值为 False，表示不分别合并每一行单元格；设置为 True 则表示分别合并每一行单元格。

如果要取消合并单元格，可以使用 Range 对象的 unmerge() 函数，该函数没有参数。

◎ 运行结果

运行本案例的代码后，打开生成的工作簿"订单表6.xlsx"，可看到合并单元格后制作表格标题的效果，如下图所示。

	A	B	C	D	E	F	G	H	I
1					产品销售统计表				
2	单号	销售日期	产品名称	成本价	销售价	销售数量	产品成本	销售金额	利润
3	20200001	2020年1月1日	离合器	¥20	¥55	60	¥1,200.00	¥3,300.00	¥2,100.00
4	20200002	2020年1月2日	操纵杆	¥60	¥109	45	¥2,700.00	¥4,905.00	¥2,205.00
5	20200003	2020年1月3日	转速表	¥200	¥350	50	¥10,000.00	¥17,500.00	¥7,500.00
6	20200004	2020年1月4日	离合器	¥20	¥55	23	¥460.00	¥1,265.00	¥805.00
7	20200005	2020年1月5日	里程表	¥850	¥1,248	26	¥22,100.00	¥32,448.00	¥10,348.00
8	20200006	2020年1月6日	操纵杆	¥60	¥109	85	¥5,100.00	¥9,265.00	¥4,165.00
9	20200007	2020年1月7日	转速表	¥200	¥350	78	¥15,600.00	¥27,300.00	¥11,700.00

总表

100　合并单元格制作表格标题（方法二）

◎ 代码文件：合并单元格制作表格标题（方法二）.py
◎ 数据文件：订单表5.xlsx

◎ 应用场景

本案例要使用 openpyxl 模块完成与案例099相同的工作。

◎ 实现代码

```
1   from openpyxl import load_workbook  # 导入openpyxl模块中的load_
    workbook()函数
2   from openpyxl.styles import Font, Alignment  # 导入openpyxl模块中的
    Font()和Alignment()函数
3   workbook = load_workbook('订单表5.xlsx')  # 打开要合并单元格的工作簿
4   worksheet = workbook['总表']  # 指定要合并单元格的工作表
5   worksheet.merge_cells('A1:I1')  # 合并指定的单元格区域
6   worksheet['A1'].font = Font(name='微软雅黑', size=18, bold=True)  # 设
    置标题的字体格式
7   worksheet['A1'].alignment = Alignment(horizontal='center', vertical
    ='center')  # 设置标题的对齐方式
8   worksheet.row_dimensions[1].height = 30  # 设置标题单元格的行高
9   workbook.save('订单表6.xlsx')  # 另存工作簿
```

◎ 代码解析

　　第 3 行和第 4 行代码用于打开要合并单元格的工作簿 "订单表 5.xlsx"，然后指定在工作表 "总表" 中进行操作。读者可根据实际需求修改工作簿的文件路径和工作表的名称。

　　第 5 行代码用于合并单元格区域 A1:I1。读者可根据实际需求修改这个区域。

　　第 6 行代码用于设置合并单元格的字体格式。其中参数 name、size、bold 分别用于设置字体、字号、是否加粗，读者可根据实际需求修改参数值。

　　第 7 行代码用于设置合并单元格的对齐方式。其中参数 horizontal 用于设置水平对齐方式，可取的值有 'general'、'left'、'center'、'right'、'fill'、'justify'、'centerContinuous'、'distributed'，分别代表 "常规" "靠左" "居中" "靠右" "填充" "两端对齐" "跨列居中" "分散对齐"；参数 vertical 用于设置垂直对齐方式，可取的值有 'top'、'center'、'bottom'、'justify'、'distributed'，分别代表 "靠上" "居中" "靠下" "两端对齐" "分散对齐"。读者可根据实际需求修改参数值。

　　第 8 行代码用于设置合并单元格的行高，读者可根据实际需求修改行高值。

◎ 知识延伸

（1）第 5 行代码中的 merge_cells() 是 openpyxl 模块中工作表对象的函数，用于合并单元格，括号里的参数就是要合并的单元格区域。

（2）第 6 行代码中的 font 和第 7 行代码中的 alignment 都是 openpyxl 模块中单元格区域对象的属性，分别用于设置单元格区域的字体格式和对齐方式。

（3）第 8 行代码先用 row_dimensions 属性定位要设置行高的行，再通过 height 属性设置行高值。如果要设置列宽，则需要先用 column_dimensions 属性定位要设置列宽的列，然后通过 width 属性设置列宽值，如 "worksheet.column_dimensions['A'].width = 50"。

◎ 运行结果

本案例代码的运行结果与案例 099 相同，这里不再赘述。

101　合并内容相同的连续单元格

◎ 代码文件：合并内容相同的连续单元格.py
◎ 数据文件：订单金额表.xlsx

◎ 应用场景

如下图所示为工作簿"订单金额表.xlsx"的工作表"Sheet1"中的数据表格，现在需要将"省份"列中含有相同省份的相邻单元格合并为一个单元格。

	A	B	C	D	E	F
1	省份	所属市	订单数量	订单金额	订单日期	
2	河北省	石家庄市	56	¥6,720.00	2020/2/5	
3	河北省	邯郸市	78	¥9,360.00	2020/6/8	
4	河北省	保定市	96	¥11,520.00	2020/7/12	
5	河南省	郑州市	45	¥5,400.00	2020/2/20	
6	河南省	开封市	25	¥3,000.00	2020/6/18	
7	河南省	洛阳市	45	¥5,400.00	2020/10/1	
8	四川省	成都市	78	¥9,360.00	2020/3/4	
9	四川省	达州市	96	¥11,520.00	2020/4/25	
10	四川省	巴中市	20	¥2,400.00	2020/6/12	

Sheet1　⊕

◎ 实现代码

```
1   from openpyxl import load_workbook  # 导入openpyxl模块中的load_
    workbook()函数
2   workbook = load_workbook('订单金额表.xlsx')  # 打开要合并单元格的工作簿
3   worksheet = workbook['Sheet1']  # 指定要合并单元格的工作表
4   lists = []  # 创建一个空列表
5   num = 2  # 为变量num赋初始值
6   while True:  # 构造永久循环
7       datas = worksheet.cell(num, 1).value  # 逐个读取A列单元格的数据
8       if datas:  # 如果读取的数据不为空
9           lists.append(datas)  # 则将读取的数据追加到列表中
10      else:  # 如果读取的数据为空
11          break  # 则强制结束循环
12      num += 1
13  s = 0
14  e = 0
15  data = lists[0]
16  for m in range(len(lists)):
17      if lists[m] != data:
18          data = lists[m]
19          e = m - 1
20          if e >= s:
21              worksheet.merge_cells(f'A{s + 2}:A{e + 2}')  # 合并A列
                相同内容的单元格
22              s = e + 1
23      if m == len(lists) - 1:
24          e = m
```

```
25        worksheet.merge_cells(f'A{s + 2}:A{e + 2}')  # 合并A列相同
          内容的单元格
26 workbook.save('订单金额表1.xlsx')  # 另存工作簿
```

◎ 代码解析

第 4～12 行代码用于从工作表 A 列（即"省份"列）的第 2 行开始读取数据，并存储到列表中。

第 13～25 行代码用于判断内容相同的单元格的始末位置，然后合并这些单元格。

◎ 知识延伸

（1）第 6 行代码中的 while 语句在案例 016 中介绍过，第 11 行代码中的 break 语句在案例 051 中介绍过，这里不再赘述。

（2）第 17 行代码中的 "!=" 和第 20 行代码中的 ">=" 都是 Python 中的比较运算符。"!=" 为不等于运算符，用于判断运算符左右两侧的值是否不相等。">=" 为大于或等于运算符，用于判断运算符左侧的值是否大于或等于右侧的值。这两个运算符的用法和案例 051 中介绍的 "==" 类似，这里不再详细讲解。

◎ 运行结果

运行本案例的代码后，打开生成的工作簿"订单金额表 1.xlsx"，可看到"省份"列中含有相同省份的相邻单元格都被分别合并了，如下图所示。

	A	B	C	D	E	F
1	省份	所属市	订单数量	订单金额	订单日期	
2	河北省	石家庄市	56	¥6,720.00	2020/2/5	
3		邯郸市	78	¥9,360.00	2020/6/8	
4		保定市	96	¥11,520.00	2020/7/12	
5	河南省	郑州市	45	¥5,400.00	2020/2/20	
6		开封市	25	¥3,000.00	2020/6/18	
7		洛阳市	45	¥5,400.00	2020/10/1	
8	四川省	成都市	78	¥9,360.00	2020/3/4	
9		达州市	96	¥11,520.00	2020/4/25	
10		巴中市	20	¥2,400.00	2020/6/12	
11		绵阳市	55	¥6,600.00	2020/11/7	

Sheet1 ⊕

102　在空白单元格中填充数据

◎ 代码文件：在空白单元格中填充数据.py
◎ 数据文件：销售表.xlsx

◎ 应用场景

　　如下图所示，工作簿"销售表.xlsx"的工作表"总表"中有部分单元格的数据缺失，假设按照相关规定，这些单元格要填充为零值。下面通过 Python 编程完成这项工作。

	A	B	C	D	E	F
1	单号	销售日期	产品名称	销售金额	利润	
2	20200001	2020/1/1	离合器	¥3,300	¥2,100	
3	20200002	2020/1/2	操纵杆	¥4,905	¥2,205	
4	20200003	2020/1/3	转速表			
5	20200004	2020/1/4	离合器	¥1,265	¥805	
6	20200005	2020/1/5	里程表	¥32,448	¥10,348	
7	20200006	2020/1/6	操纵杆	¥9,265	¥4,165	
8	20200007	2020/1/7	转速表	¥27,300	¥11,700	
9	20200008	2020/1/8	转速表	¥35,000	¥15,000	
10	20200009	2020/1/9	离合器			
11	20200010	2020/1/10	转速表	¥297,500	¥127,500	

总表

就绪

◎ 实现代码

```
1  import pandas as pd  # 导入pandas模块
2  data = pd.read_excel('销售表.xlsx', sheet_name='总表')  # 读取工作簿
   中指定工作表的数据
3  data['销售金额'].fillna(0, inplace=True)  # 在"销售金额"列的空白单
   元格中填充零值
4  data['利润'].fillna(0, inplace=True)  # 在"利润"列的空白单元格中填
   充零值
5  data.to_excel('销售表1.xlsx', sheet_name='总表', index=False)  # 将
   填充零值后的数据写入新工作簿的工作表中
```

◎ 代码解析

第 2 行代码用于读取工作簿"销售表.xlsx"的工作表"总表"中的数据，读者可根据实际需求修改工作簿的文件路径和工作表的名称。

第 3 行和第 4 行代码分别用于在"销售金额"列和"利润"列的空白单元格中填充零值，读者可根据实际需求修改要填充的列和填充的值。

第 5 行代码用于将填充了零值后的数据写入新工作簿"销售表 1.xlsx"的工作表"总表"中，读者可根据实际需求修改新工作簿的文件路径和工作表的名称。

◎ 知识延伸

第 3 行和第 4 行代码中的 fillna() 是 pandas 模块中 DataFrame 对象的函数，用于将一个 DataFrame 中的所有缺失值填充为指定的值。该函数的第 1 个参数为要填充的值。第 2 个参数 inplace 用于设置是否在原 DataFrame 中进行操作。这里将参数 inplace 设置为 True，表示直接在原 DataFrame 中执行填充操作；如果设置为 False 或省略，则不改变原 DataFrame，而是返回一个完成填充操作后的新 DataFrame。

◎ 运行结果

运行本案例的代码后，打开生成的工作簿"销售表 1.xlsx"，适当设置字体格式和数字格式，得到如下图所示的数据表格。

	A	B	C	D	E	F
1	单号	销售日期	产品名称	销售金额	利润	
2	20200001	2020/1/1	离合器	¥3,300	¥2,100	
3	20200002	2020/1/2	操纵杆	¥4,905	¥2,205	
4	20200003	2020/1/3	转速表	¥0	¥0	
5	20200004	2020/1/4	离合器	¥1,265	¥805	
6	20200005	2020/1/5	里程表	¥32,448	¥10,348	
7	20200006	2020/1/6	操纵杆	¥9,265	¥4,165	
8	20200007	2020/1/7	转速表	¥27,300	¥11,700	
9	20200008	2020/1/8	转速表	¥35,000	¥15,000	
10	20200009	2020/1/9	离合器	¥0	¥0	
11	20200010	2020/1/10	转速表	¥297,500	¥127,500	

总表 ⊕

就绪

103 删除工作表中的重复行

◎ 代码文件：删除工作表中的重复行.py
◎ 数据文件：销售表1.xlsx

◎ 应用场景

如下图所示为工作簿"销售表 1.xlsx"的工作表"总表"中的数据表格。可以看到有部分行的数据是重复的，如第 5 行和第 6 行、第 11 行和第 12 行。现在要删除这个工作表中重复的行。

	A	B	C	D	E	F	G	H	I
1	单号	销售日期	产品名称	成本价	销售价	销售数量	产品成本	销售金额	利润
2	20200001	2020/1/1	离合器	¥20	¥55	60	¥1,200	¥3,300	¥2,100
3	20200002	2020/1/2	操纵杆	¥60	¥109	45	¥2,700	¥4,905	¥2,205
4	20200003	2020/1/3	转速表	¥200	¥350	50	¥10,000	¥17,500	¥7,500
5	20200004	2020/1/4	离合器	¥20	¥55	23	¥460	¥1,265	¥805
6	20200004	2020/1/4	离合器	¥20	¥55	23	¥460	¥1,265	¥805
7	20200005	2020/1/5	里程表	¥850	¥1,248	26	¥22,100	¥32,448	¥10,348
8	20200006	2020/1/6	操纵杆	¥60	¥109	85	¥5,100	¥9,265	¥4,165
9	20200007	2020/1/7	转速表	¥200	¥350	78	¥15,600	¥27,300	¥11,700
10	20200008	2020/1/8	转速表	¥200	¥350	100	¥20,000	¥35,000	¥15,000
11	20200009	2020/1/9	离合器	¥20	¥55	25	¥500	¥1,375	¥875
12	20200009	2020/1/9	离合器	¥20	¥55	25	¥500	¥1,375	¥875
13	20200010	2020/1/10	转速表	¥200	¥350	850	¥170,000	¥297,500	¥127,500

总表 ⊕

◎ 实现代码

```
1  import pandas as pd  # 导入pandas模块
2  data = pd.read_excel('销售表1.xlsx', sheet_name='总表')  # 读取工作
   簿中指定工作表的数据
3  data = data.drop_duplicates()  # 删除重复行
4  data.to_excel('销售表2.xlsx', sheet_name='总表', index=False)  # 将
   删除了重复行的数据写入新工作簿的工作表中
```

◎ 代码解析

第 2 行代码用于读取工作簿"销售表 1.xlsx"的工作表"总表"中的数据，读者可根据实

际需求修改工作簿的文件路径和工作表的名称。

第 3 行代码用于删除数据中的重复行，也可修改为"data.drop_duplicates(inplace=True)"。

第 4 行代码用于将删除了重复行的数据写入新工作簿"销售表 2.xlsx"的工作表"总表"中，读者可根据实际需求修改新工作簿的文件路径和工作表的名称。

◎ 知识延伸

第 3 行代码中的 drop_duplicates() 是 pandas 模块中 DataFrame 对象的函数，用于删除数据中的重复行。通过设置该函数的参数 keep 可达到不同的删除效果：设置为 'first' 或省略时，表示保留首次出现的重复行，删除后面的重复行；设置为 'last' 时，表示保留最后一次出现的重复行，删除前面的重复行；设置为 False 时，表示删除所有的重复行。演示代码如下：

```
1  import pandas as pd
2  a = pd.DataFrame([['Rick', 28], ['Tom', 23], ['Lucy', 21], ['Tom', 23]], columns=['name', 'age'])
3  print(a)
4  c = a.drop_duplicates(keep='last')
5  print(c)
```

上述演示代码的第 2 行创建了一个 DataFrame 并赋给变量 a。第 4 行删除 a 中的重复行，保留最后一次出现的重复行。代码运行结果如下：

```
1       name  age
2  0    Rick   28
3  1     Tom   23
4  2    Lucy   21
5  3     Tom   23
6       name  age
7  0    Rick   28
8  2    Lucy   21
9  3     Tom   23
```

◎ 运行结果

　　运行本案例的代码后，打开生成的工作簿"销售表 2.xlsx"，可看到各重复行分别只保留了一行，其余重复行则被删除，适当设置字体格式和数字格式，得到如下图所示的数据表格。

	A	B	C	D	E	F	G	H	I
1	单号	销售日期	产品名称	成本价	销售价	销售数量	产品成本	销售金额	利润
2	20200001	2020/1/1	离合器	¥20	¥55	60	¥1,200	¥3,300	¥2,100
3	20200002	2020/1/2	操纵杆	¥60	¥109	45	¥2,700	¥4,905	¥2,205
4	20200003	2020/1/3	转速表	¥200	¥350	50	¥10,000	¥17,500	¥7,500
5	20200004	2020/1/4	离合器	¥20	¥55	23	¥460	¥1,265	¥805
6	20200005	2020/1/5	里程表	¥850	¥1,248	26	¥22,100	¥32,448	¥10,348
7	20200006	2020/1/6	操纵杆	¥60	¥109	85	¥5,100	¥9,265	¥4,165
8	20200007	2020/1/7	转速表	¥200	¥350	78	¥15,600	¥27,300	¥11,700
9	20200008	2020/1/8	转速表	¥200	¥350	100	¥20,000	¥35,000	¥15,000
10	20200009	2020/1/9	离合器	¥20	¥55	25	¥500	¥1,375	¥875
11	20200010	2020/1/10	转速表	¥200	¥350	850	¥170,000	¥297,500	¥127,500

总表

104　将单元格中的公式转换为数值

◎　代码文件：将单元格中的公式转换为数值.py
◎　数据文件：销售表2.xlsx

◎ 应用场景

　　如下图所示为工作簿"销售表 2.xlsx"的工作表"总表"中的数据表格，其中"产品成本"列的数据是通过公式计算出来的。例如，单元格 G2 中的公式为"=D2*F2"。现在要通过 Python 编程将"产品成本"列的所有公式转换为计算结果的数值。

G2 　　　ƒx　=D2*F2

	A	B	C	D	E	F	G	H	I	J
1	单号	销售日期	产品名称	成本价	销售价	销售数量	产品成本	销售金额	利润	
2	20200001	2020/1/1	离合器	¥20	¥55	60	¥1,200	¥3,300	¥2,100	
3	20200002	2020/1/2	操纵杆	¥60	¥109	45	¥2,700	¥4,905	¥2,205	
4	20200003	2020/1/3	转速表	¥200	¥350	50	¥10,000	¥17,500	¥7,500	
5	20200004	2020/1/4	离合器	¥20	¥55	23	¥460	¥1,265	¥805	
6	20200005	2020/1/5	里程表	¥850	¥1,248	26	¥22,100	¥32,448	¥10,348	
7	20200006	2020/1/6	操纵杆	¥60	¥109	85	¥5,100	¥9,265	¥4,165	
8	20200007	2020/1/7	转速表	¥200	¥350	78	¥15,600	¥27,300	¥11,700	
9	20200008	2020/1/8	转速表	¥200	¥350	100	¥20,000	¥35,000	¥15,000	
10	20200009	2020/1/9	离合器	¥20	¥55	25	¥500	¥1,375	¥875	
11	20200010	2020/1/10	转速表	¥200	¥350	850	¥170,000	¥297,500	¥127,500	

总表

就绪

◎ 实现代码

```
1  import xlwings as xw  #导入xlwings模块
2  app = xw.App(visible=False, add_book=False)  # 启动Excel程序
3  workbook = app.books.open('销售表2.xlsx')  # 打开要操作的工作簿
4  worksheet = workbook.sheets[0]  # 指定要操作的工作表
5  data = worksheet.range('A1').expand('table').value  # 读取工作表中
   的数据
6  worksheet.range('A1').expand('table').value = data  # 将读取的数据
   写入工作表
7  workbook.save('销售表3.xlsx')  # 另存工作簿
8  workbook.close()  # 关闭工作簿
9  app.quit()  # 退出Excel程序
```

◎ 代码解析

第 3 行和第 4 行代码用于打开要将公式转换为数值的工作簿"销售表 2.xlsx"，然后指定在第 1 个工作表中进行操作。读者可根据实际需求修改工作簿的文件路径和工作表的序号。

第 5 行代码用于读取工作表中的数据，此时只会读取展示的数值，不会读取公式。第 6 行代码用于将读取的数据重新写入工作表，这样就实现了将公式转换为数值的操作。

◎ 运行结果

运行本案例的代码后，打开生成的工作簿"销售表 3.xlsx"，选中单元格 G2，可看到该单元格中的公式已被转换成数值，如下图所示。

单号	销售日期	产品名称	成本价	销售价	销售数量	产品成本	销售金额	利润
20200001	2020/1/1	离合器	¥20	¥55	60	¥1,200	¥3,300	¥2,100
20200002	2020/1/2	操纵杆	¥60	¥109	45	¥2,700	¥4,905	¥2,205
20200003	2020/1/3	转速表	¥200	¥350	50	¥10,000	¥17,500	¥7,500
20200004	2020/1/4	离合器	¥20	¥55	23	¥460	¥1,265	¥805
20200005	2020/1/5	里程表	¥850	¥1,248	26	¥22,100	¥32,448	¥10,348
20200006	2020/1/6	操纵杆	¥60	¥109	85	¥5,100	¥9,265	¥4,165
20200007	2020/1/7	转速表	¥200	¥350	78	¥15,600	¥27,300	¥11,700
20200008	2020/1/8	转速表	¥200	¥350	100	¥20,000	¥35,000	¥15,000

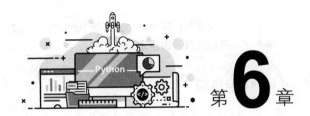

第 **6** 章

数据处理与分析操作

Excel 能完成一般办公中绝大多数的数据分析工作，但是当数据量大、数据表格多时，可借助 Python 中功能丰富而强大的第三方模块来提高工作效率。本章将讲解如何利用 pandas、xlwings 等模块编写 Python 代码，快速完成排序、筛选、分类汇总、相关性分析、回归分析等数据分析工作。

105   排序一个工作表中的数据（方法一）

◎ 代码文件：排序一个工作表中的数据（方法一）.py
◎ 数据文件：销售表.xlsx

◎ 应用场景

如下图所示为工作簿"销售表.xlsx"的工作表"总表"中的数据表格。本案例要通过 Python 编程对表格按指定列进行排序。

	A	B	C	D	E	F	G	H	I	J
1	单号	销售日期	产品名称	成本价	销售价	销售数量	产品成本	销售金额	利润	
2	20200001	2020/1/1	离合器	¥20	¥55	60	¥1,200	¥3,300	¥2,100	
3	20200002	2020/1/2	操纵杆	¥60	¥109	45	¥2,700	¥4,905	¥2,205	
4	20200003	2020/1/3	转速表	¥200	¥350	50	¥10,000	¥17,500	¥7,500	
5	20200004	2020/1/4	离合器	¥20	¥55	23	¥460	¥1,265	¥805	
6	20200005	2020/1/5	里程表	¥850	¥1,248	26	¥22,100	¥32,448	¥10,348	
7	20200006	2020/1/6	操纵杆	¥60	¥109	85	¥5,100	¥9,265	¥4,165	
8	20200007	2020/1/7	转速表	¥200	¥350	78	¥15,600	¥27,300	¥11,700	
9	20200008	2020/1/8	转速表	¥200	¥350	100	¥20,000	¥35,000	¥15,000	
10	20200009	2020/1/9	离合器	¥20	¥55	25	¥500	¥1,375	¥875	
11	20200010	2020/1/10	转速表	¥200	¥350	850	¥170,000	¥297,500	¥127,500	

◎ 实现代码

```
1   import pandas as pd  # 导入pandas模块
2   data = pd.read_excel('销售表.xlsx', sheet_name='总表')  # 读取要排序
    的工作表数据
3   data = data.sort_values(by='利润', ascending=False)  # 按"利润"列
    做降序排序
4   data.to_excel('销售表1.xlsx', sheet_name='总表', index=False)  # 将
    排序后的数据写入新工作簿的工作表中
```

◎ 代码解析

第 2 行代码用于读取工作簿"销售表.xlsx"的工作表"总表"中的数据，读者可根据实际需求修改工作簿的文件路径和工作表的名称。

第 3 行代码用于对读取的数据按照"利润"列进行降序排序，读者可根据实际需求修改列名。如果要做升序排序，则将参数 ascending 设置为 True。如果想要先按"利润"列做降序排序，遇到相同的利润值时再按"销售金额"列做降序排序，可将该行代码修改为"data = data.sort_values(by=[' 利润 ', ' 销售金额 '], ascending=False)"。

第 4 行代码用于将排序后的数据写入新工作簿"销售表 1.xlsx"的工作表"总表"中，读者可根据实际需求修改新工作簿的文件路径和工作表的名称。

◎ 知识延伸

第 3 行代码中的 sort_values() 是 pandas 模块中 DataFrame 对象的函数，可以按列对数据进行排序。介绍该函数的使用方法前，先创建一个 DataFrame，演示代码如下：

```
1  import pandas as pd
2  data = pd.DataFrame([[1, 2, 3], [4, 5, 6], [7, 8, 9]], index=['r1',
   'r2', 'r3'], columns=['c1', 'c2', 'c3'])
3  print(data)
```

上述演示代码的第 2 行创建了一个 3 行 3 列的 DataFrame，行索引为 r1、r2、r3，列索引为 c1、c2、c3。代码运行结果如下：

```
1     c1  c2  c3
2  r1   1   2   3
3  r2   4   5   6
4  r3   7   8   9
```

随后就可以使用 sort_values() 函数对这个 DataFrame 进行排序，演示代码如下：

```
1  a = data.sort_values(by='c2', ascending=False)
2  print(a)
```

sort_values() 函数的参数 by 用于指定按哪一列来排序；参数 ascending 用于指定排序方式，默认值为 True，表示升序排序，若设置为 False，则表示降序排序。代码运行结果如下：

```
1       c1  c2  c3
2   r3   7   8   9
3   r2   4   5   6
4   r1   1   2   3
```

◎ 运行结果

运行本案例的代码后，打开生成的工作簿"销售表 1.xlsx"，在工作表"总表"中可看到按"利润"列做降序排序的效果，但数据的格式会丢失，可手动做适当设置，结果如下图所示。

	A	B	C	D	E	F	G	H	I	J
1	单号	销售日期	产品名称	成本价	销售价	销售数量	产品成本	销售金额	利润	
2	20200114	2020/4/23	组合表	¥850	¥1,248	1000	¥850,000	¥1,248,000	¥398,000	
3	20200064	2020/3/4	组合表	¥850	¥1,248	800	¥680,000	¥998,400	¥318,400	
4	20200014	2020/1/14	组合表	¥850	¥1,248	600	¥510,000	¥748,800	¥238,800	
5	20200164	2020/6/12	组合表	¥850	¥1,248	528	¥448,800	¥658,944	¥210,144	
6	20200129	2020/5/8	里程表	¥850	¥1,248	400	¥340,000	¥499,200	¥159,200	
7	20200110	2020/4/19	转速表	¥200	¥350	900	¥180,000	¥315,000	¥135,000	
8	20200060	2020/2/29	转速表	¥200	¥350	850	¥170,000	¥297,500	¥127,500	
9	20200010	2020/1/10	转速表	¥200	¥350	750	¥150,000	¥262,500	¥112,500	
10	20200160	2020/6/8	转速表	¥200	¥350	654	¥130,800	¥228,900	¥98,100	
11	20200073	2020/3/13	里程表	¥850	¥1,248	89	¥75,650	¥111,072	¥35,422	

总表

106　排序一个工作表中的数据（方法二）

◎ 代码文件：排序一个工作表中的数据（方法二）.py
◎ 数据文件：销售表.xlsx

◎ 应用场景

在案例 105 中，使用 pandas 模块操作数据后，数据的格式设置会丢失。如果想要保持格式不变，可结合使用 pandas 模块和 xlwings 模块来完成排序。

◎ 实现代码

```
1   import xlwings as xw  # 导入xlwings模块
```

```
2    import pandas as pd  # 导入pandas模块
3    app = xw.App(visible=False, add_book=False)  # 启动Excel程序
4    workbook = app.books.open('销售表.xlsx')  # 打开要排序的工作簿
5    worksheet = workbook.sheets['总表']  # 指定要排序的工作表
6    data = worksheet.range('A1').expand('table').options(pd.DataFrame).
     value  # 读取指定工作表的数据并转换为DataFrame格式
7    result = data.sort_values(by='利润', ascending=False)  # 按"利润"
     列做降序排序
8    worksheet.range('A1').value = result  # 将排序结果写入指定工作表，替
     换原有数据
9    workbook.save('销售表1.xlsx')  # 另存工作簿
10   workbook.close()  # 关闭工作簿
11   app.quit()  # 退出Excel程序
```

◎ 代码解析

第 4 行和第 5 行代码用于打开工作簿"销售表.xlsx"，并指定在工作表"总表"中进行操作。读者可根据实际需求修改工作簿的文件路径和工作表的名称。

第 6 行代码用于读取工作表中的数据，并将其转换为 DataFrame 格式。第 7 行代码用于对 DataFrame 中的"利润"列进行降序排序。

第 8 行代码用于将排序后的数据写入工作表，这里是从单元格 A1 开始写入，读者可根据实际需求修改为其他单元格。

◎ 知识延伸

（1）第 6 行代码中的 options() 是 xlwings 模块中 Range 对象的一个函数，将该函数括号中的参数设置为 pd.DataFrame 时，表示将读取的数据转换为 DataFrame 格式。

（2）第 7 行代码中的 sort_values() 是 pandas 模块中的函数。该函数在案例 105 中介绍过，这里不再赘述。

◎ 运行结果

运行本案例的代码后，打开生成的工作簿 "销售表 1.xlsx"，在工作表 "总表" 中可看到排序后的效果。

107 排序一个工作簿中所有工作表的数据

◎ 代码文件：排序一个工作簿中所有工作表的数据.py
◎ 数据文件：各月销售数量表.xlsx

◎ 应用场景

在案例 105 和案例 106 的基础上，可批量完成多个工作表数据的排序。如下面两图所示为工作簿 "各月销售数量表.xlsx" 中任意两个工作表的数据，其余工作表的数据也是相同的结构。现在需要对所有工作表的数据按 "销售数量" 列做降序排序。

	A	B	C	D	E
1	配件编号	配件名称	销售数量		
2	FB05211450	离合器	500		
3	FB05211451	操纵杆	600		
4	FB05211452	转速表	300		
5	FB05211453	里程表	400		
6	FB05211454	组合表	500		
7	FB05211455	缓速器	800		
8	FB05211456	胶垫	900		
9	FB05211457	气压表	600		
10	FB05211458	调整垫	400		
11	FB05211459	上衬套	200		

1月 2月 3月 4月 5月 6月 7月 8月 9月 10月 11月 12月

	A	B	C	D	E
1	配件编号	配件名称	销售数量		
2	FB05211450	离合器	150		
3	FB05211451	操纵杆	120		
4	FB05211452	转速表	600		
5	FB05211453	里程表	140		
6	FB05211454	组合表	800		
7	FB05211455	缓速器	90		
8	FB05211456	胶垫	70		
9	FB05211457	气压表	90		
10	FB05211458	调整垫	60		
11	FB05211459	上衬套	100		

1月 2月 3月 4月 5月 6月 7月 8月 9月 10月 11月 12月

◎ 实现代码

```
1   import xlwings as xw   # 导入xlwings模块
2   import pandas as pd   # 导入pandas模块
3   app = xw.App(visible=False, add_book=False)   # 启动Excel程序
4   workbook = app.books.open('各月销售数量表.xlsx')   # 打开要排序的工作簿
5   worksheet = workbook.sheets   # 获取工作簿中的所有工作表
6   for i in worksheet:   # 遍历工作簿中的工作表
7       data = i.range('A1').expand('table').options(pd.DataFrame).
        value   # 读取当前工作表的数据并转换为DataFrame格式
8       result = data.sort_values(by='销售数量', ascending=False)   # 按
        "销售数量"列做降序排序
9       i.range('A1').value = result   # 将排序结果写入当前工作表,替换原
        有数据
10  workbook.save('各月销售数量表1.xlsx')   # 另存工作簿
11  workbook.close()   # 关闭工作簿
12  app.quit()   # 退出Excel程序
```

◎ 代码解析

第 4 行和第 5 行代码用于打开要排序的工作簿 "各月销售数量表.xlsx" 并获取该工作簿中的所有工作表。读者可根据实际需求修改第 4 行代码中的工作簿文件路径。

第 6～9 行代码用于对工作表中的数据按 "销售数量" 列做降序排序,读者可按照案例 105 的讲解修改排序方式。

◎ 知识延伸

第 8 行代码中的 sort_values() 函数在案例 105 中介绍过,这里不再赘述。

◎ 运行结果

运行本案例的代码后,打开生成的工作簿 "各月销售数量表 1.xlsx",切换至任意两个工作表,

可看到排序后的效果，如下左图和下右图所示。

	A	B	C
1	配件编号	配件名称	销售数量
2	FB05211456	胶垫	900
3	FB05211455	缓速器	800
4	FB05211451	操纵杆	600
5	FB05211457	气压表	600
6	FB05211462	转向节	600
7	FB05211450	离合器	500
8	FB05211454	组合表	500
9	FB05211453	里程表	400
10	FB05211458	调整垫	400
11	FB05211452	转速表	300

	A	B	C
1	配件编号	配件名称	销售数量
2	FB05211454	组合表	800
3	FB05211452	转速表	600
4	FB05211461	下衬套	600
5	FB05211463	继动阀	350
6	FB05211460	主销	200
7	FB05211462	转向节	200
8	FB05211450	离合器	150
9	FB05211453	里程表	140
10	FB05211451	操纵杆	120
11	FB05211459	上衬套	100

108　排序多个工作簿中同名工作表的数据

◎ 代码文件：排序多个工作簿中同名工作表的数据.py
◎ 数据文件：各地区销售数量（文件夹）

◎ 应用场景

　　如下左图所示，文件夹"各地区销售数量"中有 3 个工作簿。如下右图所示为其中任意一个工作簿的工作表"销售数量"中的数据，其余工作簿也有相同数据结构的同名工作表"销售数量"。现要对 3 个工作簿中的同名工作表"销售数量"中的数据按"销售数量"列做降序排序。

◎ 实现代码

```
1   from pathlib import Path  # 导入pathlib模块中的Path类
2   import xlwings as xw  # 导入xlwings模块
3   import pandas as pd  # 导入pandas模块
4   app = xw.App(visible=False, add_book=False)  # 启动Excel程序
5   folder_path = Path('各地区销售数量')  # 给出要排序的工作簿所在文件夹的
    路径
6   file_list = folder_path.glob('*.xls*')  # 获取文件夹下所有工作簿的文
    件路径
7   for i in file_list:  # 遍历获取的文件路径
8       workbook = app.books.open(i)  # 打开要排序的工作簿
9       worksheet = workbook.sheets['销售数量']  # 指定要排序的工作表
10      data = worksheet.range('A1').expand('table').options(pd.Data-
        Frame).value  # 读取指定工作表的数据并转换为DataFrame格式
11      result = data.sort_values(by='销售数量', ascending=False)  # 按
        "销售数量"列做降序排序
12      worksheet.range('A1').value = result  # 将排序结果写入指定工作表,
        替换原有数据
13      workbook.save()  # 保存工作簿
14      workbook.close()  # 关闭工作簿
15  app.quit()  # 退出Excel程序
```

◎ 代码解析

第 5 行和第 6 行代码用于获取文件夹"各地区销售数量"下所有工作簿的文件路径。读者可根据实际需求修改第 5 行代码中的文件夹路径。

第 7 ~ 14 行代码用于逐个打开文件夹中的工作簿,并对工作簿中的工作表"销售数量"进行排序。读者可根据实际需求修改第 9 行代码中的工作表名称,并按照案例 105 的讲解修改第 11 行代码中的排序方式。

◎ 知识延伸

第5行代码中的 Path 类和第6行代码中的 glob() 函数分别在案例030和案例032中介绍过，这里不再赘述。

◎ 运行结果

运行本案例的代码后，打开文件夹"各地区销售数量"中的任意一个工作簿，切换至工作表"销售数量"，可看到排序后的效果，如右图所示。

	A	B	C
1	配件编号	配件名称	销售数量
2	FB05211454	组合表	900
3	FB05211453	里程表	800
4	FB05211459	上衬套	780
5	FB05211455	缓速器	700
6	FB05211452	转速表	600
7	FB05211456	胶垫	600
8	FB05211461	下衬套	600
9	FB05211460	主销	500
10	FB05211458	调整垫	450
11	FB05211462	转向节	400

配件信息　供应商信息　销售数量　⊕

就绪

109　根据单个条件筛选一个工作表中的数据

◎ 代码文件：根据单个条件筛选一个工作表中的数据.py
◎ 数据文件：销售表.xlsx

◎ 应用场景

筛选是最常用的数据分析工具之一。本案例要通过 Python 编程对一个工作表中的数据按单个筛选条件进行筛选。

◎ 实现代码

```
1  import pandas as pd  # 导入pandas模块
2  data = pd.read_excel('销售表.xlsx', sheet_name='总表')  # 从工作表中
   读取要筛选的数据
```

```
3   pro_data = data[data['产品名称'] == '离合器']   # 筛选"产品名称"为
    "离合器"的数据
4   num_data = data[data['销售数量'] >= 100]   # 筛选"销售数量"大于等于
    100的数据
5   pro_data.to_excel('离合器.xlsx', sheet_name='离合器', index=False)  # 将
    筛选出的数据写入新工作簿的工作表中
6   num_data.to_excel('销售数量大于等于100的记录.xlsx', sheet_name='销售数量
    大于等于100的记录', index=False)  # 将筛选出的数据写入新工作簿的工作表中
```

◎ 代码解析

第 2 行代码用于读取工作簿"销售表.xlsx"的工作表"总表"中的数据,读者可根据实际需求修改工作簿的文件路径和工作表的名称。

第 3 行代码用于在"产品名称"列中筛选"离合器"数据,第 4 行代码用于在"销售数量"列中筛选大于等于 100 的数据。读者可根据实际需求修改筛选条件。

第 5 行和第 6 行代码分别将第 3 行和第 4 行代码筛选出的数据写入不同的新工作簿中,读者可根据实际需求修改新工作簿的文件路径和工作表的名称。

◎ 知识延伸

第 3 行和第 4 行代码在设置筛选条件时使用了 Python 中的比较运算符"=="和">="。在前面的案例中零散地介绍过一些比较运算符,这里做一个比较全面的介绍,见下表。这些运算符的名称已经表明了其功能,所以这里不再做进一步的解说。

符号	名称	符号	名称
==	等于运算符	<	小于运算符
!=	不等于运算符	>=	大于等于运算符
>	大于运算符	<=	小于等于运算符

◎ 运行结果

运行本案例的代码后，打开生成的工作簿"离合器.xlsx"，在工作表"离合器"中可看到筛选出的数据，如下图所示。

	A	B	C	D	E	F	G	H	I	J
1	单号	销售日期	产品名称	成本价	销售价	销售数量	产品成本	销售金额	利润	
2	20200001	2020/1/1	离合器	¥20	¥55	60	¥1,200	¥3,300	¥2,100	
3	20200004	2020/1/4	离合器	¥20	¥55	23	¥460	¥1,265	¥805	
4	20200009	2020/1/9	离合器	¥20	¥55	25	¥500	¥1,375	¥875	
5	20200013	2020/1/13	离合器	¥20	¥55	69	¥1,380	¥3,795	¥2,415	
6	20200021	2020/1/21	离合器	¥20	¥55	55	¥1,100	¥3,025	¥1,925	
7	20200027	2020/1/27	离合器	¥20	¥55	56	¥1,120	¥3,080	¥1,960	
8	20200032	2020/2/1	离合器	¥20	¥55	15	¥300	¥825	¥525	
9	20200034	2020/2/3	离合器	¥20	¥55	40	¥800	¥2,200	¥1,400	
10	20200040	2020/2/9	离合器	¥20	¥55	35	¥700	¥1,925	¥1,225	
11	20200042	2020/2/11	离合器	¥20	¥55	75	¥1,500	¥4,125	¥2,625	

离合器

打开生成的工作簿"销售数量大于等于 100 的记录.xlsx"，在工作表"销售数量大于等于 100 的记录"中可看到筛选出的数据，如下图所示。

	A	B	C	D	E	F	G	H	I	J
1	单号	销售日期	产品名称	成本价	销售价	销售数量	产品成本	销售金额	利润	
2	20200008	2020/1/8	转速表	¥200	¥350	100	¥20,000	¥35,000	¥15,000	
3	20200010	2020/1/10	转速表	¥200	¥350	750	¥150,000	¥262,500	¥112,500	
4	20200014	2020/1/14	组合表	¥850	¥1,248	600	¥510,000	¥748,800	¥238,800	
5	20200058	2020/2/27	转速表	¥200	¥350	100	¥20,000	¥35,000	¥15,000	
6	20200060	2020/2/29	转速表	¥200	¥350	850	¥170,000	¥297,500	¥127,500	
7	20200064	2020/3/4	组合表	¥850	¥1,248	800	¥680,000	¥998,400	¥318,400	
8	20200108	2020/4/17	转速表	¥200	¥350	100	¥20,000	¥35,000	¥15,000	
9	20200110	2020/4/19	转速表	¥200	¥350	900	¥180,000	¥315,000	¥135,000	
10	20200114	2020/4/23	组合表	¥850	¥1,248	1000	¥850,000	¥1,248,000	¥398,000	
11	20200129	2020/5/8	里程表	¥850	¥1,248	400	¥340,000	¥499,200	¥159,200	

销售数量大于等于100的记录

110 根据多个条件筛选一个工作表中的数据

◎ 代码文件：根据多个条件筛选一个工作表中的数据.py
◎ 数据文件：销售表.xlsx

◎ 应用场景

学会了单个条件的筛选，本案例接着来学习多个条件的筛选。

◎ 实现代码

```
1  import pandas as pd  # 导入pandas模块
2  data = pd.read_excel('销售表.xlsx', sheet_name='总表')  # 从工作表中
   读取要筛选的数据
3  condition1 = (data['产品名称'] == '转速表') & (data['销售数量'] >=
   50)  # 设置"与"筛选条件
4  condition2 = (data['产品名称'] == '转速表') | (data['销售数量'] >=
   50)  # 设置"或"筛选条件
5  data1 = data[condition1]  # 根据"与"筛选条件筛选数据
6  data2 = data[condition2]  # 根据"或"筛选条件筛选数据
7  data1.to_excel('销售表1.xlsx', sheet_name='与条件筛选', index=False)  # 将
   筛选出的数据写入新工作簿的工作表中
8  data2.to_excel('销售表2.xlsx', sheet_name='或条件筛选', index=False)  # 将
   筛选出的数据写入新工作簿的工作表中
```

◎ 代码解析

第 2 行代码用于读取工作簿"销售表.xlsx"的工作表"总表"中的数据,读者可根据实际需求修改工作簿的文件路径和工作表的名称。

第 3 行代码设置了一个"与"筛选条件,用于筛选"产品名称"为"转速表"且"销售数量"大于等于 50 的数据。读者可根据实际需求修改筛选条件。

第 4 行代码设置了一个"或"筛选条件,用于筛选"产品名称"为"转速表"或"销售数量"大于等于 50 的数据。读者可根据实际需求修改筛选条件。

第 5 行和第 6 行代码分别根据第 3 行和第 4 行代码设置的筛选条件筛选数据。

第 7 行和第 8 行代码分别将第 5 行和第 6 行代码筛选出的数据写入不同的新工作簿中,读者可根据实际需求修改新工作簿的文件路径和工作表的名称。

◎ 知识延伸

第 3 行代码中的"&"和第 4 行代码中的"|"是 pandas 模块定义的逻辑运算符,其中"&"

表示"与"运算，"|"表示"或"运算。此外还有一个"~"表示"非"运算。需要注意的是，参与逻辑运算的筛选条件需要用括号括起来。

◎ 运行结果

运行本案例的代码后，打开生成的工作簿"销售表 1.xlsx"，在工作表"与条件筛选"中可看到按条件筛选出的数据，如下图所示。

	A 单号	B 销售日期	C 产品名称	D 成本价	E 销售价	F 销售数量	G 产品成本	H 销售金额	I 利润
1	单号	销售日期	产品名称	成本价	销售价	销售数量	产品成本	销售金额	利润
2	20200003	2020/1/3	转速表	¥200	¥350	50	¥10,000	¥17,500	¥7,500
3	20200007	2020/1/7	转速表	¥200	¥350	78	¥15,600	¥27,300	¥11,700
4	20200008	2020/1/8	转速表	¥200	¥350	100	¥20,000	¥35,000	¥15,000
5	20200010	2020/1/10	转速表	¥200	¥350	750	¥150,000	¥262,500	¥112,500
6	20200025	2020/1/25	转速表	¥200	¥350	70	¥14,000	¥24,500	¥10,500
7	20200036	2020/2/5	转速表	¥200	¥350	56	¥11,200	¥19,600	¥8,400
8	20200053	2020/2/22	转速表	¥200	¥350	50	¥10,000	¥17,500	¥7,500
9	20200057	2020/2/26	转速表	¥200	¥350	78	¥15,600	¥27,300	¥11,700
10	20200058	2020/2/27	转速表	¥200	¥350	100	¥20,000	¥35,000	¥15,000
11	20200060	2020/2/29	转速表	¥200	¥350	850	¥170,000	¥297,500	¥127,500

与条件筛选　就绪

打开生成的工作簿"销售表 2.xlsx"，在工作表"或条件筛选"中可看到按条件筛选出的数据，如下图所示。

	A 单号	B 销售日期	C 产品名称	D 成本价	E 销售价	F 销售数量	G 产品成本	H 销售金额	I 利润
1	单号	销售日期	产品名称	成本价	销售价	销售数量	产品成本	销售金额	利润
2	20200001	2020/1/1	离合器	¥20	¥55	60	¥1,200	¥3,300	¥2,100
3	20200003	2020/1/3	转速表	¥200	¥350	50	¥10,000	¥17,500	¥7,500
4	20200006	2020/1/6	操纵杆	¥60	¥109	85	¥5,100	¥9,265	¥4,165
5	20200007	2020/1/7	转速表	¥200	¥350	78	¥15,600	¥27,300	¥11,700
6	20200008	2020/1/8	转速表	¥200	¥350	100	¥20,000	¥35,000	¥15,000
7	20200010	2020/1/10	转速表	¥200	¥350	750	¥150,000	¥262,500	¥112,500
8	20200011	2020/1/11	组合表	¥850	¥1,248	63	¥53,550	¥78,624	¥25,074
9	20200012	2020/1/12	操纵杆	¥60	¥109	55	¥3,300	¥5,995	¥2,695
10	20200013	2020/1/13	离合器	¥20	¥55	69	¥1,380	¥3,795	¥2,415
11	20200014	2020/1/14	组合表	¥850	¥1,248	600	¥510,000	¥748,800	¥238,800

或条件筛选　就绪

111　筛选一个工作簿中所有工作表的数据

◎ 代码文件：筛选一个工作簿中所有工作表的数据.py

◎ 数据文件：办公用品采购表.xlsx

◎ 应用场景

　　如下左图和下右图所示为工作簿"办公用品采购表.xlsx"中任意两个工作表的数据，其余工作表也有相同结构的数据。现要在该工作簿的所有工作表中筛选"采购物品"为"办公桌"的数据，筛选出的数据仍然按月份存放在不同的工作表中。

	A	B	C	D
1	采购日期	采购物品	采购金额	
2	2020/1/5	纸杯	¥2,000	
3	2020/1/9	复写纸	¥300	
4	2020/1/15	打印机	¥298	
5	2020/1/16	大头针	¥349	
6	2020/1/17	中性笔	¥100	
7	2020/1/20	文件夹	¥150	

1月 2月 3月 4月 5月 6月 7月 8月 9月
就绪

	A	B	C	D
1	采购日期	采购物品	采购金额	
2	2020/3/2	固体胶	¥150	
3	2020/3/4	超市货架	¥400	
4	2020/3/6	胶带	¥60	
5	2020/3/8	中性笔	¥360	
6	2020/3/10	封口机	¥180	
7	2020/3/12	条码纸	¥34	

1月 2月 3月 4月 5月 6月 7月 8月 9月
就绪

◎ 实现代码

```
1   import pandas as pd  # 导入pandas模块
2   all_data = pd.read_excel('办公用品采购表.xlsx', sheet_name=None)  # 读
    取工作簿中所有工作表的数据
3   with pd.ExcelWriter('筛选表.xlsx') as workbook:  # 新建工作簿
4       for i in all_data:  # 遍历读取的数据
5           data = all_data[i]  # 提取单个工作表的数据
6           filter_data = data[data['采购物品'] == '办公桌']  # 筛选"采
            购物品"为"办公桌"的数据
7           filter_data.to_excel(workbook, sheet_name=i, index=False)  # 将
            筛选出的数据写入新建工作簿的工作表中
```

◎ 代码解析

　　第2行代码用于读取工作簿"办公用品采购表.xlsx"中所有工作表的数据。第3行代码用于新建一个工作簿"筛选表.xlsx"。读者可根据实际需求修改这两行代码中工作簿的文件路径。

　　第4~7行代码用于遍历工作簿"办公用品采购表.xlsx"中的所有工作表，然后筛选"采

购物品"为"办公桌"的数据,再将筛选出的数据写入新工作簿"筛选表.xlsx"的各个工作表中。读者可根据实际需求修改第 6 行代码中的筛选条件。

◎ 知识延伸

第 2 行代码读取数据后返回的是一个字典,其中字典的键是工作表的名称,字典的值则是对应工作表中的数据(DataFrame 格式)。第 4 行代码用 for 语句遍历字典,此时的 i 为字典的键,因此,第 5 行代码用 i 从字典中提取值,即单个工作表中的数据。

◎ 运行结果

运行本案例的代码后,打开生成的工作簿"筛选表.xlsx",切换至任意两个工作表,如"1 月"和"3 月",可看到筛选出的数据,如下左图和下右图所示。

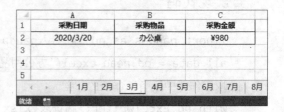

112　筛选一个工作簿中所有工作表的数据并汇总

◎ 代码文件：筛选一个工作簿中所有工作表的数据并汇总.py
◎ 数据文件：办公用品采购表.xlsx

◎ 应用场景

案例 111 将筛选出的数据存放在不同的工作表中,本案例则要将筛选出的数据汇总存放在一个工作表中。

◎ 实现代码

```
1    import pandas as pd  # 导入pandas模块
```

```
2    all_data = pd.read_excel('办公用品采购表.xlsx', sheet_name=None)  # 读
     取工作簿中所有工作表的数据
3    datas = pd.DataFrame()  # 创建一个空DataFrame
4    for i in all_data:  # 遍历读取的数据
5        data = all_data[i]  # 提取单个工作表的数据
6        filter_data = data[data['采购物品'] == '办公桌']  # 筛选"采购物
         品"为"办公桌"的数据
7        datas = pd.concat([datas, filter_data], axis=0)  # 纵向合并筛选
         出的数据
8    datas.to_excel('办公桌.xlsx', sheet_name='办公桌', index=False)  # 将
     合并后的数据写入新工作簿的工作表中
```

◎ 代码解析

第 2 行代码用于读取工作簿 "办公用品采购表.xlsx" 中所有工作表的数据。读者可根据实际需求修改工作簿的文件路径。

第 3 行代码创建了一个空 DataFrame，用于存放筛选出的数据。

第 4～7 行代码用于遍历工作簿 "办公用品采购表.xlsx" 中的所有工作表，然后筛选 "采购物品" 为 "办公桌" 的数据，再将筛选出的数据合并到第 3 行代码创建的 DataFrame 中。

第 8 行代码用于将合并后的数据写入新工作簿 "办公桌.xlsx" 的工作表 "办公桌" 中。读者可根据实际需求修改新工作簿的文件路径和工作表的名称。

◎ 知识延伸

第 8 行代码中的 concat() 是 pandas 模块中的函数。该函数在案例 061 中介绍过，这里不再赘述。除了 concat() 函数，pandas 模块还提供了其他拼接 DataFrame 的方法，这里简单介绍一下其中比较常用的 append() 函数。该函数用于将一个 DataFrame 纵向追加到另一个 DataFrame 的尾部，演示代码如下：

```
1    import pandas as pd
```

```
2   a = pd.DataFrame([['Rick', 28], ['Tom', 23], ['Lucy', 21]], columns
    =['name', 'age'])
3   b = pd.DataFrame([['Mary', 27], ['David', 25]], columns=['name',
    'age'])
4   c = a.append(b, ignore_index=True)
5   print(c)
```

上述演示代码的第 2 行和第 3 行创建了两个结构相同的 DataFrame——a 和 b；第 4 行用 append() 函数将 b 追加到 a 的尾部，其中设置参数 ignore_index 为 True，表示忽略原先两个 DataFrame 的行索引并重新生成行索引。代码运行结果如下：

```
1       name   age
2   0   Rick    28
3   1    Tom    23
4   2   Lucy    21
5   3   Mary    27
6   4  David    25
```

根据上述讲解，本案例的第 7 行代码可以修改为 "datas = datas.append(filter_data)"。

◎ 运行结果

运行本案例的代码后，打开生成的工作簿 "办公桌.xlsx"，在工作表 "办公桌" 中可看到筛选多个工作表数据并汇总在一个工作表中的效果，如右图所示。

	A	B	C
1	采购日期	采购物品	采购金额
2	2020/1/24	办公桌	¥560
3	2020/1/26	办公桌	¥2,999
4	2020/2/28	办公桌	¥1,599
5	2020/3/20	办公桌	¥980
6	2020/4/16	办公桌	¥349
7	2020/6/7	办公桌	¥560
8	2020/6/13	办公桌	¥2,999
9	2020/7/7	办公桌	¥560
10	2020/7/13	办公桌	¥2,999

办公桌

就绪

113　分类汇总一个工作表

◎ 代码文件：分类汇总一个工作表.py
◎ 数据文件：销售表.xlsx

◎ 应用场景

　　案例 059 使用 pandas 模块中的 groupby() 函数实现了数据分组，本案例要在此基础上实现数据的分类汇总，即先分组，再对组内数据进行求和、求平均值、计数等汇总运算。

◎ 实现代码

```python
1   import xlwings as xw  # 导入xlwings模块
2   import pandas as pd  # 导入pandas模块
3   app = xw.App(visible=False, add_book=False)  # 启动Excel程序
4   workbook = app.books.open('销售表.xlsx')  # 打开指定工作簿
5   worksheet = workbook.sheets['总表']  # 指定要读取数据的工作表
6   data = worksheet.range('A1').expand('table').options(pd.DataFrame,
    dtype=float).value  # 读取指定工作表的数据并转换为DataFrame格式
7   result = data.groupby('产品名称').sum()  # 根据"产品名称"列对数据进
    行分类汇总，汇总运算方式为求和
8   worksheet1 = workbook.sheets.add(name='分类汇总')  # 新增一个名为
    "分类汇总"的工作表
9   worksheet1.range('A1').value = result[['销售数量', '销售金额']]  # 将
    分类汇总结果写入工作表
10  workbook.save('分类汇总表.xlsx')  # 另存工作簿
11  workbook.close()  # 关闭工作簿
12  app.quit()  # 退出Excel程序
```

◎ 代码解析

第 4 行和第 5 行代码用于打开工作簿 "销售表.xlsx" 并指定工作表 "总表"。读者可根据实际需求修改工作簿的文件路径和工作表的名称。

第 6 行代码用于读取工作表中的数据并将其转换为 DataFrame 格式。其中的 dtype=float 表示将数据转换成浮点型数字,以便进行汇总运算。

第 7 行代码用于根据指定的列和汇总运算方式完成分类汇总。本案例的汇总依据为 "产品名称" 列,汇总运算方式为求和,读者可根据实际需求修改为其他的列和运算方式。

第 8 行代码用于新增一个名为 "分类汇总" 的工作表,读者可根据实际需求修改工作表名称。

第 9 行代码用于将指定列的汇总结果写入工作表 "分类汇总",这里指定的是 "销售数量" 和 "销售金额" 列,读者可根据实际需求修改为其他列。

◎ 知识延伸

第 7 行代码中的 groupby() 函数在案例 059 中介绍过,这里不再赘述。用 groupby() 函数对数据进行分组后,接着使用 sum() 函数对各组数据进行行求和运算。如果要进行其他方式的汇总运算,如求平均值、计数、求最大值、求最小值,可以分别使用 mean()、count()、max()、min() 函数。

◎ 运行结果

运行本案例的代码后,打开生成的工作簿 "分类汇总表.xlsx",在工作表 "分类汇总" 中可看到分类汇总的结果,如右图所示。

	A	B	C
1	产品名称	销售数量	销售金额
2	操纵杆	2575	280675
3	离合器	2280	125400
4	组合表	4501	5617248
5	转速表	4838	1693300
6	里程表	1912	2386176
7			

分类汇总　总表　⊕

就绪

114　对一个工作表求和

◎　代码文件：对一个工作表求和.py
◎　数据文件：办公用品采购表.xlsx

◎ 应用场景

　　如果不需要对工作表中的数据进行分类汇总，而是直接做求和运算，可以使用 pandas 模块中的 sum() 函数实现。

◎ 实现代码

```
1   import xlwings as xw  # 导入xlwings模块
2   import pandas as pd  # 导入pandas模块
3   app = xw.App(visible=False, add_book=False)  # 启动Excel程序
4   workbook = app.books.open('办公用品采购表.xlsx')  # 打开指定的工作簿
5   worksheet = workbook.sheets['1月']  # 指定要读取数据的工作表
6   data = worksheet.range('A1').expand('table').options(pd.DataFrame).
    value  # 读取指定工作表的数据并转换为DataFrame格式
7   result = data['采购金额'].sum()  # 对"采购金额"列的数据进行求和
8   worksheet.range('B15').value = '合计'  # 将文本"合计"写入单元格B15
9   worksheet.range('C15').value = result  # 将求和结果写入单元格C15
10  workbook.save('求和表.xlsx')  # 另存工作簿
11  workbook.close()  # 关闭工作簿
12  app.quit()  # 退出Excel程序
```

◎ 代码解析

　　第 4 行和第 5 行代码用于打开工作簿"办公用品采购表.xlsx"，并指定工作表"1月"。读者可根据实际需求修改工作簿的文件路径和工作表的名称。

第 6 行代码用于读取工作表"1 月"中的数据并将其转换为 DataFrame 格式。

第 7 行代码中的"采购金额"为要求和的列的列名，读者可根据实际需求修改为其他列，用于求和的 sum() 函数也可以修改为 mean()、count()、max()、min() 等函数来完成其他类型的统计运算。

第 8 行和第 9 行代码分别用于在指定单元格中写入文本和求和结果。读者可根据实际需求修改单元格的位置。

◎ 知识延伸

pandas 模块中的 DataFrame 对象提供了一些统计函数，如 sum()、mean()、count()、max()、min() 等，这些函数的一般用法比较简单，这里不再详细讲解。

◎ 运行结果

运行本案例的代码后，打开生成的工作簿"求和表.xlsx"，切换至工作表"1 月"，可看到求和结果，如右图所示。

	A	B	C	D	E	F
1	采购日期	采购物品	采购金额			
2	2020/1/5	纸杯	¥2,000			
3	2020/1/9	复写纸	¥300			
4	2020/1/15	打印机	¥298			
5	2020/1/16	大头针	¥349			
6	2020/1/17	中性笔	¥100			
7	2020/1/20	文件夹	¥150			
8	2020/1/21	椅子	¥345			
9	2020/1/22	固体胶	¥360			
10	2020/1/23	广告牌	¥269			
11	2020/1/24	办公桌	¥560			
12	2020/1/26	保险箱	¥438			
13	2020/1/26	办公桌	¥2,999			
14	2020/1/28	订书机	¥109			
15		合计	¥8,277			
16						

1月 2月 3月 4月 5月 6月 7月 8月 9月 10月 11月 12月

115 对一个工作簿的所有工作表分别求和

◎ 代码文件：对一个工作簿的所有工作表分别求和.py
◎ 数据文件：办公用品采购表.xlsx

◎ 应用场景

案例 114 实现了对一个工作表的求和运算，本案例要在此基础上使用 for 语句遍历工作簿中的多个工作表，从而实现批量求和。

◎ 实现代码

```
1   import xlwings as xw   # 导入xlwings模块
2   import pandas as pd   # 导入pandas模块
3   app = xw.App(visible=False, add_book=False)  # 启动Excel程序
4   workbook = app.books.open('办公用品采购表.xlsx')  # 打开指定的工作簿
5   worksheet = workbook.sheets  # 获取工作簿中的所有工作表
6   for i in worksheet:  # 遍历工作簿中的工作表
7       data = i.range('A1').expand('table').options(pd.DataFrame).
        value  # 读取当前工作表的数据并转换为DataFrame格式
8       result = data['采购金额'].sum()  # 对"采购金额"列数据进行求和
9       column = i.range('A1').expand('table').value[0].index('采购金
        额') + 1  # 获取"采购金额"列的列号
10      row = i.range('A1').expand('table').shape[0]  # 获取数据区域最后
        一行的行号
11      i.range(row + 1, column - 1).value = '合计'  # 将文本"合计"写
        入"采购金额"列的前一列最后一个单元格下方的单元格
12      i.range(row + 1, column).value = result  # 将求和结果写入"采购
        金额"列最后一个单元格下方的单元格
13  workbook.save('求和表.xlsx')  # 另存工作簿
14  workbook.close()  # 关闭工作簿
15  app.quit()  # 退出Excel程序
```

◎ 代码解析

第 6～12 行代码用于对各工作表的"采购金额"列进行求和。读者可根据实际需求将第 8 行代码中的"采购金额"修改为其他列名，将用于求和的 sum() 函数修改为 mean()、count()、max()、min() 等函数来完成其他类型的统计运算。本案例要将求和结果放在"采购金额"列最后一个单元格下方的单元格中，但是每个工作表的数据行数不一定相同，所以先通过第 9 行和第 10 行代码获取相关单元格的列号和行号，再通过第 11 行和第 12 行代码写入所需内容。

◎ 知识延伸

（1）第 9 行代码中的 index() 是 Python 中列表对象的函数，常用于在列表中查找某个元素的索引位置。演示代码如下：

```
1    a = ['苹果', '橘子', '香蕉', '草莓', '桃子']
2    b = a.index('草莓')
3    print(b)
```

运行结果如下：

```
1    3
```

（2）第 10 行代码中的 shape 是 xlwings 模块中 Range 对象的属性，它返回的是一个元组，元组中有两个元素，分别代表单元格区域的行数和列数。

◎ 运行结果

运行本案例的代码后，打开生成的工作簿"求和表.xlsx"，切换至任意两个工作表，如"8 月"和"12 月"，可看到求和的结果，如下左图和下右图所示。

	A	B	C	D	E	F
1	采购日期	采购物品	采购金额			
2	2020/8/1	固体胶	¥150			
3	2020/8/3	广告牌	¥269			
4	2020/8/7	办公桌	¥560			
5	2020/8/11	保险箱	¥438			
6	2020/8/13	办公桌	¥2,999			
7	2020/8/30	路由器	¥400			
8		合计	¥4,816.00			
9						
10						

1月　2月　3月　4月　5月　6月　7月　8月　9月　10月　11月　12月

	A	B	C	D	E	F
1	采购日期	采购物品	采购金额			
2	2020/12/1	固体胶	¥150			
3	2020/12/5	广告牌	¥269			
4	2020/12/7	办公桌	¥560			
5	2020/12/10	保险箱	¥438			
6	2020/12/13	办公桌	¥2,999			
7	2020/12/16	订书机	¥1,099			
8	2020/12/30	打印机	¥987			
9		合计	¥6,502.00			
10						

1月　2月　3月　4月　5月　6月　7月　8月　9月　10月　11月　12月

116　在一个工作表中制作数据透视表

◎ 代码文件：在一个工作表中制作数据透视表.py
◎ 数据文件：销售表.xlsx

◎ 应用场景

　　Excel 中的数据透视表能快速汇总大量数据并生成报表，是工作中分析数据的好帮手。虽然在 Excel 中制作数据透视表的过程不算复杂，但是操作步骤也不少。如果想要通过 Python 编程制作数据透视表，就需要掌握 pandas 模块中的 pivot_table() 函数。

◎ 实现代码

```python
1   import xlwings as xw   # 导入xlwings模块
2   import pandas as pd   # 导入pandas模块
3   app = xw.App(visible=False, add_book=False)   # 启动Excel程序
4   workbook = app.books.open('销售表.xlsx')   # 打开指定的工作簿
5   worksheet = workbook.sheets['总表']   # 指定读取数据的工作表
6   data = worksheet.range('A1').expand('table').options(pd.DataFrame,
    dtype=float).value   # 读取指定工作表的数据并转换为DataFrame格式
7   pivot = pd.pivot_table(data, values=['销售数量', '销售金额'], index=
    ['产品名称'], aggfunc={'销售数量': 'sum', '销售金额': 'sum'}, fill_value
    =0, margins=True, margins_name='合计')   # 用读取的数据制作数据透视表
8   worksheet1 = workbook.sheets.add(name='数据透视表')   # 新增一个名为
    "数据透视表"的工作表
9   worksheet1.range('A1').value = pivot   # 将制作的数据透视表写入新增的
    工作表
10  workbook.save('数据透视表.xlsx')   # 另存工作簿
11  workbook.close()   # 关闭工作簿
12  app.quit()   # 退出Excel程序
```

◎ 代码解析

　　第 7 行代码是制作数据透视表的核心代码。其中"销售数量"和"销售金额"是数据透视表的值字段，"产品名称"是数据透视表的行字段，可根据实际需求修改；'sum' 是指使用 pandas 模块中的 sum() 函数对值字段进行求和，可根据实际需求修改为 'mean'、'count'、'max'、'min'

等其他统计函数。

第 9 行代码中的 A1 是指在工作表中写入数据透视表的起始单元格，读者可根据实际需求修改为其他单元格。

◎ 知识延伸

第 7 行代码中的 pivot_table() 是 pandas 模块中的函数，用于创建一个电子表格样式的数据透视表。函数的第 1 个参数用于指定数据透视表的数据源；参数 values 用于指定值字段；参数 index 用于指定行字段；参数 aggfunc 用于指定汇总计算的方式，如 'sum'（求和）、'mean'（求平均值），如果要设置多个值字段的计算方式，可使用字典的形式，其中字典的键是值字段，值是计算方式；参数 fill_value 用于指定填充缺失值的内容，默认不填充；参数 margins 用于设置是否显示行列的总计数据，为 False 时不显示；参数 margins_name 用于设置总计数据行的名称。

◎ 运行结果

运行本案例的代码后，打开生成的工作簿"数据透视表.xlsx"，在工作表"数据透视表"中可看到制作的数据透视表，如右图所示。

	A	B	C
1	产品名称	销售数量	销售金额
2	操纵杆	2575	¥280,675.00
3	离合器	2280	¥125,400.00
4	组合表	4501	¥5,617,248.00
5	转速表	4838	¥1,693,300.00
6	里程表	1912	¥2,386,176.00
7	合计	16106	¥10,102,799.00
8			

数据透视表　总表　＋

117　使用相关系数判断数据的相关性

◎ 代码文件：使用相关系数判断数据的相关性.py
◎ 数据文件：销售额统计表.xlsx

◎ 应用场景

如下页图所示为某公司的产品销售利润、广告费用和成本费用数据，现要判断产品销售利润与哪些费用的相关性较大。在 Excel 中，可以使用 CORREL() 函

数和相关系数工具来分析数据的相关性。在 Python 中，则可以使用 pandas 模块中
DataFrame 对象的相关系数计算函数——corr()。

	A	B	C	D
1	序号	广告费用（万元）	成本费用（万元）	销售利润（万元）
2	1	15	3	20
3	2	16	4	24
4	3	20	3	30
5	4	22	2	35
6	5	25	6	40
7	6	28	4	44
8	7	32	5	50
9	8	35	4	55
10	9	38	7	58
11	10	44	2	66
12	11	49	6	70
13	12	54	6	72
14	13	45	5	64
15	14	10	5	20
16	15	20	8	38

相关分析

◎ 实现代码

```
1  import pandas as pd  # 导入pandas模块
2  data = pd.read_excel('销售额统计表.xlsx', sheet_name=0, index_col='序
   号')  # 读取工作簿中第1个工作表的数据
3  result = data.corr()  # 计算任意两个变量之间的相关系数
4  print(result)  # 输出计算出的相关系数
```

◎ 代码解析

第 2 行代码用于读取工作簿"销售额统计表.xlsx"的第 1 个工作表中的数据，并使用"序号"
列的数据作为行索引。

第 3 行代码用于计算第 2 行代码读取的数据中任意两个变量之间的相关系数。如果只想判
断某个变量与其他变量之间的相关性，可将第 3 行代码修改为"result = data.corr()['销售利润（万
元）']"，它表示计算销售利润与其他变量之间的相关系数。

第 4 行代码用于输出计算结果。

◎ 知识延伸

第 3 行代码中的 corr() 是 pandas 模块中 DataFrame 对象的函数，用于计算列与列之间的相关系数。相关系数用于描述两个变量间线性相关性的强弱，取值范围为 [-1, 1]。相关系数为正值表示存在正相关性，为负值表示存在负相关性，为 0 表示不存在线性相关性。相关系数的绝对值越大，说明相关性越强。

◎ 运行结果

运行本案例的代码后，会得到如下所示的相关系数矩阵。第 4 行第 2 列的数值为 0.985442，表示销售利润与广告费用的相关系数，其余数值的含义依此类推。需要说明的是，矩阵中从左上角至右下角的对角线上的数值都为 1，这个 1 没有实际意义，因为它表示变量自身与自身的相关系数，自然是 1。从该矩阵可以看出，销售利润与广告费用之间存在较强的线性正相关，而与成本费用之间的相关性较弱。

1		广告费用（万元）	成本费用（万元）	销售利润（万元）
2	广告费用（万元）	1.000000	0.203988	0.985442
3	成本费用（万元）	0.203988	1.000000	0.258724
4	销售利润（万元）	0.985442	0.258724	1.000000

118　使用描述统计和直方图制定目标

◎ 代码文件：使用描述统计和直方图制定目标.py
◎ 数据文件：员工销售业绩表.xlsx

◎ 应用场景

某公司计划对销售员实行目标管理。为了制定出科学且合理的销售目标，销售主管从几百名销售员的销售额数据中随机抽取了部分数据，作为制定销售目标的依据，如下页图所示。通过仔细观察可以发现，有很大一部分数据都落在一定的区间内，因此，可以运用 Excel 中的描述统计工具获取这批数据的平均数、中位数等指标，

从而估算出销售目标。本案例则要通过
Python 编程对销售额数据进行分组并绘
制直方图，然后通过进一步分析，制定
出合理的销售目标。

	A	B	C
1	序号	员工编号	销售额（万元）
2	1	HS-001	30
3	2	HS-002	65
4	3	HS-003	50
5	4	HS-004	60
6	5	HS-005	45
7	6	HS-006	86
8	7	HS-007	45
9	8	HS-008	25
10	9	HS-009	41
11	10	HS-010	20
12	11	HS-011	18
13	12	HS-012	26

◎ 实现代码

```
1   import pandas as pd  # 导入pandas模块
2   import matplotlib.pyplot as plt  # 导入Matplotlib模块
3   import xlwings as xw  # 导入xlwings模块
4   data = pd.read_excel('员工销售业绩表.xlsx', sheet_name=0)  # 读取工
    作簿中第1个工作表的数据
5   data_describe = data['销售额（万元）'].astype(float).describe()  # 计
    算数据的个数、平均值、最大值和最小值等描述统计数据
6   data_cut = pd.cut(data['销售额（万元）'], 6)  # 将 "销售额（万元）"
    列的数据分成6个均等的区间
7   data1 = pd.DataFrame()  # 创建一个空DataFrame用于汇总数据
8   data1['计数'] = data['销售额（万元）'].groupby(data_cut).count()  # 统
    计各区间的人数
9   data2 = data1.reset_index()  # 将行索引重置为数字序号
10  data2['销售额（万元）'] = data2['销售额（万元）'].apply(lambda
    x:str(x))  # 将 "销售额（万元）" 列的数据转换为字符串类型
11  figure = plt.figure()  # 创建绘图窗口
12  plt.rcParams['font.sans-serif'] = ['SimHei']  # 解决中文乱码问题
13  plt.rcParams['axes.unicode_minus'] = False  # 解决坐标值为负数时无法
    正常显示负号的问题
```

```
14  n, bins, patches = plt.hist(data['销售额（万元）'], bins=6, edgecolor=
    'black', linewidth=1)  # 使用"销售额（万元）"列的数据绘制直方图
15  plt.xticks(bins)  # 将直方图x轴的刻度标签设置为各区间的端点值
16  plt.title('员工销售业绩频率分析')  # 设置直方图的图表标题
17  plt.xlabel('销售额（万元）')  # 设置直方图x轴的标题
18  plt.ylabel('频数')  # 设置直方图y轴的标题
19  app = xw.App(visible=False, add_book=False)  # 启动Excel程序
20  workbook = app.books.open('员工销售业绩表.xlsx')  # 打开要写入分析结
    果的工作簿
21  worksheet = workbook.sheets[0]  # 指定工作簿中的第1个工作表
22  worksheet.range('E1').value = data_describe  # 将计算出的个数、平均
    值、最大值和最小值等描述统计数据写入指定工作表
23  worksheet.range('H1').value = data2  # 将销售额的区间及区间的人数写入
    指定工作表
24  worksheet.pictures.add(figure, name='图片1', update=True, left=400,
    top=200)  # 将绘制的直方图以图片的形式插入指定工作表
25  worksheet.autofit()  # 根据数据内容自动调整工作表的行高和列宽
26  workbook.save('描述统计.xlsx')  # 另存工作簿
27  workbook.close()  # 关闭工作簿
28  app.quit()  # 退出Excel程序
```

◎ 代码解析

第 5 行代码用于计算数据的个数、平均值、最大值和最小值等描述统计数据。第 6 行代码用于将"销售额（万元）"列的数据分为 6 个均等的区间，第 8 行代码用于统计各个区间的人数。第 9 行和第 10 行代码将第 5、6、8 行代码的分析结果整理成数据表格。

第 11 ~ 18 行代码完成直方图的绘制。其中最核心的是第 14 行代码，它使用 Matplotlib 模块中的 hist() 函数绘制直方图，绘制时将数据平均划分为 6 个区间（bins=6），与第 6 行代码所做的分组统计保持一致，此外还适当设置了直方图中柱子边框的颜色和粗细，以提高图表的可

读性。第 15 行代码将绘制直方图的过程中划分区间得到的端点值标注在 x 轴上。

　　第 19～25 行代码用于打开工作簿"员工销售业绩表.xlsx"，在第 1 个工作表中写入分析结果，并以图片的形式插入绘制的直方图。其中第 22 行和第 23 行代码中的单元格 E1 和 H1 为要写入数据的区域左上角的单元格，可根据实际需求修改为其他单元格。

◎ 知识延伸

　　（1）第 2 行代码中导入的 Matplotlib 模块是一个绘图模块，第 7 章将详细介绍该模块的用法。

　　（2）第 5 行代码中的 describe() 是 pandas 模块中的函数，对于一维数组，describe() 函数会返回一系列描述统计数据，如 count（个数）、mean（平均值）、std（标准差）、min（最小值）、25%（下四分位数）、50%（中位数）、75%（上四分位数）和 max（最大值）。

　　（3）第 6 行代码中的 cut() 是 pandas 模块中的函数，用于对数据进行离散化处理，也就是将数据从最大值到最小值进行等距划分。函数的第 1 个参数是要进行离散化的一维数组；第 2 个参数如果为整数，表示将第 1 个参数中的数组划分为多少个等间距的区间，如果为序列，表示将第 1 个参数中的数组划分在指定的序列中。

　　（4）第 9 行代码中的 reset_index() 是 pandas 模块中 DataFrame 对象的函数，用于将 DataFrame 对象的行索引重置为从 0 开始的数字序列。

◎ 运行结果

　　运行本案例的代码后，打开生成的工作簿"描述统计.xlsx"，可以看到如下左图所示的描述统计数据和分组统计数据，以及如下右图所示的直方图。

E	F	G	H	I	J
	销售额（万元）			销售额（万元）	计数
count	50		0	(9.924, 22.667]	29
mean	25.42		1	(22.667, 35.333]	14
std	14.45766515		2	(35.333, 48.0]	3
min	10		3	(48.0, 60.667]	2
25%	18		4	(60.667, 73.333]	1
50%	20.5		5	(73.333, 86.0]	1
75%	25.75				
max	86				

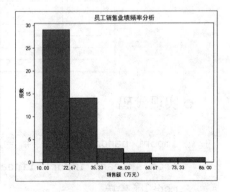

描述统计数据中比较重要的值有平均值（mean）25.42、标准差（std）14.46、中位数（50%）20.5、最小值（min）10、最大值（max）86。而从直方图可以看出，销售额大多位于 10～35 之间。综合考虑描述统计数据及直方图的分布情况，并适当增加目标的挑战性，将销售目标定在 30 万元～35 万元之间是比较合理的，大多数员工应该能完成。

119 拟合回归方程并判断拟合程度

◎ 代码文件：拟合回归方程并判断拟合程度.py
◎ 数据文件：各月销售额与广告费支出表.xlsx

◎ 应用场景

如下图所示为某公司某年每月的销售额和在两种渠道投入的广告费，如果现在需要根据广告费预测销售额，可以使用 Excel 中的回归分析工具拟合出线性回归方程，并通过计算 R^2 值判断方程的拟合程度。本案例要使用 Scikit-Learn 模块的 LinearRegression() 函数快速拟合出线性回归方程，然后使用 score() 函数计算 R^2 值。

	A	B	C	D
1	月份	电视台广告费（万元）	视频门户广告费（万元）	销售额（万元）
2	1	21	14	660
3	2	20	33	1500
4	3	20	29	1300
5	4	25	20	1000
6	5	28	30	1500
7	6	19	20	1000
8	7	25	22	1200
9	8	28	25	1256
10	9	16	28	1400
11	10	17	20	800
12	11	30	30	1500
13	12	25	20	900

◎ 实现代码

```
1   import pandas as pd  # 导入pandas模块
2   from sklearn import linear_model  # 导入Scikit-Learn模块中的linear_
    model子模块
```

```
3    df = pd.read_excel('各月销售额与广告费支出表.xlsx', sheet_name=0)  # 读
     取指定工作簿中第1个工作表的数据
4    x = df[['视频门户广告费（万元）', '电视台广告费（万元）']]  # 选取作为
     自变量的列数据
5    y = df['销售额（万元）']  # 选取作为因变量的列数据
6    model = linear_model.LinearRegression()  # 创建一个线性回归模型
7    model.fit(x, y)  # 用自变量和因变量数据训练线性回归模型，拟合出线性回归
     方程
8    R2 = model.score(x, y)  # 计算R²值
9    print(R2)  # 输出R²值
```

◎ **代码解析**

第 3 行代码用于从工作簿"各月销售额与广告费支出表.xlsx"中读取第 1 个工作表的数据。

第 4 行代码用于选取"视频门户广告费（万元）"和"电视台广告费（万元）"这两列数据作为自变量。第 5 行代码用于选取"销售额（万元）"列的数据作为因变量。这两行代码是为进行线性回归分析做准备，读者可根据实际需求修改选取的列。

第 6 行和第 7 行代码用于创建一个线性回归模型并利用选取的列数据训练模型，拟合出线性回归方程。

第 8 行和第 9 行代码用于计算并输出线性回归方程的 R^2 值。

◎ **知识延伸**

（1）第 2 行代码中的 sklearn 是 Scikit-Learn 模块名称的简写。使用 Scikit-Learn 模块可以轻松地搭建线性回归模型。该模块是 Anaconda 自带的，无须单独安装。

（2）第 6 行代码中的 LinearRegression() 是 Scikit-Learn 模块的子模块 linear_model 中的函数，用于构造一个线性回归模型。第 7 行代码中的 fit() 函数用于训练模型。第 8 行代码中的 score() 函数用于计算模型的 R^2 值。

◎ 运行结果

R^2 值的取值范围为 $0 \sim 1$，R^2 值越接近 1，说明方程的拟合程度越高。运行本案例的代码后，得到如下所示的 R^2 值，说明本案例所得方程的拟合程度较高。

```
1    0.9347613957733403
```

120　使用回归方程预测未来值

◎ 代码文件：使用回归方程预测未来值.py
◎ 数据文件：各月销售额与广告费支出表.xlsx

◎ 应用场景

案例 119 中通过计算 R^2 值知道了方程的拟合程度较高，接下来就可以利用这个方程进行预测。假设某月在电视台和视频门户投入的广告费分别为 30 万元和 40 万元，下面通过 Python 编程预测该月的销售额。

◎ 实现代码

```
1    import pandas as pd  # 导入pandas模块
2    from sklearn import linear_model  # 导入Scikit-Learn模块中的linear_
     model子模块
3    df = pd.read_excel('各月销售额与广告费支出表.xlsx', sheet_name=0)  # 读
     取指定工作簿中第1个工作表的数据
4    x = df[['视频门户广告费（万元）', '电视台广告费（万元）']]  # 选取作为
     自变量的列数据
5    y = df['销售额（万元）']  # 选取作为因变量的列数据
6    model = linear_model.LinearRegression()  # 创建一个线性回归模型
7    model.fit(x, y)  # 用自变量和因变量数据训练线性回归模型，拟合出方程
```

```
8    coef = model.coef_   # 获取方程中各自变量的系数
9    model_intercept = model.intercept_   # 获取方程的截距
10   equation = f'y={coef[0]}*x1+{coef[1]}*x2{model_intercept:+}'   # 构
     造表达线性回归方程的字符串
11   print(equation)   # 输出线性回归方程
12   x1 = 40   # 设置视频门户广告费
13   x2 = 30   # 设置电视台广告费
14   y = coef[0] * x1 + coef[1] * x2 + model_intercept   # 根据线性回归方
     程计算销售额
15   print(y)   # 输出计算出的销售额
```

◎ 代码解析

第 3 行代码用于从工作簿"各月销售额与广告费支出表.xlsx"中读取第 1 个工作表的数据。

第 4 行代码用于选取"视频门户广告费（万元）"和"电视台广告费（万元）"这两列数据作为自变量。第 5 行代码用于选取"销售额（万元）"列的数据作为因变量。这两行代码是为进行线性回归分析做准备，读者可根据实际需求修改选取的列。

第 6 行和第 7 行代码用于创建一个线性回归模型并利用选取的列数据训练模型，拟合出线性回归方程。

第 8 行和第 9 行代码分别用于获取方程中各自变量的系数和方程的截距（即常数项）。第 10 行代码根据第 8 行和第 9 行代码获取的系数和截距构造表达线性回归方程的字符串，然后使用第 11 行代码输出该字符串。

第 12 行和第 13 行代码用于设置两个自变量的值，即视频门户广告费和电视台广告费。第 14 行代码将两个自变量的值代入线性回归方程，得到销售额的预测值，第 15 行代码输出销售额的预测值。

◎ 知识延伸

（1）第 8 行代码中的 coef_ 和第 9 行代码中的 intercept_ 都是 Scikit-Learn 模块中模型对象的属性，分别用于获取回归方程中各自变量的系数和方程的截距。

（2）第 10 行代码使用 f-string 方法拼接字符串。其中 {model_intercept:+} 表示在拼接截距时，不论截距值是正数还是负数，都显示相应的正号或负号。

◎ 运行结果

运行本案例的代码后，得到如下的运行结果，说明在视频门户和电视台分别投入 40 万元和 30 万元广告费时，产品的销售额预测值约为 1980.35 万元。

```
1    y=47.18753401019954*x1+9.648753785373142*x2-196.6109111800256
2    1980.3530627891505
```

第 **7** 章

图表操作

数据可视化是一种数据呈现技术，它能将抽象的数据转化为直观易懂的图形，从而帮助我们快速把握数据的分布情况和变化规律，更加轻松地理解和探索信息。

Matplotlib 和 pyecharts 是 Python 中常用的两个数据可视化模块。本章将讲解利用这两个模块制作常见图表的方法。

121　制作柱形图（方法一）

◎ 代码文件：制作柱形图（方法一）.py

◎ 应用场景

　　柱形图通常用于直观地对比数据，在实际工作中使用频率很高。在 Python 中，可使用 Matplotlib 模块中的 bar() 函数制作简单的柱形图。

◎ 实现代码

```
1   import matplotlib.pyplot as plt   # 导入Matplotlib模块的子模块pyplot
2   plt.figure(figsize=(10, 4))   # 创建一个绘图窗口
3   x = ['1月', '2月', '3月', '4月', '5月', '6月', '7月', '8月', '9月',
    '10月', '11月', '12月']   # 给出x坐标的数据
4   y = [100, 90, 88, 70, 66, 50, 40, 55, 56, 88, 95, 98]   # 给出y坐标
    的数据
5   plt.bar(x, y, width=0.5, align='center', color='k')   # 制作柱形图
6   plt.rcParams['font.sans-serif'] = ['Microsoft YaHei']   # 为图表中的
    文本设置默认字体，以避免中文显示为乱码的问题
7   plt.rcParams['axes.unicode_minus'] = False   # 解决坐标值为负数时无法
    正常显示负号的问题
8   plt.show()   # 显示绘制的图表
```

◎ 代码解析

　　第 1 行代码导入 Matplotlib 模块的子模块 pyplot，并简写为 plt。

　　第 2 行代码用于创建一个绘图窗口，读者可根据实际需求修改窗口的大小。

　　第 3 行和第 4 行代码分别给出图表的 x 坐标和 y 坐标的数据。

　　第 5 行代码用于根据给出的数据制作柱形图，并对柱子的粗细、位置和填充颜色进行设置，

这些设置读者可根据实际需求修改。如果想要制作条形图,将这行代码中的 "bar" 修改为 "barh" 即可。

第 6 行和第 7 行代码为图表中的文本设置字体,并解决当坐标值为负数时的显示问题,让制作出的图表能正常显示数据和文本内容。

第 8 行代码用于在一个窗口中显示制作的柱形图。

◎ 知识延伸

(1)第 1 行代码导入的 Matplotlib 是 Python 的一个数据可视化模块,其子模块 pyplot 包含大量用于绘制各类图表的函数。

(2)第 2 行代码中的 figure() 是 pyplot 子模块中的函数,用于创建一个绘图窗口。函数的参数 figsize 用于设置窗口的宽度和高度,单位为英寸(1 英寸 = 0.0254 米)。例如,"figsize=(10, 4)" 表示创建一个宽 10 英寸、高 4 英寸的绘图窗口。

(3)第 5 行代码中的 bar() 是 pyplot 子模块中的函数,用于制作柱形图。该函数的第 1 个和第 2 个参数分别用于设置 x 坐标的值和 y 坐标的值。

参数 width 用于设置柱子的宽度,其值并不表示一个具体的尺寸,而是表示柱子的宽度在图表中所占的比例,默认值为 0.8。如果设置为 1,则各个柱子会紧密相连;如果设置为大于 1 的数,则各个柱子会相互交叠。

参数 align 用于设置柱子的位置与 x 坐标的关系。默认值为 'center',表示柱子与 x 坐标居中对齐;如果设置为 'edge',表示柱子与 x 坐标左对齐。

参数 color 用于设置柱子的填充颜色,本案例代码中的 'k' 表示黑色。Matplotlib 模块支持多种格式的颜色,这里先介绍最常用的一种颜色格式——用颜色名英文单词的简写定义的 8 种基础颜色,具体见下表。

参数值	颜色	参数值	颜色
'r'	红色(red)	'm'	洋红色(magenta)
'g'	绿色(green)	'y'	黄色(yellow)
'b'	蓝色(blue)	'k'	黑色(black)
'c'	青色(cyan)	'w'	白色(white)

（4）第 6 行代码中的 "Microsoft YaHei" 是微软雅黑字体的英文名称，如果想要使用其他中文字体，可参考下面的字体名称中英文对照表。

字体中文名称	字体英文名称	字体中文名称	字体英文名称
黑体	SimHei	仿宋	FangSong
微软雅黑	Microsoft YaHei	宋体	SimSun
楷体	KaiTi	新宋体	NSimSun

（5）第 8 行代码中的 show() 是 pyplot 子模块中的函数，用于显示制作的图表。

◎ 运行结果

运行本案例的代码后，在弹出的绘图窗口中可以看到如下图所示的柱形图。

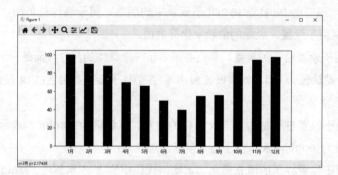

122　制作柱形图（方法二）

　◎ 代码文件：制作柱形图（方法二）.py

◎ 应用场景

案例 121 使用 Matplotlib 模块制作了简单的柱形图，本案例则要使用 pyecharts 模块来制作柱形图。

◎ 实现代码

```
1    from pyecharts.charts import Bar  # 导入pyecharts模块中的Bar()函数
2    x = ['1月', '2月', '3月', '4月', '5月', '6月', '7月', '8月', '9月',
     '10月', '11月', '12月']  # 给出x坐标的数据
3    y = [100, 90, 88, 70, 66, 50, 40, 55, 56, 88, 95, 98]  # 给出y坐标
     的数据
4    chart = Bar()  # 创建一个空白柱形图
5    chart.add_xaxis(x)  # 为图表添加x坐标的值
6    chart.add_yaxis('销售量', y)  # 为图表添加y坐标的值
7    chart.render('柱形图.html')  # 将制作的图表保存为网页文件
```

◎ 代码解析

第 1 行代码导入 pyecharts 模块的子模块 charts 中的 Bar() 函数。

第 2 行和第 3 行代码分别给出图表的 x 坐标和 y 坐标的数据。

第 4 行代码用于创建一个空白柱形图。第 5 行代码用于为图表添加 x 坐标的值。第 6 行代码用于为图表添加 y 坐标的值，并指定系列名称为"销售量"。

第 7 行代码用于将制作的图表保存为网页文件，这里使用相对路径，将文件保存在代码文件所在文件夹下，文件名为"柱形图.html"。读者可根据实际需求修改文件路径。

◎ 知识延伸

（1）第 1 行代码中导入的 pyecharts 是基于 ECharts 图表库开发的 Python 第三方模块。ECharts 是一个纯 JavaScript 的商业级图表库，兼容当前绝大部分浏览器，能够创建类型丰富、可个性化定制的数据可视化效果。pyecharts 则在 Python 与 ECharts 之间搭建起一座桥梁，让 Python 用户也能使用 ECharts 的强大功能。

（2）第 4 行代码中的 Bar() 是 pyecharts 模块的子模块 charts 中的函数，该函数用于制作柱形图。如果要制作其他类型的图表，使用相应的图表函数即可。

（3）第 5 行和第 6 行代码中的 add_xaxis() 函数和 add_yaxis() 函数分别用于为图表添加 x 坐标的值和 y 坐标的值。其中 add_yaxis() 函数的第 1 个参数用于设置系列名称，第 2 个参数用

于设置系列数据。

（4）第 7 行代码中的 render() 是 pyecharts 模块的子模块 charts 中的函数，用于将制作的图表保存为一个网页文件。

◎ 运行结果

运行本案例的代码后，在代码文件所在文件夹下会生成一个网页文件"柱形图.html"，双击该文件，可以在默认浏览器中看到如右图所示的柱形图。将鼠标指针放在任意一根柱子上，会显示相应的系列名称和系列数据。

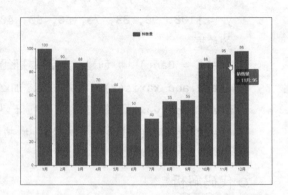

123 制作折线图

 ◎ 代码文件：制作折线图.py

◎ 应用场景

折线图常用于显示一段时间内的数据变化趋势。使用 Matplotlib 模块中的 plot() 函数可绘制折线图。

◎ 实现代码

```
1   import matplotlib.pyplot as plt  # 导入Matplotlib模块的子模块pyplot
2   plt.figure(figsize=(10, 4))  # 创建一个绘图窗口
3   x = ['1月', '2月', '3月', '4月', '5月', '6月', '7月', '8月', '9月',
    '10月', '11月', '12月']  # 给出x坐标的数据
```

```
4    y = [100, 90, 88, 70, 66, 50, 40, 55, 56, 88, 95, 98]  # 给出y坐标
     的数据
5    plt.plot(x, y, color='k', linewidth=3, linestyle='solid', marker=
     's', markersize=10)  # 制作折线图
6    plt.rcParams['font.sans-serif'] = ['Microsoft YaHei']  # 为图表中的
     文本设置默认字体, 以避免中文显示为乱码的问题
7    plt.rcParams['axes.unicode_minus'] = False  # 解决坐标值为负数时无法
     正常显示负号的问题
8    plt.show()  # 显示绘制的图表
```

◎ 代码解析

第 1 行代码导入 Matplotlib 模块的子模块 pyplot, 并简写为 plt。

第 2 行代码用于创建一个绘图窗口, 读者可根据实际需求修改窗口的大小。

第 3 行和第 4 行代码分别给出图表的 x 坐标和 y 坐标的数据。

第 5 行代码用于根据给出的数据制作折线图, 并对折线的颜色、粗细、线型以及数据标记的符号和大小进行设置, 读者可根据实际需求修改这些设置。如果想要制作堆积面积图, 将这行代码修改为 "plt.stackplot(x, y, color = 'k')" 即可。

第 6 行和第 7 行代码为图表中的文本设置字体, 并解决当坐标值为负数时的显示问题, 让制作出的图表能正常显示数据和文本内容。

第 8 行代码用于在一个窗口中显示制作的折线图。

◎ 知识延伸

（1）第 2 行代码中的 figure() 函数和第 8 行代码中的 show() 函数在案例 121 中已经做过详细介绍, 这里不再赘述。

（2）第 5 行代码中的 plot() 是 pyplot 子模块中的函数, 用于制作折线图。该函数的第 1 个和第 2 个参数分别用于设置 x 坐标和 y 坐标的数据。参数 color 用于设置折线的颜色, 设置方法与案例 121 中 bar() 函数的参数 color 的设置方法相同, 这里不再赘述。参数 linewidth 用于设置折线的粗细, 单位为 "点"。参数 linestyle 用于设置折线的线型, 可取的值如下表所示。

参数值	线型	参数值	线型
'-' 或 'solid'	——————————	'-.' 或 'dashdot'	·—·—·—·—·—·
'--' 或 'dashed'	--------------------	'None' 或 ' ' 或 ''	不画线
':' 或 'dotted'	··················	—	—

参数 marker 用于设置折线图的数据标记，参数 markersize 则用于设置数据标记的大小。参数 marker 常用的取值如下表所示。

参数值	数据标记	参数值	数据标记	参数值	数据标记
'.'	●	's'	■	'D'	◆
'o'（小写字母）	●	'*'	★	'd'	◆
'v'（小写字母）	▼	'p'	⬠	'+'	＋
'^'	▲	'h'	⬡	'x'（小写字母）	✕

◎ 运行结果

运行本案例的代码后，在弹出的绘图窗口中可以看到如下图所示的折线图。

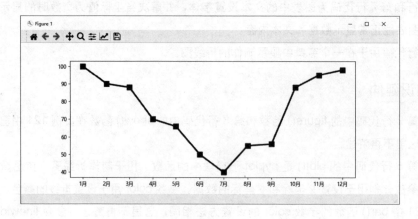

124　制作饼图

 ◎ 代码文件：制作饼图.py

◎ 应用场景

　　饼图常用于展示各类别数据的占比。使用 Matplotlib 模块中的 pie() 函数可绘制饼图。

◎ 实现代码

```
1  import matplotlib.pyplot as plt  # 导入Matplotlib模块的子模块pyplot
2  plt.figure(figsize=(6, 4))  # 创建一个绘图窗口
3  x = ['上海', '北京', '深圳', '重庆', '大连', '成都', '天津']  # 给出
   各个类别的标签
4  y = [120, 150, 88, 70, 96, 50, 40]  # 给出各个类别的数据
5  plt.pie(y, labels=x, labeldistance=1.1, autopct='%.2f%%', pctdistance
   =1.5, counterclock=False, startangle=90, explode=[0.3, 0, 0, 0, 0,
   0, 0])  # 制作饼图并分离饼图块
6  plt.rcParams['font.sans-serif'] = ['Microsoft YaHei']  # 为图表中的
   文本设置默认字体，以避免中文显示为乱码的问题
7  plt.rcParams['axes.unicode_minus'] = False  # 解决坐标值为负数时无法
   正常显示负号的问题
8  plt.show()  # 显示绘制的图表
```

◎ 代码解析

第 1 行代码导入 Matplotlib 模块的子模块 pyplot，并简写为 plt。

第 2 行代码用于创建一个绘图窗口，读者可根据实际需求修改窗口的大小。

第 3 行和第 4 行代码用于指定制作饼图的数据，然后在第 5 行代码中使用 pie() 函数根据这

些数据制作饼图，并将饼图中的第 1 个饼图块分离出来（读者可根据实际需求修改要分离的饼图块）。如果不分离饼图块，那么将第 5 行代码修改为 "plt.pie(y, labels=x, labeldistance=1.1, autopct='%.2f%%', pctdistance=1.5, counterclock=False, startangle=90)"。

第 6 行和第 7 行代码为图表中的文本设置字体，并解决当坐标值为负数时的显示问题，让制作出的图表能正常显示数据和文本内容。第 8 行代码用于在一个窗口中显示制作的饼图。

◎ 知识延伸

（1）第 5 行代码中的 pie() 是 pyplot 子模块中的函数，用于制作饼图。该函数的第 1 个参数是饼图块的数据系列值。参数 labels 用于设置每一个饼图块的数据标签内容。参数 labeldistance 用于设置每一个饼图块的数据标签与饼图块中心的距离。参数 autopct 用于设置饼图块的百分比数值的格式。参数 pctdistance 用于设置百分比数值与饼图块中心的距离。参数 counterclock 用于设置各个饼图块是逆时针排列还是顺时针排列，为 False 时表示顺时针排列，为 True 时表示逆时针排列。参数 startangle 用于设置第 1 个饼图块的初始角度，这里设置为 90°。参数 explode 用于设置每一个饼图块与圆心的距离，其值通常是一个列表，列表的元素个数与饼图块的数量相同。本案例将参数 explode 设置为 [0.3, 0, 0, 0, 0, 0, 0]，第 1 个元素为 0.3，其他元素均为 0，表示将第 1 个饼图块（上海）分离，其他饼图块的位置不变。

（2）如果想要使用 pie() 函数制作圆环图，可通过设置该函数的参数 wedgeprops 来实现。例如，将第 5 行代码修改为如下代码：

```
1  plt.pie(y, labels=x, labeldistance=1.1, autopct='%.2f%%', pctdistance
   =1.5, counterclock=False, startangle=90, wedgeprops={'width':0.3,
   'linewidth':2, 'edgecolor':'w'})
```

参数 wedgeprops 用于设置饼图块的属性，其值为一个字典，字典中的元素则是饼图块各个属性的名称和值的键值对。上面这行代码将 wedgeprops 设置为 {'width': 0.3, 'linewidth': 2, 'edgecolor': 'w'}，表示设置饼图块的环宽（圆环的外圆半径减去内圆半径）占外圆半径的比例为 0.3，边框粗细为 2，边框颜色为白色。将饼图块的环宽占比设置为小于 1 的数（这里为 0.3），就能绘制出圆环图。

◎ 运行结果

运行本案例的代码后，在弹出的绘图窗口中可看到如右图所示的饼图，其中代表"上海"的饼图块被分离出来。

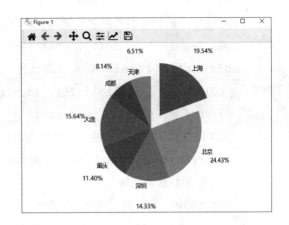

125　添加图表标题和图例

 ◎ 代码文件：添加图表标题和图例.py

◎ 应用场景

图表标题和图例是增强图表可读性必不可少的元素。本案例以柱形图为例，介绍添加图表标题和图例的方法。

◎ 实现代码

```
1  import matplotlib.pyplot as plt  # 导入Matplotlib模块的子模块pyplot
2  plt.figure(figsize=(10, 4))  # 创建一个绘图窗口
3  x = ['1月', '2月', '3月', '4月', '5月', '6月', '7月', '8月', '9月',
   '10月', '11月', '12月']  # 给出x坐标的数据
4  y = [100, 90, 88, 70, 66, 50, 40, 55, 56, 88, 95, 98]  # 给出y坐标
   的数据
```

```
5   plt.bar(x, y, width=0.5, align='center', color='k', label='销售量
    （台）')  # 制作柱形图并设置图例标签内容
6   plt.legend(loc='best', fontsize=12)  # 添加并设置图例
7   plt.title(label='销售量对比图', fontdict={'family': 'KaiTi',
    'color': 'k', 'size': 25}, loc='center')  # 添加并设置图表标题
8   plt.rcParams['font.sans-serif'] = ['Microsoft YaHei']  # 为图表中的
    文本设置默认字体，以避免中文显示为乱码的问题
9   plt.rcParams['axes.unicode_minus'] = False  # 解决坐标值为负数时无法
    正常显示负号的问题
10  plt.show()  # 显示绘制的图表
```

◎ 代码解析

第 3 行和第 4 行代码分别给出图表的 *x* 坐标和 *y* 坐标的数据。第 5 行代码用于根据给出的数据制作柱形图，并对柱子的粗细、位置和填充颜色进行设置，读者可根据实际需求修改这些设置。

第 6 行代码用于为图表添加并设置图例。需要注意的是，应先在第 5 行代码的 bar() 函数中设置图例标签内容（这里设置为"销售量（台）"，读者可根据实际需求修改），再在第 6 行代码中设置图例的格式，才能在图表中显示正确的图例效果。

第 7 行代码用于为图表添加图表标题，并对图表标题的字体格式和位置进行设置，读者可根据实际需求修改这些设置。

◎ 知识延伸

（1）第 6 行代码中的 legend() 是 pyplot 子模块中的函数，用于在图表中添加图例，图例的内容由相应的绘图函数决定。例如，第 5 行代码使用 bar() 函数制作柱形图，legend() 函数添加的图例图形为矩形色块，图例标签为 bar() 函数的参数 label 的值。

legend() 函数的参数 loc 用于设置图例的位置，取值可以为字符串或整型数字，具体如下表所示。需要注意的是，'right' 实际上等同于 'center right'，这个值是为了兼容旧版本的 Matplotlib 模块而设立的。

字符串	整型数字	图例位置	字符串	整型数字	图例位置
'best'	0	根据图表区域自动选择	'center left'	6	左侧中间
'upper right'	1	右上角	'center right'	7	右侧中间
'upper left'	2	左上角	'lower center'	8	底部中间
'lower left'	3	左下角	'upper center'	9	顶部中间
'lower right'	4	右下角	'center'	10	正中心
'right'	5	右侧中间	—	—	—

legend() 函数的参数 fontsize 用于设置图例标签的字号。

（2）第 7 行代码中的 title() 是 pyplot 子模块中的函数，用于添加图表标题。参数 label 用于设置图表标题的文本内容；参数 fontdict 用于设置图表标题的文本格式，如字体、颜色、字号等；参数 loc 用于设置图表标题的位置，可取的值如下表所示。

参数值	'center'	'right'	'left'
图表标题位置	居中显示	靠右显示	靠左显示

◎ 运行结果

运行本案例的代码后，可看到如下图所示的添加了图表标题和图例的柱形图。

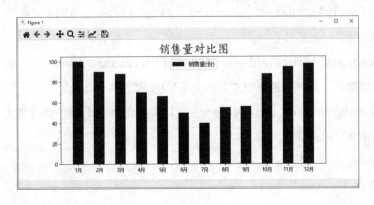

126   添加数据标签

    ◎ 代码文件：添加数据标签.py

◎ **应用场景**

在图表上添加数据标签可让图表的数据展示更加直观。本案例以柱形图为例，介绍为图表添加数据标签的方法。

◎ **实现代码**

```
1   import matplotlib.pyplot as plt  # 导入Matplotlib模块的子模块pyplot
2   plt.figure(figsize=(10, 4))  # 创建一个绘图窗口
3   x = ['1月', '2月', '3月', '4月', '5月', '6月', '7月', '8月', '9月',
    '10月', '11月', '12月']  # 给出x坐标的数据
4   y = [100, 90, 88, 70, 66, 50, 40, 55, 56, 88, 95, 98]  # 给出y坐标
    的数据
5   plt.bar(x, y, width=0.5, align='center', color='k')  # 制作柱形图
6   for a, b in zip(x, y):
7       plt.text(x=a, y=b, s=b, ha='center', va='bottom', fontdict=
        {'family': 'KaiTi', 'color': 'k', 'size': 15})  # 添加并设置数
        据标签
8   plt.rcParams['font.sans-serif'] = ['Microsoft YaHei']  # 为图表中的
    文本设置默认字体，以避免中文显示为乱码的问题
9   plt.rcParams['axes.unicode_minus'] = False  # 解决坐标值为负数时无法
    正常显示负号的问题
10  plt.show()  # 显示绘制的图表
```

◎ 代码解析

本案例的核心代码是第 6 行和第 7 行。这两行代码将所有数据点的值绘制在图表中的相应坐标上，从而得到数据标签的效果。使用的核心函数是 text()，详细介绍见"知识延伸"。

◎ 知识延伸

（1）第 6 行代码中的 zip() 是 Python 的内置函数，它以可迭代对象作为参数，将对象中对应的元素配对打包成一个个元组，然后返回由这些元组组成的列表。

（2）第 7 行代码中的 text() 是 pyplot 子模块中的函数，用于在图表的指定坐标位置添加文本。参数 x 和 y 分别用于设置文本的 x 坐标和 y 坐标；参数 s 用于设置文本的内容；参数 ha 是 horizontal alignment 的简写，表示文本在水平方向的位置，可取的值有 'center'、'right'、'left'；参数 va 是 vertical alignment 的简写，表示文本在垂直方向的位置，可取的值有 'center'、'top'、'bottom'、'baseline'、'center_baseline'；参数 fontdict 用于设置文本的字体格式。

text() 函数每次只能添加一个文本，如果要给图表的所有数据点添加数据标签，则需配合使用循环。第 6 行代码使用 for 语句构造了一个循环，并使用 zip() 函数将列表 x 和 y 的元素逐个配对打包成一个个元组，即 ('1 月', 100)、('2 月', 90)、('3 月', 88)……的形式，再通过循环变量 a 和 b 分别取出每个元组的元素，在第 7 行代码中传递给 text() 函数，用于添加数据标签。

◎ 运行结果

运行本案例的代码后，在弹出的绘图窗口中可看到添加了数据标签的柱形图，如下图所示。

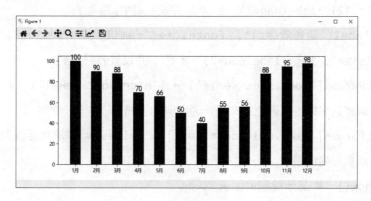

127　添加坐标轴标题

◎　代码文件：添加坐标轴标题.py

◎ 应用场景

为了使图表的坐标轴所代表的数据更清晰明了，可为图表添加坐标轴标题。本案例以柱形图为例，介绍添加坐标轴标题的方法。

◎ 实现代码

```python
1   import matplotlib.pyplot as plt  # 导入Matplotlib模块的子模块pyplot
2   plt.figure(figsize=(10, 4))  # 创建一个绘图窗口
3   x = ['1月', '2月', '3月', '4月', '5月', '6月', '7月', '8月', '9月',
    '10月', '11月', '12月']  # 给出x坐标的数据
4   y = [100, 90, 88, 70, 66, 50, 40, 55, 56, 88, 95, 98]  # 给出y坐标
    的数据
5   plt.bar(x, y, width=0.5, align='center', color='k')  # 制作柱形图
6   plt.xlabel('月份', fontdict={'family': 'SimSun', 'color': 'k',
    'size': 12}, labelpad=2)  # 添加并设置x轴标题
7   plt.ylabel('销售量(台)', fontdict={'family': 'SimSun', 'color':
    'k', 'size': 12}, labelpad=2)  # 添加并设置y轴标题
8   plt.rcParams['font.sans-serif'] = ['Microsoft YaHei']  # 为图表中的
    文本设置默认字体，以避免中文显示为乱码的问题
9   plt.rcParams['axes.unicode_minus'] = False  # 解决坐标值为负数时无法
    正常显示负号的问题
10  plt.show()  # 显示绘制的图表
```

◎ 代码解析

本案例的核心代码是第 6 行和第 7 行，分别为 *x* 轴和 *y* 轴添加标题并设置格式。读者可按照"知识延伸"的讲解，根据实际需求修改标题的设置。

◎ 知识延伸

第 6 行代码中的 xlabel() 和第 7 行代码中的 ylabel() 都是 pyplot 子模块中的函数，分别用于为图表添加 *x* 轴标题和 *y* 轴标题。这两个函数的第 1 个参数为标题的文本内容，参数 fontdict 用于设置标题的字体格式，参数 labelpad 用于设置标题与坐标轴的距离。

◎ 运行结果

运行本案例的代码后，在弹出的绘图窗口中可看到添加了坐标轴标题的柱形图，如下图所示。

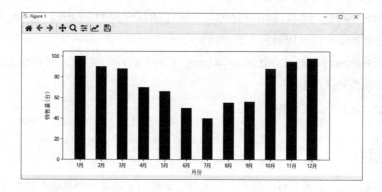

128　添加网格线

 ◎ 代码文件：添加网格线.py

◎ 应用场景

使用 Matplotlib 模块制作的图表在默认情况下不显示网格线。本案例以折线图为例，介绍为图表添加网格线的方法。

◎ 实现代码

```
1   import matplotlib.pyplot as plt  # 导入Matplotlib模块的子模块pyplot
2   plt.figure(figsize=(10, 4))  # 创建一个绘图窗口
3   x = ['1月', '2月', '3月', '4月', '5月', '6月', '7月', '8月', '9月',
    '10月', '11月', '12月']  # 给出x坐标的数据
4   y = [100, 90, 88, 70, 66, 50, 40, 55, 56, 88, 95, 98]  # 给出y坐标
    的数据
5   plt.plot(x, y, color='k', linewidth=3, linestyle='solid')  # 制作折
    线图
6   plt.grid(b=True, axis='both', color='r', linestyle='dotted', line-
    width=1)  # 添加并设置网格线
7   plt.rcParams['font.sans-serif'] = ['Microsoft YaHei']  # 为图表中的
    文本设置默认字体，以避免中文显示为乱码的问题
8   plt.rcParams['axes.unicode_minus'] = False  # 解决坐标值为负数时无法
    正常显示负号的问题
9   plt.show()  # 显示绘制的图表
```

◎ 代码解析

本案例的核心代码是第 6 行，用于为折线图的 x 轴和 y 轴添加网格线，并对网格线的颜色、线型和粗细进行设置。读者可按照"知识延伸"的讲解，根据实际需求修改网格线的设置。

◎ 知识延伸

第 6 行代码中的 grid() 是 pyplot 子模块中的函数，用于为图表添加网格线。该函数的参数 b 设置为 True 时，表示显示网格线（默认同时显示 x 轴和 y 轴的网格线）。参数 axis 用于指定针对哪条坐标轴的网格线进行设置，默认值为 'both'，表示同时设置 x 轴和 y 轴的网格线，设置为 'x' 或 'y' 时则分别表示只设置 x 轴或 y 轴的网格线。参数 color、linestyle 和 linewidth 分别用于设置网格线的颜色、线型和粗细。

◎ 运行结果

运行本案例的代码后，在弹出的绘图窗口中可看到添加了网格线的折线图，如下图所示。

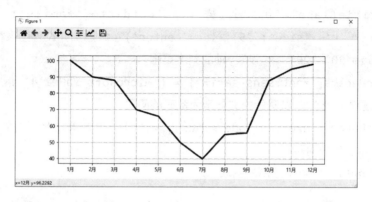

129　调整坐标轴的刻度范围

 ◎ 代码文件：调整坐标轴的刻度范围.py

◎ 应用场景

　　使用 Matplotlib 模块制作的图表在默认情况下会自动为坐标轴设置刻度范围。本案例以折线图为例，介绍自定义图表坐标轴刻度范围的方法。

◎ 实现代码

```
1  import matplotlib.pyplot as plt  # 导入Matplotlib模块的子模块pyplot
2  plt.figure(figsize=(10, 4))  # 创建一个绘图窗口
3  x = ['1月', '2月', '3月', '4月', '5月', '6月', '7月', '8月', '9月',
   '10月', '11月', '12月']  # 给出x坐标的数据
4  y = [100, 90, 88, 70, 66, 50, 40, 55, 56, 88, 95, 98]  # 给出y坐标
   的数据
```

```
5   plt.plot(x, y, color='k', linewidth=3, linestyle='solid')  # 制作折
    线图
6   plt.title(label='销售量趋势图', fontdict={'family': 'KaiTi',
    'color': 'k', 'size': 25}, loc='center')  # 添加并设置图表标题
7   plt.ylim(20, 120)  # 设置y轴的刻度范围
8   plt.rcParams['font.sans-serif'] = ['Microsoft YaHei']  # 为图表中的
    文本设置默认字体，以避免中文显示为乱码的问题
9   plt.rcParams['axes.unicode_minus'] = False  # 解决坐标值为负数时无法
    正常显示负号的问题
10  plt.show()  # 显示绘制的图表
```

◎ 代码解析

本案例的核心代码是第 7 行，用于为图表设置 *y* 轴的刻度范围，这里设置为 20 ～ 120。读者可按照"知识延伸"的讲解，根据实际需求修改刻度范围。

◎ 知识延伸

（1）第 7 行代码中的 ylim() 是 pyplot 子模块中的函数，用于设置 *y* 轴的刻度范围，函数的两个参数分别为刻度的下限和上限。如果想单独设置 *y* 轴刻度的下限或上限，可使用参数 bottom 和 top，相应代码如下：

```
1   plt.ylim(bottom=20)   # 设置y轴刻度下限为20，上限保持默认值不变
2   plt.ylim(top=120)     # 设置y轴刻度上限为100，下限保持默认值不变
```

设置 *x* 轴的刻度范围则要使用 xlim() 函数，通过参数 left 和 right 可分别单独设置下限和上限。

（2）使用 pyplot 子模块中的 axis() 函数可以切换坐标轴的显示和隐藏，相应代码如下：

```
1   plt.axis('on')    # 显示坐标轴
2   plt.axis('off')   # 隐藏坐标轴
```

◎ 运行结果

运行本案例的代码后，可看到调整了 y 轴刻度范围的折线图，如下图所示。

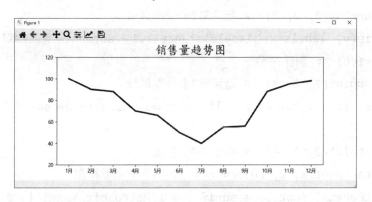

130　在一张画布中绘制多个图表

　◎　代码文件：在一张画布中绘制多个图表.py

◎ 应用场景

Matplotlib 模块在绘制图表时，默认先建立一张画布，然后在画布中绘制图表。如果想要在一张画布中绘制多个图表，可使用 subplot() 函数将画布划分为多个区域，然后在各个区域中分别绘制不同的图表。

◎ 实现代码

```
1  import matplotlib.pyplot as plt  # 导入Matplotlib模块的子模块pyplot
2  plt.figure(figsize=(10, 6))  # 创建一个绘图窗口
3  x = ['上海', '北京', '深圳', '重庆', '大连', '成都', '天津']  # 给出x
   坐标的数据
4  y = [120, 150, 88, 70, 96, 50, 40]  # 给出y坐标的数据
```

```
5    plt.subplot(2, 2, 1)  # 指定第1个绘图区域
6    plt.bar(x, y, width=0.5, align='center', color='r')  # 制作柱形图
7    plt.subplot(2, 2, 2)  # 指定第2个绘图区域
8    plt.pie(y, labels=x, labeldistance=1.1, autopct='%.2f%%', pctdis-
     tance=1.6)  # 制作饼图
9    plt.subplot(2, 2, 3)  # 指定第3个绘图区域
10   plt.plot(x, y, color='r', linewidth=3, linestyle='solid')  # 制作折
     线图
11   plt.subplot(2, 2, 4)  # 指定第4个绘图区域
12   plt.stackplot(x, y, color='r')  # 制作堆积面积图
13   plt.rcParams['font.sans-serif'] = ['Microsoft YaHei']  # 为图表中的
     文本设置默认字体，以避免中文显示为乱码的问题
14   plt.rcParams['axes.unicode_minus'] = False  # 解决坐标值为负数时无法
     正常显示负号的问题
15   plt.show()  # 显示绘制的图表
```

◎ 代码解析

第 5 行代码将整张画布划分为 2 行 2 列，并指定在第 1 个区域中绘制图表。接着用第 6 行代码绘制柱形图。

第 7 行代码将整张画布划分为 2 行 2 列，并指定在第 2 个区域中绘制图表。接着用第 8 行代码绘制饼图。

第 9 行代码将整张画布划分为 2 行 2 列，并指定在第 3 个区域中绘制图表。接着用第 10 行代码绘制折线图。

第 11 行代码将整张画布划分为 2 行 2 列，并指定在第 4 个区域中绘制图表。接着用第 12 行代码绘制堆积面积图。

◎ 知识延伸

（1）第 5、7、9、11 行代码中的 subplot() 是 pyplot 子模块中的函数，用于将画布划分为多

个区域，然后指定绘制图表的区域。subplot() 函数的参数为 3 个整型数字：第 1 个数字代表将整张画布划分为几行；第 2 个数字代表将整张画布划分为几列；第 3 个数字代表要在第几个区域中绘制图表，区域的编号规则是按照从左到右、从上到下的顺序，从 1 开始编号。该函数的参数也可以写成一个 3 位的整型数字，如 223。使用这种形式的参数时，划分画布的行数和列数均不能超过 10。

（2）第 12 行代码中的 stackplot() 是子模块 pyplot 中的函数，用于制作堆积面积图。

◎ 运行结果

运行本案例的代码后，在弹出的绘图窗口中可看到如右图所示的图表效果。

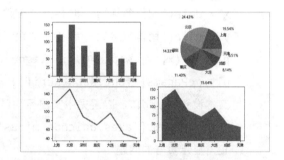

131　在一个工作表中插入图表

◎ 代码文件：在一个工作表中插入图表.py
◎ 数据文件：各月销售数量表.xlsx

◎ 应用场景

除了在绘图窗口中显示绘制的图表，还可以将绘制的图表插入工作表。如右图所示为工作簿"各月销售数量表.xlsx"的工作表"1月"中的销售数量数据，现要使用这些数据制作一个柱形图，并插入工作表中。

	A	B	C	D	E
1	配件编号	配件名称	销售数量		
2	FB05211450	离合器	500		
3	FB05211451	操纵杆	600		
4	FB05211452	转速表	300		
5	FB05211453	里程表	400		
6	FB05211454	组合表	500		
7	FB05211455	缓速器	800		
8	FB05211456	胶垫	900		
9	FB05211457	气压表	600		
10	FB05211458	调整垫	400		
11	FB05211459	上衬套	200		
12	FB05211460	主销	100		
13	FB05211461	下衬套	200		
14	FB05211462	转向节	600		
15	FB05211463	继动阀	120		

1月　2月　3月　4月　5月　6月　7月　8月　9月　10月　11月　12月

◎ 实现代码

```
1   import pandas as pd  # 导入pandas模块
2   import matplotlib.pyplot as plt  # 导入Matplotlib模块的子模块pyplot
3   import xlwings as xw  # 导入xlwings模块
4   figure = plt.figure(figsize=(10, 4))  # 创建一个绘图窗口
5   data = pd.read_excel('各月销售数量表.xlsx', sheet_name='1月')  # 从
    指定工作簿的工作表中读取数据
6   x = data['配件名称']  # 指定"配件名称"列的数据作为x坐标的值
7   y = data['销售数量']  # 指定"销售数量"列的数据作为y坐标的值
8   plt.bar(x, y, width=0.5, align='center', color='k')  # 制作柱形图
9   plt.rcParams['font.sans-serif'] = ['Microsoft YaHei']  # 为图表中的
    文本设置默认字体，以避免中文显示为乱码的问题
10  plt.rcParams['axes.unicode_minus'] = False  # 解决坐标值为负数时无法
    正常显示负号的问题
11  app = xw.App(visible=False, add_book=False)  # 启动Excel程序
12  workbook = app.books.open('各月销售数量表.xlsx')  # 打开要插入图表的
    工作簿
13  worksheet = workbook.sheets['1月']  # 指定要插入图表的工作表
14  worksheet.pictures.add(figure, left=500)  # 在指定工作表中插入柱形图
15  workbook.save('各月销售数量表1.xlsx')  # 另存工作簿
16  workbook.close()  # 关闭工作簿
17  app.quit()  # 退出Excel程序
```

◎ 代码解析

第 5 行代码从工作簿"各月销售数量表.xlsx"中读取工作表"1月"的数据，读者可根据实际需求修改工作簿的文件路径和工作表的名称。

第 6 行和第 7 行代码分别指定 x 坐标和 y 坐标的值，读者可根据实际需求修改列名。

第 8 行代码使用指定数据制作柱形图，并对柱子的粗细、位置和填充颜色进行设置，读者

可根据实际需求修改这些设置。

　　第 11 ～ 17 行代码打开要插入图表的工作簿"各月销售数量表.xlsx"，在工作表"1 月"中插入前面制作好的柱形图，最后另存并关闭工作簿。

◎ 知识延伸

　　第 14 行代码中的 add() 是 xlwings 模块中 Pictures 对象的一个函数，用于在工作表中插入图片。该函数的第 1 个参数可以是用 Matplotlib 模块制作的图表，也可以是图片文件的路径；参数 left 用于设置图片的左边距，如果要设置图片的顶边距，可以使用参数 top。

◎ 运行结果

　　运行本案例的代码后，打开生成的工作簿"各月销售数量表 1.xlsx"，可看到在工作表"1 月"中插入了如下图所示的柱形图。

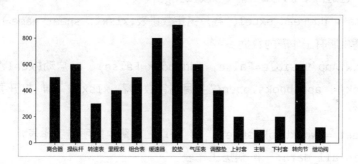

132　在一个工作簿的所有工作表中插入图表

　　◎ 代码文件：在一个工作簿的所有工作表中插入图表.py
　　◎ 数据文件：各月销售数量表.xlsx

◎ 应用场景

　　工作簿"各月销售数量表.xlsx"中有 12 个工作表，其中任意两个工作表的数据如下页左图和右图所示。本案例要在这 12 个工作表中分别插入柱形图。

配件编号	配件名称	销售数量
FB05211450	离合器	50
FB05211451	操纵杆	60
FB05211452	转速表	80
FB05211453	里程表	100
FB05211454	组合表	200
FB05211455	缓速器	600
FB05211456	胶垫	300
FB05211457	气压表	400
FB05211458	调整垫	600
FB05211459	上衬套	100
FB05211460	主销	200
FB05211461	下衬套	600
FB05211462	转向节	200
FB05211463	继动阀	350

配件编号	配件名称	销售数量
FB05211450	离合器	150
FB05211451	操纵杆	120
FB05211452	转速表	600
FB05211453	里程表	140
FB05211454	组合表	800
FB05211455	缓速器	90
FB05211456	胶垫	70
FB05211457	气压表	90
FB05211458	调整垫	60
FB05211459	上衬套	100
FB05211460	主销	200
FB05211461	下衬套	600
FB05211462	转向节	200
FB05211463	继动阀	350

◎ 实现代码

```
1   import pandas as pd  # 导入pandas模块
2   import matplotlib.pyplot as plt  # 导入Matplotlib模块的子模块pyplot
3   import xlwings as xw  # 导入xlwings模块
4   all_data = pd.read_excel('各月销售数量表.xlsx', sheet_name=None)  # 读
    取工作簿中所有工作表的数据
5   app = xw.App(visible=False, add_book=False)  # 启动Excel程序
6   workbook = app.books.open('各月销售数量表.xlsx')  # 打开要插入图表的
    工作簿
7   worksheet = workbook.sheets  # 获取工作簿中的所有工作表
8   for i in all_data:  # 遍历工作表
9       figure = plt.figure(figsize=(10, 4))  # 创建一个绘图窗口
10      data = all_data[i]  # 提取指定工作表的数据
11      x = data['配件名称']  # 指定"配件名称"列的数据作为x坐标的值
12      y = data['销售数量']  # 指定"销售数量"列的数据作为y坐标的值
13      plt.bar(x, y, width=0.5, align='center', color='k')  # 制作柱形图
14      plt.rcParams['font.sans-serif'] = ['Microsoft YaHei']  # 为图表
        中的文本设置默认字体，以避免中文显示为乱码的问题
15      plt.rcParams['axes.unicode_minus'] = False  # 解决坐标值为负数时
        无法正常显示负号的问题
```

```
16        worksheet[i].pictures.add(figure, left=500)  # 在指定工作表中插
          入柱形图
17   workbook.save('各月销售数量表1.xlsx')  # 另存工作簿
18   workbook.close()  # 关闭工作簿
19   app.quit()  # 退出Excel程序
```

◎ 代码解析

第 8～16 行代码用于在工作簿的所有工作表中插入柱形图，如果要插入其他类型的图表，则修改第 13 行代码中的图表函数。第 11 行和第 12 行代码中的坐标值也可根据需求修改。

◎ 知识延伸

第 4 行代码读取数据后返回的是一个字典，其中字典的键是工作表的名称，字典的值则是对应工作表中的数据（DataFrame 格式）。第 8 行代码用 for 语句遍历字典，此时的 i 为字典的键，因此，第 10 行代码用 i 从字典中提取值，即单个工作表中的数据。而第 16 行代码则用 worksheet[i] 的形式指定要插入图表的工作表。

◎ 运行结果

运行本案例的代码后，打开生成的工作簿"各月销售数量表 1.xlsx"，切换至任意一个工作表，如"4 月"，可看到插入的柱形图，如下图所示。

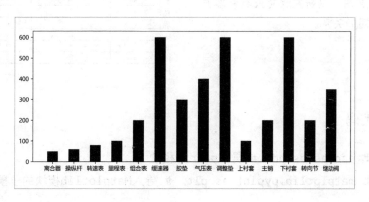

再切换至工作表"8月"，可看到如下图所示的柱形图。

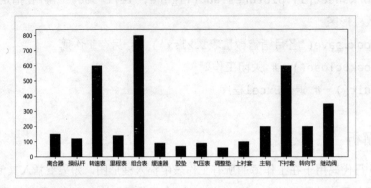

133　制作散点图

◎ 代码文件：制作散点图.py
◎ 数据文件：客户满意度表.xlsx

◎ 应用场景

　　如右图所示，工作簿"客户满意度表.xlsx"中记录了不同收货天数对应的客户满意度数据。本案例要使用这些数据制作散点图，以研究收货天数和客户满意度之间的关系。

	A	B	C
1	序号	收货天数(天)	客户满意度
2	1	12	3.8
3	2	5	7.7
4	3	7	8
5	4	8	6.6
6	5	3	8.2
7	6	6	9
8	7	12	6.6
9	8	9	5.5
10	9	10	6.7
11	10	8	7.2

Sheet1

◎ 实现代码

```
1  import pandas as pd  # 导入pandas模块
2  import matplotlib.pyplot as plt  # 导入Matplotlib模块的子模块pyplot
```

```
3    from sklearn import linear_model  # 导入Scikit-Learn模块的子模块lin-
     ear_model
4    figure = plt.figure(figsize=(10, 4))  # 创建一个绘图窗口
5    data = pd.read_excel('客户满意度表.xlsx', sheet_name='Sheet1')  # 从
     指定工作簿的工作表中读取数据
6    x = data['收货天数(天)']  # 指定"收货天数(天)"列的数据作为x坐标的值
7    y = data['客户满意度']  # 指定"客户满意度"列的数据作为y坐标的值
8    plt.scatter(x, y, s=100, marker='o', color='k')  # 制作散点图
9    x1 = x.to_numpy().reshape(-1, 1)  # 将自变量数据转换为二维数组格式
10   model = linear_model.LinearRegression().fit(x1, y)  # 创建并训练一
     个线性回归模型
11   y1 = model.predict(x1)  # 利用训练好的模型预测客户满意度
12   plt.plot(x, y1, color='k', linewidth='3', linestyle='solid')  # 制
     作线性趋势线
13   plt.title(label='收货天数与客户满意度关系图', fontdict={'family':
     'KaiTi', 'color': 'k', 'size': 25}, loc='center')  # 添加图表标题
14   plt.xlabel('收货天数(天)', fontdict={'family': 'SimSun', 'color':
     'k', 'size': 12}, labelpad=2)  # 添加x轴标题
15   plt.ylabel('客户满意度', fontdict={'family': 'SimSun', 'color':
     'k', 'size': 12}, labelpad=2)  # 添加y轴标题
16   plt.xlim(0, 22.5)  # 设置x轴的刻度范围
17   plt.ylim(0, 12)  # 设置y轴的刻度范围
18   plt.rcParams['axes.unicode_minus'] = False  # 解决坐标值为负数时无法
     正常显示负号的问题
19   plt.show()  # 显示绘制的图表
```

◎ 代码解析

第 3 行代码导入了 Scikit-Learn 模块的子模块 linear_model，用于拟合线性趋势线。

第 5 行代码从工作簿"客户满意度表.xlsx"中读取工作表"Sheet1"的数据，读者可根据实际需求修改工作簿的文件路径和工作表的名称。

第 6 行和第 7 行代码分别指定 x 坐标和 y 坐标的值，读者可根据实际需求修改列名。

第 8 行代码使用指定的数据制作散点图，并对散点图中点的面积、样式和填充颜色进行设置，读者可根据实际需求修改这些设置。

第 9 行代码将自变量数据转换为二维数组格式，以满足线性回归模型对训练数据的要求。

第 10 行代码创建并训练了一个线性回归模型。第 11 行代码利用训练好的模型进行预测，这里是根据收货天数预测对应的客户满意度。第 12 行代码根据预测结果制作了一条线性趋势线，用于判断收货天数和客户满意度的相关性。

第 13～15 行代码用于添加图表标题和坐标轴标题，并对标题的文本内容、字体格式等进行设置，读者可根据实际需求修改这些设置。第 16 行和第 17 行代码用于设置坐标轴的刻度范围，读者可根据实际需求修改范围值。

◎ 知识延伸

（1）第 3 行代码中的 sklearn 是 Scikit-Learn 模块名称的简写。使用 Scikit-Learn 模块可以轻松地搭建线性回归模型。该模块是 Anaconda 自带的，无须单独安装。

（2）第 8 行代码中的 scatter() 是 Matplotlib 模块的子模块 pyplot 中的函数，用于制作散点图。该函数的第 1 个和第 2 个参数分别用于设置 x 坐标和 y 坐标的值；参数 s 用于设置散点图中每个点的面积；参数 marker 用于设置每个点的样式，取值和 plot() 函数的参数 marker 相同；参数 color 用于设置每个点的填充颜色。

（3）第 9 行代码先用 to_numpy() 函数将自变量数据转换为一维数组，再用 reshape() 函数将一维数组转换为二维数组。reshape() 函数的两个参数分别表示二维数组的行数和列数。例如，reshape(3, 4) 表示转换为 3 行 4 列的二维数组。本案例的 reshape(-1, 1) 中，-1 表示不指定行数，而是根据数组的元素个数和列数自动计算行数，1 则表示列数为 1。

（4）第 10 行代码中的 LinearRegression() 函数和 fit() 函数在案例 119 中介绍过，这里不再赘述。第 11 行代码中的 predict() 函数用于预测对应的因变量（本案例中为客户满意度）。

◎ 运行结果

运行本案例的代码后，在弹出的绘图窗口中可看到一个散点图，其中还添加了一条线性趋势线，如下图所示。根据散点的分布情况就可以大致判断收货天数和客户满意度的相关性。

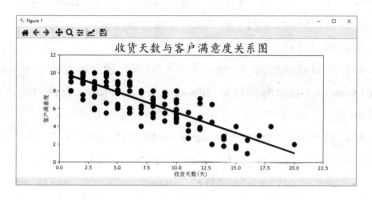

134 制作涟漪特效散点图

◎ 代码文件：制作涟漪特效散点图.py
◎ 数据文件：客户满意度表.xslx

◎ 应用场景

案例 133 使用 Matplotlib 模块中的 scatter() 函数制作散点图，本案例则要使用 pyecharts 模块中的 EffectScatter() 函数制作带有涟漪特效的散点图。

◎ 实现代码

```
1  import pandas as pd  # 导入pandas模块
2  import pyecharts.options as opts  # 导入pyecharts模块的子模块options
3  from pyecharts.charts import EffectScatter  # 导入pyecharts模块中的
   EffectScatter()函数
4  data = pd.read_excel('客户满意度表.xlsx', sheet_name='Sheet1')  # 从
   指定工作簿的工作表中读取数据
5  x = data['收货天数(天)']  # 指定"收货天数(天)"列的数据作为x坐标的值
```

```
6    y = data['客户满意度']  # 指定"客户满意度"列的数据作为y坐标的值
7    chart = EffectScatter()  # 创建一个空白散点图
8    chart.add_xaxis(x)  # 为图表添加x坐标的值
9    chart.add_yaxis(series_name='收货天数(天),客户满意度', y_axis=y, la-
     bel_opts=opts.LabelOpts(is_show=False), symbol_size=15)  # 为图表添
     加y坐标的值
10   chart.set_global_opts(title_opts=opts.TitleOpts(title='收货天数与客
     户满意度散点图'), yaxis_opts=opts.AxisOpts(type_='value', name='客户
     满意度', name_location='middle', name_gap=40), xaxis_opts=opts.Ax-
     isOpts(type_='value', name='收货天数(天)', name_location='middle',
     name_gap=40), tooltip_opts=opts.TooltipOpts(trigger='item', for-
     matter='{a}:{c}'))  # 为图表添加图表标题和坐标轴标题
11   chart.render('散点图.html')  # 将制作的图表保存为一个网页文件
```

◎ 代码解析

第 1~3 行代码用于导入 pandas 模块、pyecharts 模块的子模块 options 和子模块 charts 中的 EffectScatter() 函数。

第 4 行代码用于从工作簿"客户满意度表.xlsx"中读取工作表"Sheet1"的数据，读者可根据实际需求修改工作簿的文件路径和工作表的名称。

第 5 行和第 6 行代码分别指定 x 坐标和 y 坐标的值，读者可根据实际需求修改列名。

第 7 行代码用于创建一个空白散点图。第 8 行代码用于为散点图添加 x 坐标的值。第 9 行代码用于为散点图添加 y 坐标的值，并设置系列名称为"收货天数（天）"和"客户满意度"，函数的参数 symbol_size 用于设置散点图的标记大小。

第 10 行代码用于为图表添加图表标题和坐标轴标题，并对坐标轴标题的内容和位置等进行设置。

第 11 行代码用于将制作的散点图保存为一个网页文件，此处使用相对路径保存在代码文件所在文件夹下，文件名为"散点图.html"，读者可根据实际需求修改文件路径。

◎ 知识延伸

（1）第 7 行代码中的 EffectScatter() 是 pyecharts 模块的子模块 charts 中的函数，用于制作带有涟漪特效的散点图。

（2）在 pyecharts 模块中，用于配置图表元素的选项称为配置项。配置项分为全局配置项和系列配置项，这里主要介绍全局配置项。如果读者想了解配置项的更多知识，可以查阅 pyecharts 模块的官方文档，网址为 https://pyecharts.org/#/zh-cn/global_options。

全局配置项通过 set_global_opts() 函数进行设置。使用该函数设置全局配置项时，要先导入 pyecharts 模块的子模块 options。全局配置项有很多内容，每个配置项对应子模块 options 中的一个函数，常见图表元素对应的配置项函数如下表所示。

图表元素	配置项函数
图表标题	TitleOpts
图例	LegendOpts
提示框	TooltipOpts
坐标轴	AxisOpts
坐标轴轴线	AxisLineOpts
坐标轴刻度	AxisTickOpts
坐标轴指示器	AxisPointerOpts

第 10 行代码中 set_global_opts() 函数的配置项函数如下：

- TitleOpts() 用于为图表添加图表标题。
- AxisOpts() 为图表分别添加了 *y* 轴标题"客户满意度"和 *x* 轴标题"收货天数（天）"。该函数的参数 type_ 用于设置坐标轴的类型，这里设置为 'value'（数字轴），还可以设置为 'category'（类目轴）、'time'（时间轴）、'log'（对数轴）；参数 name 用于设置坐标轴标题的文本内容；参数 name_location 用于设置坐标轴标题相对于轴线的位置，这里设置为居中显示；参数 name_gap 用于设置坐标轴标题与轴线的间距，这里设置为 40 px。
- TooltipOpts() 设置了图表的提示框，也就是将鼠标指针放在图表的数据系列上时弹出的提示信息。

◎ 运行结果

运行本案例的代码后，在代码文件所在文件夹中会生成一个网页文件"散点图.html"。双击该文件，可以在默认浏览器中看到如下图所示的散点图。每个点都带有涟漪状的动画效果，将鼠标指针放在一个点上，会用提示框显示相应的系列名称和数据。

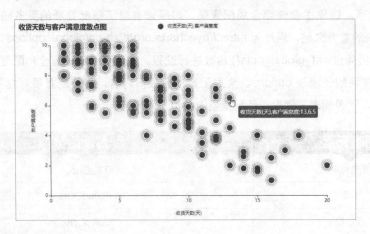

135　制作气泡图

◎ 代码文件：制作气泡图.py
◎ 数据文件：销售统计表.xlsx

◎ 应用场景

本案例要使用 Matplotlib 模块制作气泡图。气泡图其实是在散点图的基础上升级改造而成的：在原有的 x 坐标和 y 坐标两个变量的基础上引入第 3 个变量，并用气泡的大小来表示。因此，制作气泡图同样要用到 scatter() 函数，只是参数的设置上有些区别。如右图所示，工作簿"销售统计表.xlsx"中记录了不同产品的销售量、销售额、毛利率数据，下面制作一个气泡图来同时展示不同产品的 3 类数据。

	A	B	C	D	E	F
1	产品名称	销售量(台)	销售额(元)	毛利率(%)		
2	电视机	50	20000	20%		
3	冰箱	25	12750	10%		
4	洗衣机	60	24000	36%		
5	电饭煲	45	10000	45%		
6	空调	30	13500	15%		
7	加湿器	45	45000	29%		
8	微波炉	89	34400	48%		
9	风扇	88	17600	14%		
10						

◎ 实现代码

```
1    import matplotlib.pyplot as plt  # 导入Matplotlib模块的子模块pyplot
2    import pandas as pd  # 导入pandas模块
3    plt.figure(figsize=(10, 5))  # 创建一个绘图窗口
4    data = pd.read_excel('销售统计表.xlsx', sheet_name='Sheet1')  # 从
     指定工作簿的工作表中读取数据
5    n = data['产品名称']  # 指定"产品名称"列的数据作为数据标签的内容
6    x = data['销售量(台)']  # 指定"销售量(台)"列的数据作为x坐标的值
7    y = data['销售额(元)']  # 指定"销售额(元)"列的数据作为y坐标的值
8    z = data['毛利率(%)']  # 指定"毛利率(%)"列的数据作为气泡的大小
9    plt.scatter(x, y, s=z * 5000, color='r', marker='o')  # 制作气泡图
10   plt.xlabel('销售量(台)', fontdict={'family': 'Microsoft YaHei',
     'color': 'k', 'size': 12}, labelpad=2)  # 添加并设置x轴标题
11   plt.ylabel('销售额(元)', fontdict={'family': 'Microsoft YaHei',
     'color': 'k', 'size': 12}, labelpad=2)  # 添加并设置y轴标题
12   plt.title('销售量、销售额与毛利率关系图', fontdict={'family': 'Micro-
     soft YaHei', 'color': 'k', 'size': 20}, loc='center')  # 添加并设置
     图表标题
13   for a, b, c in zip(x, y, n):
14       plt.text(x=a, y=b, s=c, ha='center', va='center', fontsize=12,
         color='w')  # 添加并设置数据标签
15   plt.xlim(20, 100)  # 设置x轴的刻度范围
16   plt.ylim(0, 50000)  # 设置y轴的刻度范围
17   plt.rcParams['font.sans-serif'] = ['Microsoft YaHei']  # 为图表中的
     文本设置默认字体，以避免中文显示乱码的问题
18   plt.rcParams['axes.unicode_minus'] = False  # 解决坐标值为负数时无法
     正常显示负号的问题
19   plt.show()  # 显示绘制的图表
```

◎ 代码解析

第 4 行代码用于从工作簿 "销售统计表.xlsx" 中读取工作表 "Sheet1" 的数据，读者可根据实际需求修改工作簿的文件路径和工作表的名称。

第 5～8 行代码分别指定数据标签的文本内容、*x* 坐标的值、*y* 坐标的值、气泡的大小，读者可根据实际需求修改列名。

第 9 行代码使用指定的数据制作气泡图，并对气泡图中气泡的大小、填充颜色和形状进行设置，读者可根据实际需求修改这些设置。这里将气泡的大小设置为毛利率的 5000 倍，这是因为毛利率的值比较小，如果不放大，则绘制出的气泡太小，导致图表不美观。

第 10～16 行代码用于为图表添加坐标轴标题、图表标题、数据标签，并设置坐标轴的刻度范围，从而让图表更加美观。读者可根据实际需求修改这些图表元素的设置。

◎ 知识延伸

（1）第 9 行代码中的 scatter() 是 Matplotlib 模块的子模块 pyplot 中的函数，用于制作散点图。该函数在案例 133 中详细介绍过，这里不再赘述。

（2）第 14 行代码中的 text() 是 Matplotlib 模块的子模块 pyplot 中的函数，用于在图表坐标系的指定位置添加文本。该函数在案例 126 中详细介绍过，这里不再赘述。

◎ 运行结果

运行本案例的代码后，在弹出的绘图窗口中可以看到如下图所示的气泡图效果。

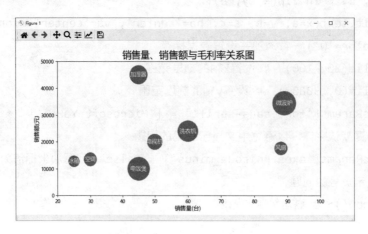

136　制作组合图表

◎ 代码文件：制作组合图表.py
◎ 数据文件：各月销售额统计表.xlsx

◎ 应用场景

　　组合图表是指在一个坐标系中绘制多张图表，其制作方法和单个图表的制作方法
基本相同，区别在于单个图表中的 x 坐标值和 y 坐标值都只有一组，而组合图表的 x 坐标值可能会被多组 y 坐标值共用。如右图所示，工作簿"各月销售额统计表.xlsx"中记录了 12 个月的销售额数据和同比增长率，下面用 Matplotlib 模块制作一个柱形图和折线图的组合图表，同时展示各月的销售额对比情况和同比增长率的变化趋势。

	A	B	C
1	月份	销售额(万元)	同比增长率
2	1月	45	18%
3	2月	12	12%
4	3月	56	20%
5	4月	81.3	51%
6	5月	26.8	25%
7	6月	22	30%
8	7月	85.6	16%
9	8月	66.38	18%
10	9月	24.6	9%
11	10月	34.21	8%
12	11月	25.69	8%
13	12月	17.78	35%

Sheet1 ⊕

◎ 实现代码

```
1   import pandas as pd  # 导入pandas模块
2   import matplotlib.pyplot as plt  # 导入Matplotlib模块的子模块pyplot
3   plt.figure(figsize=(12, 5))  # 创建一个绘图窗口
4   data = pd.read_excel('各月销售额统计表.xlsx', sheet_name='Sheet1')  # 从
    指定工作簿的工作表中读取数据
5   x = data['月份']  # 指定"月份"列的数据作为x坐标的值
6   y1 = data['销售额(万元)']  # 指定"销售额(万元)"列的数据作为y坐标的第1
    组值
7   y2 = data['同比增长率']  # 指定"同比增长率"列的数据作为y坐标的第2组值
8   plt.bar(x, y1, color='y', label='销售额(万元)')  # 制作柱形图
9   plt.legend(loc='upper left', fontsize=12)  # 添加并设置图例
```

```
10    plt.twinx()  # 为图表设置次坐标轴
11    plt.plot(x, y2, color='r', linewidth='3', label='同比增长率')  # 制
      作折线图
12    plt.legend(loc='upper right', fontsize=10)  # 添加并设置图例
13    plt.rcParams['font.sans-serif'] = ['Microsoft YaHei']  # 为图表中的
      文本设置默认字体，以避免中文显示为乱码的问题
14    plt.rcParams['axes.unicode_minus'] = False  # 解决坐标值为负数时无法
      正常显示负号的问题
15    plt.show()  # 显示绘制的图表
```

◎ 代码解析

第 4 行代码用于从工作簿"各月销售额统计表 .xlsx"中读取工作表"Sheet1"的数据，读者可根据实际需求修改工作簿的文件路径和工作表的名称。

第 5～7 行代码使用第 4 行代码中读取的数据来设置图表的 x 坐标和 y 坐标的值，这里设置了两组 y 坐标值——指定月份的销售额和同比增长率。

第 8 行代码使用第 1 组 y 坐标值绘制了一个柱形图，然后使用第 9 行代码在图表左上角为柱形图添加图例。

第 11 行代码使用第 2 组 y 坐标值绘制了一个折线图，然后使用第 12 行代码在图表右上角为折线图添加图例。

两个图表的 x 坐标值相同，将它们绘制在同一个绘图窗口中，即可得到组合图表的效果。但是，本案例中两组 y 坐标值的数量级相差比较大，导致组合图表中代表同比增长率的折线图近乎一条直线，对分析数据完全没有帮助，因此，这里通过第 10 行代码为图表设置了次坐标轴。

◎ 知识延伸

（1）第 9 行和第 12 行代码中的 legend() 是 Matplotlib 模块的子模块 pyplot 中的函数，用于在图表中添加图例。该函数在案例 125 中详细介绍过，这里不再赘述。

（2）第 10 行代码中的 twinx() 是 Matplotlib 模块的子模块 pyplot 中的函数，用于为图表设置次坐标轴。

◎ 运行结果

运行本案例的代码后，在弹出的绘图窗口中可以看到如下图所示的组合图表。

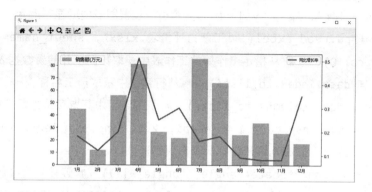

137　制作雷达图

◎　代码文件：制作雷达图.py
◎　数据文件：员工能力评价表.xlsx

◎ 应用场景

　　雷达图可以看成由一条或多条闭合的折线组成，常用于同时比较和分析多个指标。如右图所示，工作簿"员工能力评价表.xlsx"中记录了3个员工的多项能力评价指标的分值，下面通过制作雷达图来评估这3个员工的综合能力。

	A	B	C	D
1	评价指标	A员工	B员工	C员工
2	沟通能力	1	3	5
3	团队能力	2	5	4
4	领导能力	1	5	4
5	自我管理能力	3	2	5
6	学习能力	2	3	1
7	专业能力	4	5	2
8	应变能力	4	2	3
9	组织能力	5	1	4
10				

Sheet1　⊕

◎ 实现代码

```
1   import pandas as pd   # 导入pandas模块
```

```python
import numpy as np  # 导入NumPy模块
import matplotlib.pyplot as plt  # 导入Matplotlib模块的子模块pyplot
colors = ['r', 'g', 'y']  # 为每个员工设置图表中的显示颜色
data = pd.read_excel('员工能力评价表.xlsx', sheet_name='Sheet1',
index_col=0).T  # 从指定工作簿的工作表中读取数据，并转置数据表格
staff = data.index.to_list()  # 从行索引中获取员工名称
column = data.columns.to_list()  # 从列索引中获取评价指标名称
angle = np.linspace(0.1 * np.pi, 2.1 * np.pi, len(column), end-
point=False)  # 根据评价指标的个数对圆形进行等分
angle = np.concatenate((angle, [angle[0]]))  # 连接刻度线数据
column = np.concatenate((column, [column[0]]))  # 连接指标名称数据
figure = plt.figure(figsize=(8, 6))  # 创建一个绘图窗口
ax = figure.add_subplot(1, 1, 1, projection='polar')  # 设置图表在
窗口中的显示位置，并设置坐标体系为极坐标
for i, j in enumerate(staff):
    staff_data = data.loc[j]  # 获取员工的指标分值数据
    staff_data = np.concatenate((staff_data, [staff_data[0]]))  # 连
    接员工的指标分值数据
    ax.plot(angle, staff_data, linestyle='-', linewidth=2, color=
    colors[i], label=str(j))  # 制作雷达图
    ax.fill(angle, staff_data, color=colors[i], alpha=0.7)  # 为雷
    达图填充颜色
ax.legend(loc=4, bbox_to_anchor=(1.15, -0.07))  # 添加并设置图例
ax.set_thetagrids(angle * 180 / np.pi, column, fontsize=12)  # 添
加并设置数据标签
plt.rcParams['font.sans-serif'] = ['SimHei']  # 为图表中的文本设置默
认字体，以避免中文显示为乱码的问题
plt.rcParams['axes.unicode_minus'] = False  # 解决坐标值为负数时无法
```

正常显示负号的问题

```
22    plt.show()    # 显示绘制的图表
```

◎ 代码解析

第 4 行代码用于设置每个员工在图表中的显示颜色。

第 5 行代码用于从工作簿"员工能力评价表.xlsx"中读取工作表"Sheet1"的数据，指定以第 1 列（即"评价指标"列）作为行索引，然后对读取的数据进行转置，为制作图表做好准备。

第 6 行代码用于从行索引中获取员工名称，制作的雷达图中会显示所有员工的数据。如果只想显示指定员工的数据，如只显示"A 员工"的数据，则将这行代码修改为"staff = ['A 员工']"。

第 7 行代码用于从列索引中获取评价指标名称。

第 8 行代码根据评价指标的个数对圆形进行等分。第 9 行代码用于连接刻度线数据。第 10 行代码用于连接指标名称数据。

第 11 行代码创建了一张宽 8 英寸、高 6 英寸的画布。第 12 行代码将这张画布划分为 1 行 1 列，指定在第 1 个区域中绘图，并设置坐标体系为极坐标。第 13～17 行代码通过构造循环，为各个员工绘制雷达图。

第 18 行代码用于在图表中添加图例，legend() 函数的参数 loc=4 表示将图例放置在右下角，参数 bbox_to_anchor 则用于确定图例在坐标轴方向上的位置。第 19 行代码用于在图表中添加数据标签。

◎ 知识延伸

（1）第 5 行代码中 read_excel() 函数的参数 index_col 用于指定以工作表中的哪一列数据作为 DataFrame 的行索引，这里设置为 0，表示以第 1 列（即"评价指标"列）作为行索引。T 则是 DataFrame 对象的属性，可生成转置行列后的新 DataFrame。此时的 data 如下图所示。

评价指标	沟通能力	团队能力	领导能力	自我管理能力	学习能力	专业能力	应变能力	组织能力
A员工	1	2	1	3	2	4	4	5
B员工	3	5	5	2	3	5	2	1
C员工	5	4	4	5	1	2	3	4

（2）第 6 行代码先用 index 属性获取 DataFrame 的行索引，再用 to_list() 函数转换为列表，得到员工名称的列表。第 7 行代码先用 columns 属性获取 DataFrame 的列索引，再用 to_list() 函数转换为列表，得到评价指标名称的列表。

第 14 行代码中的 loc 是 DataFrame 对象的属性，用于根据行索引从 DataFrame 中选取行数据。

（3）第 8 行代码中的 linspace() 是 NumPy 模块中的函数，用于在指定的区间内返回均匀间隔的数值。该函数的第 1 个和第 2 个参数分别是区间的起始值和终止值；第 3 个参数用于指定生成的数值的数量，取值必须是非负数，默认值为 50；参数 endpoint 用于指定结果是否包含终止值，如果省略该参数或者设置为 True，则结果中一定会有终止值，如果为 False，则结果中一定没有终止值。演示代码如下：

```
1    import numpy as np
2    a = np.linspace(0, 100, 5)
3    print(a)
```

上述演示代码的第 2 行表示在 0～100 之间生成 5 个均匀分布的数值，且第一个数值是 0，最后一个数值是 100，其他 3 个数值分布在 0～100 之间。代码运行结果如下：

```
1    [  0.  25.  50.  75. 100.]
```

如果在演示代码第 2 行的 linspace() 函数中添加参数 endpoint 并设置为 False，则会得到如下所示的运行结果：

```
1    [ 0. 20. 40. 60. 80.]
```

（4）第 9、10、15 行代码中的 concatenate() 也是 NumPy 模块中的函数，用于一次完成多个数组的拼接。

（5）第 12 行代码中的 add_subplot() 是 Matplotlib 模块的子模块 pyplot 中的函数，用于在一张画布上划分区域，以绘制多张子图。函数中的 "1, 1, 1" 表示将画布划分成 1×1 的区域，然后在第 1 个区域（区域按从左到右、从上到下的顺序编号）中绘制图表；projection='polar' 表示设置坐标体系为极坐标。

（6）第 17 行代码中的 fill() 是 Matplotlib 模块的子模块 pyplot 中的函数，用于为由一组坐标值定义的多边形区域填充颜色。

◎ 运行结果

运行本案例的代码后，在弹出的绘图窗口中可看到如右图所示的雷达图。

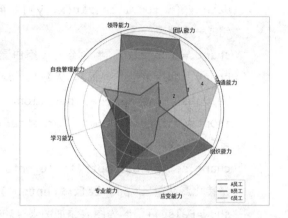

138　制作漏斗图

 ◎ 代码文件：制作漏斗图.py

◎ 应用场景

漏斗图用于呈现从上到下几个阶段的数据，各阶段的数据逐渐变小。本案例要使用 pyecharts 模块中的 Funnel() 函数绘制一个漏斗图，展示电商网站上从浏览商品到完成交易各阶段人数的变化。

◎ 实现代码

```
1   import pyecharts.options as opts  # 导入pyecharts模块的子模块options
2   from pyecharts.charts import Funnel  # 导入pyecharts模块中的Fun-
    nel()函数
```

```
3    x = ['浏览商品', '放入购物车', '生成订单', '支付订单', '完成交易']  # 给
     出x坐标的数据
4    y = [1200, 800, 300, 280, 250]  # 给出y坐标的数据
5    data = [i for i in zip(x, y)]  # 将列表打包成一个个元组，并将这些元组
     组成一个列表
6    chart = Funnel()  # 创建一个空白漏斗图
7    chart.add(series_name='人数', data_pair=data, label_opts=opts.La-
     belOpts(is_show=True, position='inside'), tooltip_opts=opts.Tool-
     tipOpts(trigger='item', formatter='{a}:{c}'))  # 为图表添加系列名称、
     系列数据值和提示框
8    chart.set_global_opts(title_opts = opts.TitleOpts(title='电商网站流
     量转化漏斗图', pos_left='center'), legend_opts=opts.LegendOpts(is_
     show=False))  # 为图表添加图表标题并隐藏图例
9    chart.render('漏斗图.html')  # 将制作的图表保存为一个网页文件
```

◎ 代码解析

　　第 1 行代码用于导入 pyecharts 模块的子模块 options，第 2 行代码用于导入 pyecharts 模块的子模块 charts 中的 Funnel() 函数。

　　第 3 行和第 4 行代码分别给出图表的 *x* 坐标和 *y* 坐标的值。第 5 行代码将列表 x 和 y 中对应的元素配对打包成一个个元组，然后将这些元组组成一个列表。这一操作必不可少，因为第 6 行代码中的 Funnel() 函数要求图表的数据格式必须是由元组组成的列表，即 [(key_1, value_1), (key_2, value_2), …, (key_n, value_n)] 的格式。

　　第 7 行代码用于添加并设置图表的系列名称、系列数据值和提示框等。第 8 行代码用于为图表添加图表标题并隐藏图例。第 9 行代码用于将制作的图表保存为一个网页文件，此处保存在代码文件所在文件夹下，文件名为 "漏斗图.html"，读者可根据实际需求修改保存路径。

◎ 知识延伸

　　（1）第 5 行代码使用了列表推导式来让代码变得简洁，其等同于如下代码：

```
1    data = []
2    for i in zip(x, y):
3        data.append(i)
```

（2）第 7 行代码中，add() 函数的参数 series_name 用于指定系列名称，这里指定为"人数"。参数 data_pair 用于指定系列数据值。参数 label_opts 用于设置标签，标签的配置项又有多个参数：参数 is_show 用于控制是否显示标签，为 True 时显示标签，为 False 时不显示标签；参数 position 用于设置标签的位置，这里设置为 'inside'，表示标签显示在图表内部，该参数的值还可以为 'top'、'left'、'right' 等。参数 tooltip_opts 用于设置提示框，提示框的配置项又有多个参数：参数 trigger 用于设置提示框的触发类型，其值一般设置为 'item'，表示当鼠标指针放置在数据系列上时显示提示框；参数 formatter 用于设置提示框的显示内容，这里的 '{a}' 代表系列名称，'{c}' 代表数据值。

（3）第 8 行代码中 set_global_opts() 函数的配置项函数 TitleOpts() 用于为图表添加图表标题，并通过参数 pos_left 设置图表标题居中显示。配置项函数 LegendOpts() 的参数 is_show 设置为 False，表示不显示图例。

◎ 运行结果

　　运行本案例的代码后，在代码文件所在文件夹下会生成一个网页文件"漏斗图.html"，双击该文件，可以在默认浏览器中看到如下图所示的漏斗图。

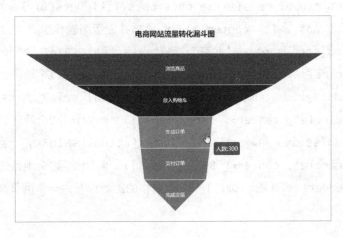

139 制作水球图

 ◎ 代码文件：制作水球图.py

◎ 应用场景

水球图适合用于展示单个百分数。本案例要使用 pyecharts 模块中的 Liquid() 函数绘制水球图。

◎ 实现代码

```
1    import pyecharts.options as opts  # 导入pyecharts模块的子模块options
2    from pyecharts.charts import Liquid  # 导入pyecharts模块中的Liq-
     uid()函数
3    actual_sale1 = 900000  # 指定第1个地区的实际销售业绩
4    actual_sale2 = 1589000  # 指定第2个地区的实际销售业绩
5    actual_sale3 = 285200  # 指定第3个地区的实际销售业绩
6    target_sale = 1200000  # 指定3个地区的目标销售业绩
7    chart = Liquid()  # 创建一个空白水球图
8    chart.set_global_opts(title_opts=opts.TitleOpts(title='各地区销售业
     绩达成率', pos_left='center'))  # 添加并设置图表标题
9    chart.add(series_name='北京', data=[actual_sale1 / target_sale],
     shape='circle', center=['20%', '50%'])  # 制作第1个地区的水球
10   chart.add(series_name='上海', data=[actual_sale2 / target_sale],
     shape='circle', center=['50%', '50%'])  # 制作第2个地区的水球
11   chart.add(series_name='成都', data=[actual_sale3 / target_sale],
     shape='circle', center=['80%', '50%'])  # 制作第3个地区的水球
12   chart.render('水球图.html')  # 将制作的图表保存为一个网页文件
```

◎ 代码解析

第 3～5 行代码分别指定了 3 个地区的实际销售业绩。

第 6 行代码指定了 3 个地区共同的目标销售业绩。

第 7 行代码创建了一个空白的水球图。

第 8 行代码为水球图添加居中显示的图表标题。

第 9～11 行代码依次在水球图中绘制了 3 个水球，分别展示 3 个地区的销售业绩达成率。

◎ 知识延伸

第 9～11 行代码使用 add() 函数依次在水球图中绘制了 3 个水球。该函数的参数 data 用于指定系列数据，本案例要展示销售业绩达成率，所以使用实际销售业绩除以目标销售业绩，需要注意的是，该参数的值必须为列表格式。参数 shape 用于设置水球的形状，该参数的值可以为 'circle'、'rect'、'roundrect'、'triangle'、'diamond'、'pin'、'arrow'，对应的形状分别为圆形、矩形、圆角矩形、三角形、菱形、地图图钉、箭头，默认形状为圆形。参数 center 用于指定水球的中心点在图表中的位置。

◎ 运行结果

运行本案例的代码后，在代码文件所在文件夹下会生成一个网页文件"水球图.html"，双击该文件，可以在默认浏览器中看到如下图所示的水球图。

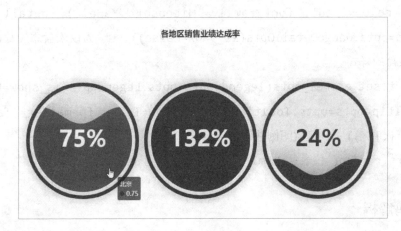

140 制作仪表盘

 ◎ 代码文件：制作仪表盘.py

◎ 应用场景

仪表盘同水球图一样，也适合用于展示单个百分数。本案例要使用 pyecharts 模块中的 Gauge() 函数绘制仪表盘。

◎ 实现代码

```
1   import pyecharts.options as opts  # 导入pyecharts模块的子模块options
2   from pyecharts.charts import Gauge  # 导入pyecharts模块中的Gauge()
    函数
3   chart = Gauge()  # 创建一个空白仪表盘
4   chart.add(series_name='业务指标', data_pair=[('完成率', 70.95)],
    split_number=10, radius='75%', start_angle=225, end_angle=-45, is_
    clock_wise=True, title_label_opts=opts.GaugeTitleOpts(font_size=
    30, color='red', font_family='Microsoft YaHei'), detail_label_
    opts=opts.GaugeDetailOpts(is_show=False))  # 为仪表盘添加数据并设置
    仪表盘的样式
5   chart.set_global_opts(legend_opts=opts.LegendOpts(is_show=False),
    tooltip_opts=opts.TooltipOpts(is_show=True, formatter='{a}<br/>
    {b}:{c}%'))  # 隐藏图例并设置提示框
6   chart.render('仪表盘.html')  # 将制作的图表保存为一个网页文件
```

◎ 代码解析

第1行和第2行代码用于导入 pyecharts 模块的子模块 options 以及子模块 charts 中的

Gauge() 函数。

第 3 行代码用于创建一个空白仪表盘。第 4 行代码用于为仪表盘添加数据并设置仪表盘的样式。第 5 行代码用于隐藏仪表盘的图例，并设置提示框的显示信息。

第 6 行代码用于将制作的图表保存为一个网页文件，此处保存在代码文件所在文件夹下，文件名为"仪表盘.html"，读者可根据实际需求修改保存路径。

◎ 知识延伸

第 4 行代码中 add() 函数的参数 data_pair 用于给出仪表盘的系列数据项；参数 split_number 用于指定仪表盘的平均分割段数，这里设置为 10 段；参数 radius 用于设置仪表盘的半径，其值可以是百分数或数值；参数 title_label_opts 用于设置仪表盘内标题文本标签的配置项。

◎ 运行结果

运行本案例的代码后，在代码文件所在文件夹下会生成一个网页文件"仪表盘.html"，双击该文件，可以在默认浏览器中看到如下图所示的仪表盘。

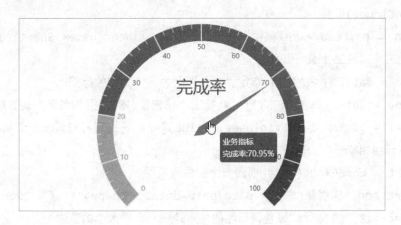

141　制作词云图

◎ 代码文件：制作词云图.py
◎ 数据文件：图书销量表.xlsx

◎ 应用场景

词云图是一种用于展示高频关键词的图表，它通过文字、颜色、图形的搭配产生极具冲击力的视觉效果。如右图所示，工作簿"图书销量表.xlsx"中记录了多种图书的销售量数据，下面使用 pyecharts 模块中的 WordCloud() 函数制作一个词云图，直观地展示不同图书的销量大小。

	A	B
1	书名	销售量(本)
2	人间失格	85780
3	神奇校车	68950
4	活着	45687
5	小熊和最好的爸爸	38975
6	流浪地球	22014
7	我喜欢生命本来的样子	12875
8	少年读史记	11785
9	月亮与六便士	10145

Sheet1

◎ 实现代码

```
1   import pandas as pd  # 导入pandas模块
2   import pyecharts.options as opts  # 导入pyecharts模块的子模块options
3   from pyecharts.charts import WordCloud  # 导入pyecharts模块中的
    WordCloud()函数
4   data = pd.read_excel('图书销量表.xlsx', sheet_name='Sheet1')  # 从
    指定工作簿的工作表中读取数据
5   name = data['书名']  # 指定"书名"列为各个类别的标签
6   value = data['销售量(本)']  # 指定"销售量(本)"列为各个类别的数据
7   data1 = [i for i in zip(name, value)]  # 将列表打包成一个个元组，并将
    这些元组组成一个列表
8   chart = WordCloud()  # 创建一个空白词云图
9   chart.add('销售量(本)', data_pair=data1, shape='star', word_size_
    range=[10, 60])  # 设置词云图的外形轮廓和字号大小的范围
10  chart.set_global_opts(title_opts=opts.TitleOpts(title='图书销量分
    析', title_textstyle_opts=opts.TextStyleOpts(font_size=30)), toolt-
    ip_opts=opts.TooltipOpts(is_show=True))  # 为词云图添加并设置图表标题
11  chart.render('词云图.html')  # 将制作的图表保存为一个网页文件
```

◎ 代码解析

第 1～3 行代码用于导入 pandas 模块、pyecharts 模块的子模块 options 和子模块 charts 中的 WordCloud() 函数。

第 4 行代码用于从工作簿"图书销量表.xlsx"的工作表"Sheet1"中读取数据。

第 5 行代码指定"书名"列为各个类别的标签。第 6 行代码指定"销售量（本）"列为各个类别的数据。

第 7 行代码将列表 name 和 value 中对应的元素配对打包成一个个元组，然后将这些元组组成一个列表。

第 8 行代码用于创建一个空白词云图。

第 9 行代码用于为词云图设置外形轮廓和字号。add() 函数的参数 data_pair 用于设置系列数据项；参数 shape 用于设置词云图的外形轮廓，这里设置为星形；参数 word_size_range 用于设置词云图中各个词的字号变化范围，这里设置为 [10, 60]。

第 10 行代码用于为图表添加图表标题，并设置图表标题的字号。

第 11 行代码用于将制作的图表保存为一个网页文件，此处保存在代码文件所在文件夹下，文件名为"词云图.html"，读者可根据实际需求修改保存路径。

◎ 知识延伸

（1）第 7 行代码是一个列表推导式，其等同于如下代码。

```
1   data1 = []
2   for i in zip(name, value):
3       data1.append(i)
```

（2）与水球图类似，通过设置第 9 行代码中 add() 函数的参数 shape，可改变词云图的外形轮廓。该参数可取的值有 'circle'、'cardioid'、'diamond'、'triangle-forward'、'triangle'、'pentagon'、'star'，对应的形状分别为圆形、心形、菱形、指向右侧的三角箭头、三角形、五边形、星形。如果省略该参数，则词云图的外形轮廓为矩形。

◎ 运行结果

运行本案例的代码后，在代码文件所在文件夹下会生成一个网页文件"词云图.html"，双击该文件，可以在默认浏览器中看到如下图所示的词云图。

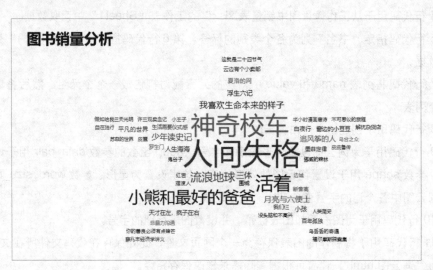

第 **8** 章

打印操作

在 Excel 中制作好数据表格后，往往需要将其打印出来，以分发给其他人阅读。本章将讲解通过 Python 编程打印 Excel 工作簿的技巧，这些技巧不仅能提高工作效率和打印效果，而且能节约纸张。

142 打印一个工作簿中的所有工作表

◎ 代码文件：打印一个工作簿中的所有工作表.py
◎ 数据文件：各月销售数量表.xlsx

◎ 应用场景

如下图所示，工作簿"各月销售数量表.xlsx"中有 12 个工作表，本案例要通过 Python 编程批量打印这些工作表。

	A	B	C	D	E
1	配件编号	配件名称	销售数量		
2	FB05211450	离合器	500		
3	FB05211451	操纵杆	600		
4	FB05211452	转速表	300		
5	FB05211453	里程表	400		
6	FB05211454	组合表	500		
7	FB05211455	缓速器	800		
8	FB05211456	胶垫	900		
9	FB05211457	气压表	600		
10	FB05211458	调整垫	400		

◀ ▶ | 1月 | 2月 | 3月 | 4月 | 5月 | 6月 | 7月 | 8月 | 9月 | 10月 | 11月 | 12月

◎ 实现代码

```
1  import xlwings as xw  # 导入xlwings模块
2  app = xw.App(visible=False, add_book=False)  # 启动Excel程序
3  workbook = app.books.open('各月销售数量表.xlsx')  # 打开要打印的工作簿
4  workbook.api.PrintOut(Copies=2, ActivePrinter='DESKTOP-HP01', Collate
   =True)  # 打印工作簿
5  workbook.close()  # 关闭工作簿
6  app.quit()  # 退出Excel程序
```

◎ 代码解析

第 3 行代码用于打开工作簿"各月销售数量表.xlsx"。第 4 行代码用于打印工作簿中的所有工作表，这里指定打印份数为两份，打印机为"DESKTOP-HP01"，读者可根据实际需求修改

打印份数和打印机的名称。打印完成后,使用第 5 行和第 6 行代码关闭工作簿并退出 Excel 程序。

◎ 知识延伸

　　xlwings 模块没有提供打印工作簿的函数,所以第 4 行代码利用 xlwings 模块中 Book 对象的 api 属性调用 VBA 的 PrintOut() 函数来打印工作簿。该函数的参数 Copies 用于指定打印份数,如果省略该参数,则只打印一份;参数 ActivePrinter 用于设置要使用的打印机的名称,如果省略该参数,则表示使用操作系统的默认打印机;参数 Collate 如果为 True,表示逐份打印。

◎ 运行结果

　　运行本案例的代码后,即可在指定打印机上打印出 12 个工作表的内容,每个工作表的内容打印两份。

143　打印一个工作簿中的一个工作表

　◎　代码文件:打印一个工作簿中的一个工作表.py
　◎　数据文件:各月销售数量表.xlsx

◎ 应用场景

　　如果只想打印工作簿"各月销售数量表.xlsx"中的单个工作表,如"1 月",也可以在 Python 中通过调用 VBA 的 PrintOut() 函数来实现。

◎ 实现代码

```
1   import xlwings as xw  # 导入xlwings模块
2   app = xw.App(visible=False, add_book=False)  # 启动Excel程序
3   workbook = app.books.open('各月销售数量表.xlsx')  # 打开指定工作簿
4   worksheet = workbook.sheets['1月']  # 指定要打印的工作表
5   worksheet.api.PrintOut(Copies=2, ActivePrinter='DESKTOP-HP01', Collate
    =True)  # 打印指定工作表
```

```
6    workbook.close()  # 关闭工作簿
7    app.quit()  # 退出Excel程序
```

◎ 代码解析

第 3 行代码用于打开工作簿"各月销售数量表.xlsx"。第 4 行代码用于指定要打印的工作表，这里指定为"1 月"，读者可根据实际需求修改工作表名称。第 5 行代码用于将工作表打印两份，读者可根据实际需求修改打印份数和打印机的名称。打印完成后，使用第 6 行和第 7 行代码关闭工作簿并退出 Excel 程序。

◎ 知识延伸

第 5 行代码中的 PrintOut() 是 VBA 中工作表对象的函数，其用法和工作簿对象的 PrintOut() 函数相同，这里不再赘述。

◎ 运行结果

运行本案例的代码后，即可在指定打印机上将工作表"1 月"的内容打印两份。

144 打印多个工作簿

◎ 代码文件：打印多个工作簿.py
◎ 数据文件：各地区销售数量（文件夹）

◎ 应用场景

如右图所示，文件夹"各地区销售数量"下有 3 个工作簿，本案例要通过 Python 编程批量打印这些工作簿。

◎ 实现代码

```
1   from pathlib import Path  # 导入pathlib模块中的Path类
2   import xlwings as xw  # 导入xlwings模块
3   folder_path = Path('各地区销售数量')  # 给出工作簿所在文件夹的路径
4   file_list = folder_path.glob('*.xls*')  # 获取文件夹下所有工作簿的文
    件路径
5   app = xw.App(visible=False, add_book=False)  # 启动Excel程序
6   for i in file_list:  # 遍历获取的文件路径
7       workbook = app.books.open(i)  # 打开一个工作簿
8       workbook.api.PrintOut(Copies=1, ActivePrinter='DESKTOP-HP01',
        Collate=True)  # 打印工作簿
9       workbook.close()  # 关闭工作簿
10  app.quit()  # 退出Excel程序
```

◎ 代码解析

　　第 3 行和第 4 行代码用于获取文件夹"各地区销售数量"中所有工作簿的文件路径。读者可根据实际需求修改第 3 行代码中的文件夹路径。

　　第 6～9 行代码用于依次打开并打印文件夹中的所有工作簿，每打印完一个工作簿就将其关闭。读者可根据实际需求修改第 8 行代码中的打印参数。

　　打印完所有工作簿后，使用第 10 行代码退出 Excel 程序。

◎ 知识延伸

　　第 3 行代码中的 Path() 函数和第 4 行代码中的 glob() 函数在第 2 章中介绍过，这里不再赘述。

◎ 运行结果

　　运行本案例的代码后，即可打印出文件夹"各地区销售数量"下所有工作簿的内容。

145   打印多个工作簿中的同名工作表

◎ 代码文件：打印多个工作簿中的同名工作表.py
◎ 数据文件：各地区销售数量（文件夹）

◎ 应用场景

如下左图所示为文件夹"各地区销售数量"下的 3 个工作簿。如下右图所示为工作簿"北京销售数量表.xlsx"中的工作表"销售数量"，其他工作簿中也有同名的工作表。现要批量打印这 3 个工作簿中的工作表"销售数量"。

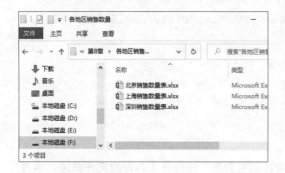

◎ 实现代码

```
1   from pathlib import Path   # 导入pathlib模块中的Path类
2   import xlwings as xw   # 导入xlwings模块
3   folder_path = Path('各地区销售数量')   # 给出工作簿所在文件夹的路径
4   file_list = folder_path.glob('*.xls*')   # 获取文件夹下所有工作簿的文件路径
5   app = xw.App(visible=False, add_book=False)   # 启动Excel程序
6   for i in file_list:   # 遍历获取的文件路径
7       workbook = app.books.open(i)   # 打开一个工作簿
8       worksheet = workbook.sheets['销售数量']   # 指定要打印的工作表
```

```
9          worksheet.api.PrintOut(Copies=1, ActivePrinter='DESKTOP-HP01',
           Collate=True)  # 打印指定工作表
10         workbook.close()  # 关闭工作簿
11     app.quit()  # 退出Excel程序
```

◎ 代码解析

第 3 行和第 4 行代码用于获取文件夹"各地区销售数量"中所有工作簿的文件路径。读者可根据实际需求修改第 3 行代码中的文件夹路径。

第 6 ～ 10 行代码用于依次打开工作簿并打印指定工作表，打印完毕后关闭工作簿。读者可根据实际需求修改第 8 行代码中的工作表名称和第 9 行代码中的打印参数。

完成所有的打印操作后，使用第 11 行代码退出 Excel 程序。

◎ 知识延伸

第 3 行代码中的 Path() 函数和第 4 行代码中的 glob() 函数在第 2 章中介绍过，这里不再赘述。

◎ 运行结果

运行本案例的代码后，文件夹"各地区销售数量"下 3 个工作簿中的同名工作表"销售数量"都被打印到了纸张上。

146　打印工作表的指定单元格区域

◎ 代码文件：打印工作表的指定单元格区域.py
◎ 数据文件：销售表.xlsx

◎ 应用场景

如下页图所示为工作簿"销售表.xlsx"的工作表"总表"中的数据，如果只想打印该工作表中单元格区域 A1:I10 的内容，可以在 Python 代码中设置打印区域。

	A	B	C	D	E	F	G	H	I	J
1	单号	销售日期	产品名称	成本价	销售价	销售数量	产品成本	销售金额	利润	
2	20200001	2020/1/1	离合器	¥20	¥55	60	¥1,200	¥3,300	¥2,100	
3	20200002	2020/1/2	操纵杆	¥60	¥109	45	¥2,700	¥4,905	¥2,205	
4	20200003	2020/1/3	转速表	¥200	¥350	50	¥10,000	¥17,500	¥7,500	
5	20200004	2020/1/4	离合器	¥20	¥55	23	¥460	¥1,265	¥805	
6	20200005	2020/1/5	里程表	¥850	¥1,248	26	¥22,100	¥32,448	¥10,348	
7	20200006	2020/1/6	操纵杆	¥60	¥109	85	¥5,100	¥9,265	¥4,165	
8	20200007	2020/1/7	转速表	¥200	¥350	78	¥15,600	¥27,300	¥11,700	
9	20200008	2020/1/8	转速表	¥200	¥350	100	¥20,000	¥35,000	¥15,000	
10	20200009	2020/1/9	离合器	¥20	¥55	25	¥500	¥1,375	¥875	
11	20200010	2020/1/10	转速表	¥200	¥350	850	¥170,000	¥297,500	¥127,500	
12	20200011	2020/1/11	组合表	¥850	¥1,248	63	¥53,550	¥78,624	¥25,074	

总表

◎ 实现代码

```
1   import xlwings as xw  # 导入xlwings模块
2   app = xw.App(visible=False, add_book=False)  # 启动Excel程序
3   workbook = app.books.open('销售表.xlsx')  # 打开指定的工作簿
4   worksheet = workbook.sheets['总表']  # 指定工作簿中的工作表 "总表"
5   area = worksheet.range('A1:I10')  # 指定要打印的单元格区域为A1:I10
6   area.api.PrintOut(Copies=1, ActivePrinter='DESKTOP-HP01', Collate=
    True)  # 打印指定的单元格区域
7   workbook.close()  # 关闭工作簿
8   app.quit()  # 退出Excel程序
```

◎ 代码解析

第 3 行代码用于打开工作簿 "销售表.xlsx"，读者可根据实际需求修改工作簿的文件路径。第 4 行代码用于指定要打印的单元格区域所在的工作表，这里指定了工作表 "总表"，读者可根据实际需求修改工作表名称。

第 5 行代码用于指定要打印的单元格区域，这里指定为 A1:I10。读者可根据实际需求修改单元格区域，例如，如果要打印多个不相邻的单元格区域，可以将第 5 行代码修改为 "area = worksheet.range('A1:I10, A130:I160')"。

第 6 行代码用于打印指定的单元格区域，读者可根据实际需求修改打印参数。完成打印后，使用第 7 行和第 8 行代码关闭工作簿并退出 Excel 程序。

◎ 知识延伸

第 5 行代码中的 range() 是 xlwings 模块中的函数,用于指定工作表中的单元格区域。

◎ 运行结果

运行本案例的代码后,可看到单元格区域 A1:I10 的内容被打印到纸张上。

147　按指定的缩放比例打印工作表

◎ 代码文件:按指定的缩放比例打印工作表.py
◎ 数据文件:销售表.xlsx

◎ 应用场景

如果想要在一页纸上打印含有大量数据的表格,可以在打印时设置缩放比例。

◎ 实现代码

```python
1    import xlwings as xw  # 导入xlwings模块
2    app = xw.App(visible=False, add_book=False)  # 启动Excel程序
3    workbook = app.books.open('销售表.xlsx')  # 打开指定的工作簿
4    worksheet = workbook.sheets['总表']  # 指定工作簿中的工作表 "总表"
5    worksheet.api.PageSetup.Zoom = 80  # 设置打印工作表的缩放比例
6    worksheet.api.PrintOut(Copies=1, ActivePrinter='DESKTOP-HP01',
     Collate=True)  # 打印工作表
7    workbook.close()  # 关闭工作簿
8    app.quit()  # 退出Excel程序
```

◎ 代码解析

第 3 行和第 4 行代码用于打开工作簿 "销售表.xlsx" 并指定要打印的工作表为 "总表",读

者可根据实际需求修改工作簿的文件路径和工作表的名称。

第 5 行代码用于设置打印工作表的缩放比例，这里设置为 80，即按工作表原始大小的 80%
进行打印，读者可根据实际需求修改缩放比例。

第 6 行代码用于打印指定的工作表。完成打印后，使用第 7 行和第 8 行代码关闭工作簿并
退出 Excel 程序。

◎ 知识延伸

因为 xlwings 模块未提供设置打印缩放比例的方法，所以在第 5 行代码中利用 Sheet 对象
的 api 属性调用 VBA 的接口来达到目的。PageSetup 是 VBA 中的一个对象，它的 Zoom 属性
用于设置打印的缩放比例，可取的值为 10～400 范围内的数字，代表 10%～400% 的缩放比例。

◎ 运行结果

运行本案例的代码后，在打印稿上可看到将工作表缩小至原始大小的 80% 的打印效果。

148 在纸张的居中位置打印工作表

◎ 代码文件：在纸张的居中位置打印工作表.py
◎ 数据文件：各月销售数量表.xlsx

◎ 应用场景

默认情况下，打印的内容在纸张中整体靠左上角对齐。如果想要让打印的内容在
纸张中整体居中，可在 Python 中调用 VBA 的 CenterHorizontally 和 CenterVertically 属
性来实现。

◎ 实现代码

```
1  import xlwings as xw  # 导入xlwings模块
2  app = xw.App(visible=False, add_book=False)  # 启动Excel程序
```

```
3    workbook = app.books.open('各月销售数量表.xlsx')  # 打开指定的工作簿
4    worksheet = workbook.sheets['1月']  # 指定工作簿中的工作表 "1月"
5    worksheet.api.PageSetup.CenterHorizontally = True  # 设置水平居中打
     印工作表
6    worksheet.api.PageSetup.CenterVertically = True  # 设置垂直居中打印
     工作表
7    worksheet.api.PrintOut(Copies=1, ActivePrinter='DESKTOP-HP01',
     Collate=True)  # 打印工作表
8    workbook.close()  # 关闭工作簿
9    app.quit()  # 退出Excel程序
```

◎ 代码解析

第 3 行和第 4 行代码用于打开工作簿 "各月销售数量表.xlsx" 并指定要打印的工作表为 "1月",读者可根据实际需求修改工作簿的文件路径和工作表的名称。

第 5 行和第 6 行代码分别用于调整工作表在纸张上的水平位置和垂直位置。

第 7 行代码用于打印指定工作表。完成打印后,使用第 8 行和第 9 行代码关闭工作簿并退出 Excel 程序。

◎ 知识延伸

因为 xlwings 模块未提供设置打印时的对齐方式的方法,所以在第 5 行和第 6 行代码中利用 Sheet 对象的 api 属性调用 VBA 的接口来达到目的。PageSetup 是 VBA 中的一个对象,它的 CenterHorizontally 和 CenterVertically 属性分别用于设置打印时工作表在纸张上的水平位置和垂直位置,设置为 True 时表示居中打印,设置为 False 时则表示在默认位置打印。

◎ 运行结果

运行本案例的代码后,可在打印稿中看到工作表的内容在纸张中整体居中。

149　打印工作表时打印行号和列号

◎ 代码文件：打印工作表时打印行号和列号.py
◎ 数据文件：各月销售数量表.xlsx

◎ 应用场景

如果需要在打印工作表时一并打印各行各列的行号和列号，可在 Python 中调用 VBA 的 PrintHeadings 属性来实现。

◎ 实现代码

```python
1    import xlwings as xw  # 导入xlwings模块
2    app = xw.App(visible=False, add_book=False)  # 启动Excel程序
3    workbook = app.books.open('各月销售数量表.xlsx')  # 打开指定的工作簿
4    worksheet = workbook.sheets['1月']  # 指定工作簿中的工作表"1月"
5    worksheet.api.PageSetup.PrintHeadings = True  # 设置打印工作表时打印
     行号和列号
6    worksheet.api.PrintOut(Copies=1, ActivePrinter='DESKTOP-HP01',
     Collate=True)  # 打印工作表
7    workbook.close()  # 关闭工作簿
8    app.quit()  # 退出Excel程序
```

◎ 代码解析

第 3 行和第 4 行代码用于打开工作簿"各月销售数量表.xlsx"并指定要打印的工作表为"1 月"，读者可根据实际需求修改工作簿的文件路径和工作表的名称。

第 5 行代码用于设置打印工作表时打印行号和列号。

第 6 行代码用于打印指定工作表。完成打印后，使用第 7 行和第 8 行代码关闭工作簿并退出 Excel 程序。

◎ 知识延伸

第 5 行代码中的 PrintHeadings 是 VBA 的 PageSetup 对象的属性。该属性为 True 时表示在打印工作表时一并打印行号和列号，为 False 时则表示不打印行号和列号。

◎ 运行结果

运行本案例的代码后，可在打印稿上看到在打印工作表内容的同时还打印了行号和列号。

150　重复打印工作表的标题行

◎　代码文件：重复打印工作表的标题行.py
◎　数据文件：销售表.xlsx

◎ 应用场景

如果要在打印稿的每一页顶部都打印标题行，可在 Python 中调用 VBA 中的 PrintTitleRows 属性来实现。

◎ 实现代码

```python
1    import xlwings as xw  # 导入xlwings模块
2    app = xw.App(visible=False, add_book=False)  # 启动Excel程序
3    workbook = app.books.open('销售表.xlsx')  # 打开指定的工作簿
4    worksheet = workbook.sheets['总表']  # 指定工作簿中的工作表"总表"
5    worksheet.api.PageSetup.PrintTitleRows = '$1:$1'  # 将工作表的第1行
     设置为要重复打印的标题行
6    worksheet.api.PageSetup.Zoom = 55  # 设置打印工作表的缩放比例
7    worksheet.api.PrintOut(Copies=1, ActivePrinter='DESKTOP-HP01',
     Collate=True)  # 打印工作表
8    workbook.close()  # 关闭工作簿
```

```
9    app.quit()  # 退出Excel程序
```

◎ 代码解析

　　第 3 行和第 4 行代码用于打开工作簿"销售表.xlsx"并指定要打印的工作表为"总表"，读者可根据实际需求修改工作簿的文件路径和工作表的名称。

　　第 5 行代码用于设置要重复打印的标题行，这里设置为工作表的第 1 行。读者可根据实际需求修改作为标题行的单元格区域，例如，如果要将工作表的第 2 行设置为标题行，可将第 5 行代码修改为"worksheet.api.PageSetup.PrintTitleRows = '$2:$2'"。

　　第 6 行代码用于调整打印工作表的缩放比例，这里设置为 55，即按工作表原始大小的 55% 进行打印，读者可根据实际需求修改缩放比例。

　　第 7 行代码用于打印指定工作表。完成打印后，使用第 8 行和第 9 行代码关闭工作簿并退出 Excel 程序。

◎ 知识延伸

　　第 5 行代码中的 PrintTitleRows 是 VBA 中 PageSetup 对象的属性。该属性用于设置重复打印指定的单元格区域作为工作表的标题行，属性值为要重复打印的单元格区域。

◎ 运行结果

　　运行本案例的代码后，即可在打印稿上看到每一页顶部都打印了指定的标题行内容。